C语言程序设计（含实训指导）

主　编　肖志军　谢　妙

副主编　熊春荣　杨夏妮　覃　娜　谢春萍

编　委　（按拼音排序）

闭吕庆　洪月华　刘　恒　莫燕斌

孙小雁　覃　娜　肖志军　肖租秀

谢春萍　谢　妙　熊春荣　杨夏妮

余旺新　张茂胜

西南交通大学出版社

·成　都·

内容简介

本书是一本为培养学生程序设计的基本能力，将C语言作为入门语言的程序设计课程而编写的教材。

全书以程序设计为主线，针对初学者的认知规律，以编程应用为驱动，各章节以案例和问题入手，重点讲解程序设计的思想和方法，同时介绍了相关的C语言语法知识。全书的主要内容包括数据表达、数据处理和流程控制、常用的基本算法、编译预处理、命令行参数和程序设计风格等。涉及数据类型、表达式、顺序、分支、循环、函数、数组、指针、结构体、文件、指针和各种构造类型的混合应用、基本算法等。另外，本书还配有《C语言程序设计实训指导》教材。

本书可作为高等院校教学用书和计算机等级考试的培训教材，也可作为对C程序设计感兴趣的读者自学用书。

图书在版编目（CIP）数据

C语言程序设计：含实训指导. 1，C语言程序设计 / 肖志军，谢妙主编. —成都：西南交通大学出版社，2022.9

ISBN 978-7-5643-8540-8

Ⅰ. ①C… Ⅱ. ①肖… ②谢… Ⅲ. ①C语言－程序设计－高等学校－教材 Ⅳ. ①TP312.8

中国版本图书馆CIP数据核字（2022）第111399号

C Yuyan Chengxu Sheji （Han Shixun Zhidao）

C语言程序设计（含实训指导）

主编 肖志军 谢 妙

责任编辑／黄庆斌

封面设计／墨创文化

西南交通大学出版社出版发行

（四川省成都市金牛区二环路北一段111号西南交通大学创新大厦21楼 610031）

发行部电话：028-87600564 028-87600533

网址：http://www.xnjdcbs.com

印刷：成都蓉军广告印务有限责任公司

成品尺寸 185 mm×260 mm

总印张 22.75 总字数 551千

版次 2022年9月第1版 印次 2022年9月第1次

书号 ISBN 978-7-5643-8540-8

套价 78.00元

课件咨询电话：028-81435775

图书如有印装质量问题 本社负责退换

前 言

C 语言是一门以培养学生程序设计基本方法和技能为目标，以培养实践能力为重点的特色鲜明的课程。目前市面上大多数 C 语言教材都采取传统编排模式，先是入门总体介绍，然后是基础知识，再是程序结构体系等。这种模式以知识点为主线，很容易让学生过多地关注语法细节，而忽略了程序本身的重要性，这不利于培养学生的程序设计能力和语言应用能力，但 C 语言程序设计课程的教学重点应该是培养学生的实践编程能力，因此，相应地，教材也要以程序设计为中心来组织内容。

本书作者基于多年教学过程的实践和思考，为了培养学生的编程能力，特撰写了《C 语言程序设计》（含实训指导），该教材打破了传统教材的讲授模式，先以案例入手，分析问题需要的知识点，再提出解决问题的方法和思路。然后根据需要讲解语法知识点。最后举一反三，并以应用实例来加以提升和巩固知识点，使得学生不仅要掌握高级程序设计语言的知识，更重要的是在实践中逐步掌握程序设计的思想和方法，以培养学生求解问题和应用语言的能力。

全书以程序设计为主线，以编程应用为驱动，着重让学生理解和掌握编程的基本思想和方法。为了能让学生尽快地进行编程应用，各章节通过问题和实例引入，重点分析程序设计的思想和方法，并根据各章的应用需求，对于基础语言知识以“用到什么介绍什么”为原则，对相应的语言知识进行介绍，以便让学生通过实际的应用来学习语言知识。全书共分为 11 章，对于 C 语言的基本内容（数据类型、数据处理和流程控制）、常用算法和结构化程序设计思想都做了全面详细地介绍。其中，第 1 ~ 6 章侧重于讲解 C 语言的基本知识和基本编程方法，内容包括基本数据类型、数据处理中的表达式，以及流程控制中的顺序、分支、循环三种控制结构和编程应用；第 7 ~ 9 章介绍构造类型（数组、结构体类型、共用体类型和枚举类型）和指针在编程中的应用；第 10 ~ 11 章介绍文件的使用、编译预处理和用结构化程序设计思想实现复杂问题的编程等内容。具体内容包括：本书的第 1 章介绍了程序设计语言的基础知识、C 语言的主要特点和知识要点，以及利用计算机求解问题的程序设计过程。第 2 章通过几个顺序结构的实例，介绍顺序控制结构，以及在实例程序中所用到的语言知识。第 3、4 章通过对大量实例的分析与实现，分别详细讲解了分支结构和循环结构，以及在实例程序中用到的语言知识。第 5 章通过实例的引入，详细介绍了函数的基础知识、函数程序设计的基本思想和方法，以及变量的作用域和存储类型。第 6 章介绍了 C 语言的基本数据类型和表达式的作用。第 7 章通过典型的范例，介绍了一维数组、二维数组和字符串的应用。第 8 章详细介绍了指针的基本概念，以及指针和数组、字符串、函数的关系及其在编程中的应用。第 9 章用案例详细说明了结构体类型在编程中的应用，以及指向结构体类型数据的指针在编程中的应用，同时介绍了共用体类型、枚举类型和 typedef 重定义类型。第 10 章讲解了程序的结构化设计思想，进一步介绍了函数和程序结构方面具有一定深度的内容。第 11 章介绍了文件的基本概念和编程应用。附录将分布在全书各章节中的数据类型、表达式和控制结构等内容做了归纳性地汇总，使读者对C语言的数据表达、数据处理和流程控制有一种更清楚的认识。

为了能让读者更好地学习掌握各个知识要点，对于各章节中的知识要点、程序设计的技巧、方法以及编程中的常见错误，均以“★”（注意）的形式给出。为了鼓励学生多思考、多应用，提高综合能力，本教材设计了多种类型和形式的练习题。根据需要在各节中安排了针对本节涉及的概念和编程实例的练习，题型多样，难度较低，学生可以即学即练，加深理解，巩固知识，提高学习兴趣；另外，每一章结束后还安排有习题，主要是综合性的题目，以程序设计题为主。

为方便教学，本书配套了实训指导书，每个实验包括精心设计的编程示例和调试示例，以及实验题（编程题与改错题）。学生可以先模仿示例操作，然后再做实验题，通过“模仿-改写-编写”的上机实践过程，在循序渐进的引导中逐步熟悉编程环境，理解和掌握程序设计的思想、方法和技巧，以及程序调试方法。

本书的编写小组成员由多年来一直从事C语言程序设计教育的具有丰富教学经验的一线教师组成，教材内容力求基于理论、注重实践、符合教学规律，希望借此培养和提高大学生的程序设计基本能力。全书由肖志军、谢妙担任主编。具体编写分工为：谢春萍编写第1章和实验1，孙小雁编写第2章和实验2，覃娜编写第3章和实验3，刘恒编写第4章和实验4，肖志军、杨夏妮编写第5章和实验5，张茂胜编写第6章和实验6，熊春荣编写第7章和实验7，洪月华、闭吕庆编写第8章和实验8，余旺新编写第9章和实验9，谢妙编写第10章和实验10，莫燕斌编写第11章和实验11，肖租秀编写附录。肖志军、谢妙完成了本书的统稿和审读工作。

全书在组织和编写过程中，得到了各级相关领导和部门的关心和支持，得到了很多计算机科学教师的热心支持与帮助，才使我们顺利地完成了本教材的编写，在此表示衷心感谢！同时，还要特别感谢在编写过程中使用的所有文献的作者和出版社。

由于编者水平有限，书中难免会有不足之处，敬请各位专家和读者批评指正，以便我们在以后修正。

编　者

2022年5月

目　录

第 1 章　C 语言概述

程序设计语言的初学者，应该尽快掌握程序设计的流程，克服可能的畏难想法。首先要对程序设计语言，即本书的 C 语言有所了解，再通过不断地编程练习，逐步领会和掌握程序设计的基本思想和方法。本书建议读者从一开始学习 C 语言就要试着编写程序，可以先模仿书中的例题，试着修改体会，再到独立编写程序。熟练的编程技能是在反复练习的基础上日积月累而来的，希望读者通过本章的学习，能初步体会到 C 语言程序设计的基本思想和方法，领略程序设计的魅力所在。

1.1　一个简单的 C 语言程序

为了让读者感性认识 C 语言，首先来看一个简单的 C 语言程序。

【例 1.1】求两数乘积。

源代码

```
#include <stdio.h>                    /*编译预处理命令，包含标准输入输出头文件*/
void main( )                          /*主函数*/
{
    int x,y,z;                        /*定义三个整型变量*/
    int function(int x,int y)   ;     /*声明函数*/
    scanf("%d%d",&x,&y);              /*从键盘输入两个整数，先后赋值给 x、y*/
    z=function(x,y);                  /*调用 function 函数完成计算功能*/
    printf("%d\n",z);                 /*在屏幕上输出两数乘积*/
}

int function(int x,int y)             /*定义一个函数 function*/
{
    int z;                            /*定义一个整型变量*/
    z=x*y;                            /*x、y 值相乘赋给 z*/
    return z;                         /*返回运算结果值 z 给主调函数*/
}
```

运行情况：

运行程序，从键盘输入“18　5”，屏幕上输出“90”。

以上 C 程序读者不一定要完全理解，所涉及的各个知识点会在后面章节逐步学习，但是希望读者能对 C 程序有一个初步认识。

C程序是由函数构成的。C语言是面向过程的语言，函数是组成C程序的基本单元。在上面例子中，程序由4个函数组成：main函数、function函数、scanf函数和printf函数。main函数是程序的主函数；function 函数是程序中定义的功能函数，其功能是求两数乘积；scanf函数和printf函数则是系统自定义的库函数，用于输入和输出数据。

C语言规定所有的C程序都有且只有一个main函数。任何一个C程序都是从main函数开始执行的，最后整个程序也是在main函数结束。在例1.1程序中，程序先执行main函数中的scanf函数调用，完成数据的输入。然后再调用自定义函数function完成对两个数据的乘积运算。最后通过调用printf函数将结果按十进制（%d）输出。

程序的最基本功能就是数据运算和运算过程控制，因此，以上程序中定义了3个整型变量x、y、z来表示参加运算的整数。同时通过调用function函数来完成运算功能，以及使用return语句将运算结果回送到主函数main。

1.2 程序与程序设计语言

计算机的出现改变了人类的生活方式，计算机不仅计算能力超强，还能监控，做出判断，但它不是自动工作的，而是由程序控制的。计算机程序是人们为解决某问题，用计算机可以识别的代码编写的一系列操作步骤。计算机能严格按照这些步骤执行。

人怎么指挥计算机按照人们的意愿工作，通过什么语言沟通呢？因为计算机只能识别二进制的信息。因此，在计算机产生的初期，人们必须编写由0和1所组成的一系列指令，即机器指令，通过它来指挥计算机的工作。某种型号的机器语言的指令集称为该计算机的机器语言。机器语言紧密依赖计算机的硬件，而且难学、难用，非常难以推广。

20世纪50年代出现了用于程序设计的高级语言，它比较接近于人们习惯用的自然语言和数学语言。如if表示如果，printf表示打印。用高级语言编写的程序直观易学，易于理解、修改和维护，通用性强，移植性好。全世界先后出现了2 500种以上的高级语言，其中，应用广泛、影响较大的有：FORTRAN、BASIC、PASCAL、Visual Basic、C、C++、JAVA等。

用高级语言编写的程序，计算机不能直接识别和执行（计算机只能直接识别二进制指令），必须用编译系统把高级语言编写的程序翻译成机器语言程序。

1.3 C语言的发展历史与特点

1. C语言的发展历史过程

C语言是在20世纪70年代初问世的。1978年由美国电话电报公司（AT&T）贝尔实验室正式发表了C语言。同时由B.W.Kernighan和D.M.Ritchie合著了著名的*The C programming Language*（称之为*K&R*标准）。在*K&R*中并没有定义一门完整的标准C语言，后来由美国国家标准学会在此基础上制定了一个C语言标准，于1983年发表，通常称之为ANSI C。

早期的 C 语言主要用于 UNIX 系统。人们逐渐认识到 C 语言的强大功能和各方面的优点之后，20 世纪 80 年代，C 语言开始进入其他操作系统，并很快在各类大、中、小和微型计算机上得到广泛使用。C 语言成为当代最优秀的程序设计语言之一。

在 C 语言的基础上，1983 年又由贝尔实验室的 Bjarne Strou-strup 推出了 C++语言。C++语言进一步扩充和完善了 C 语言，成为一种面向对象的程序设计语言。C++语言提出了一些更为深入的概念，它所支持的面向对象的概念容易将问题空间直接映射到程序空间，为程序员提供了一种与传统结构程序设计不同的思维方式和编程方法，因而也增加了整个语言的复杂性，掌握起来有一定难度。

C 语言是 C++语言的基础，C++语言和 C 语言在很多方面是兼容的。因此，掌握了 C 语言，再进一步学 C++语言就能以一种熟悉的语法来学习面向对象的语言，从而取得事半功倍的效果。

2. C 语言的特点

C 语言是一种结构化语言。它层次清晰，便于按模块化方式组织程序，易于调试和维护。C 语言的表现能力和处理能力极强。它不仅具有丰富的运算符和数据类型，便于实现各类复杂的数据结构，而且还可以直接访问内存的物理地址，如进行位（bit）操作。C 语言由于实现了对硬件的编程操作，集高级语言和低级语言的功能于一体，因此既可用于系统软件的开发，也可用于应用软件的开发。此外，C 语言还具有效率高、可移植性强等特点，因此，被广泛地移植到了各类型计算机上，从而形成了多种版本的 C 语言。

目前最流行的 C 语言版本有以下几种：Microsoft C 或称 MS C；Borland Turbo C 或称 Turbo C；AT&T C。这些 C 语言版本不仅符合 ANSI C 标准，而且在此基础上各自做了一些扩充，使之更加方便、完美。

C 语言的特点如下：

（1）C 语言简洁紧凑，使用方便而灵活。ANSI C 一共只有 32 个关键字，9 种控制语句。程序书写自由，主要用小写字母表示。

（2）运算符丰富，共有 34 种。C 语言把括号、赋值、逗号等都作为运算符处理。数据结构类型丰富，能充分有效地表达各种各样的数据。

（3）具有结构化的控制语句，可以有效地表达数据处理的过程，即程序的控制过程。

（4）语法限制不太严格，程序设计自由度大。

（5）C 语言允许直接访问物理地址，能进行位（bit）操作，能实现汇编语言的大部分功能，可以直接对硬件进行操作。因此有人把它称为中级语言。

（6）生成的目标代码质量高，程序执行效率高。

（7）与汇编语言相比，用 C 语言编写的程序可移植性好。

在 C 语言的学习过程中，读者会逐步地体会到 C 语言的灵活性和强大的功能。

3. C 程序的结构特点

（1）一个 C 语言源程序可以由一个或多个源文件组成。

（2）每个源文件可由一个或多个函数组成。函数是 C 程序的基本组成单位。

（3）一个源程序不论由多少个源文件组成，都有一个且只能有一个 main 函数，即主函数。

（4）源程序中可以有预处理命令，预处理命令通常应放在源文件或源程序的最前面。

（5）每一个说明，每一条语句都必须以分号结尾。但预处理命令、函数头和花括号“}”之后不能加分号。

（6）标识符、关键字之间必须至少加一个空格以示间隔。若已有明显的间隔符，也可不再加空格来间隔。

4. C语言词汇

在C语言中使用的词汇分为六类：标识符、关键字、运算符、分隔符、常量、注释符。

（1）标识符。

在程序中使用的变量名、函数名、标号等统称为标识符。除库函数的函数名由系统定义外，其余都由用户自定义。C 规定，标识符只能由字母、数字和下划线组成。其中，第一个字符必须是字母或下划线。

例如，以下标识符是合法的：

a, x, x3, BOOK_1, sum5

以下标识符是非法的：

3s 以数字开头

s*T 出现非法字符*

–3x 以减号开头

bowy–1 出现非法字符–(减号)

在使用标识符时，还必须注意以下几点：

① 标准C不限制标识符的长度，但它受各种版本的C 语言编译系统和具体机器的限制。如在某版本C 中规定标识符前八位有效，当两个标识符前八位相同时，则被认为是同一个标识符。

② 在标识符中，大小写是有区别的。例如，BOOK和book 是两个不同的标识符。

③ 标识符虽然可由程序员随意定义，但标识符是用于标识某个量的符号，因此，命名应尽量有相应的意义，以便于阅读理解，做到“见名知义”。

（2）关键字。

关键字是由C语言规定的具有特定意义的字符串，通常也称为保留字。用户定义的标识符不应与关键字相同。C语言的关键字详见附录Ⅰ。

★注意：在C语言中，关键字都是小写的。

（3）运算符。

C语言中含有相当丰富的运算符。运算符、变量和函数一起组成了表达式，表示各种运算功能。运算符由一个或多个字符组成。

（4）分隔符。

在C语言中采用的分隔符有逗号、空格等。逗号主要用在类型说明和函数参数表中，分隔各个变量。空格多用于语句各单词之间，作间隔符。在关键字、标识符之间必须要有一个以上的空格符作间隔，否则，将会出现语法错误，例如，把“int a; ”写成“inta;”，C 语言编译器会把“inta”当成一个标识符处理，其结果必然出错。

(5)常量。

C 语言中使用的常量可分为数字常量、字符常量、字符串常量、符号常量等多种。在后面章节中会做专门介绍。

(6)注释符。

C 语言的注释符是以“/*”开头，以“*/”结尾的串。在“/*”和“*/”之间的即为注释。程序编译时，不对注释做任何处理。注释可出现在程序中的任何位置。注释用来向用户提示或解释程序的意义。在调试程序中对暂不使用的语句也可用注释符括起来，使翻译跳过不做处理，待调试结束后再去掉注释符。注释符也可以用“//”，但是只能对当前行进行注释。

1.4 求解问题的程序设计过程

本节通过一个例子来说明程序设计的过程。

【例 1.2】 求 5 的阶乘，即 $1\times2\times3\times4\times5$。

1. 问题分析与算法设计

最原始最直接的方法：设一个变量 t 表示阶乘，直接计算

$t=1\times2\times3\times4\times5$

这样的设计虽然正确，但不具有广泛性和通用性，程序扩展性差。本问题是求在一定次数(或范围)的若干整数乘积，是一个求多个乘数的乘积问题。

解决这类问题的基本方法如下：设置一个保存乘积的变量(比如 t)，再将指定范围内的整数逐一乘以 t 并保存到 t 中。假设用 i 表示乘数。算法可以这样设计:

S1：使 t = 1

S2：使 i = 2

S3：使 t×i，乘积仍然放在变量 t 中，即 t = t*i

S4：使 i 的值加 1，即 i = i + 1

S5：如果 i≤5，返回重新执行步骤 S3 以及其后的 S4 和 S5；否则，算法结束。

如果计算 100!，只需将 S5 中的 i≤5，改成 i≤100 即可。

如果改求 $1\times3\times5\times7\times9\times11$，算法也只需做很少的改动：

S1：1→t

S2：3→i

S3：t×i→t

S4：i+2→i

S5：若 i≤11，返回 S3，否则，结束。

例题中乘法多次执行，就可以用程序设计语言的循环控制语句来实现。该算法是较好的算法，因为计算机具有高速运算能力，所以实现循环轻而易举。这样设计的程序稍加修改，就可以用来求解其他类似问题，例如有规律的多个数据求和问题。

明确了解决问题的步骤，就可以用流程图来表示。用流程图来表示算法，直观形象，易于理解。流程图常用元素如图 1.1 所示，例 1.2 的流程图如图 1.2 所示。

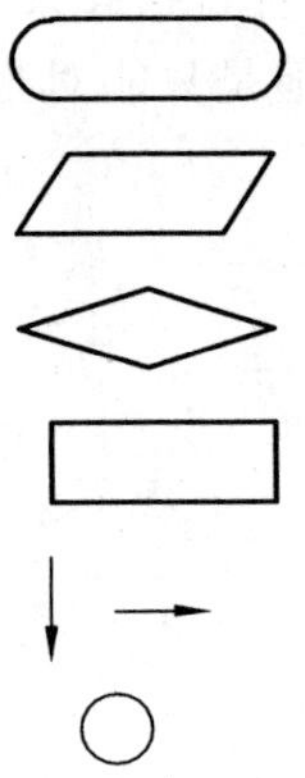

图 1.1　流程图常用元素

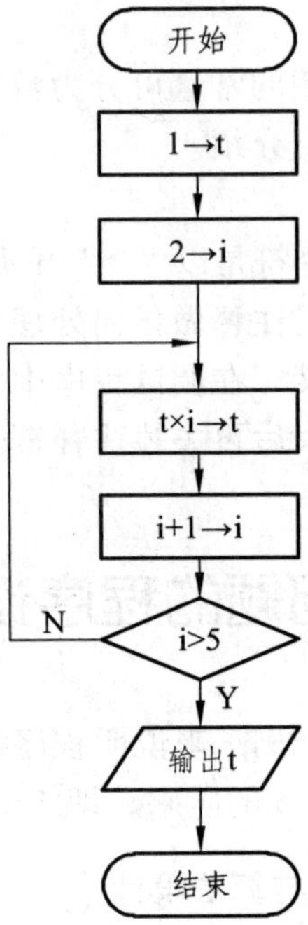

图 1.2　例 1.2 流程图

按照结构化程序设计的观点，任何程序都可以由三种基本控制结构组成，即顺序结构、分支结构、循环结构。这三种结构组成的算法结构，可以解决任何复杂的问题。

（1）顺序结构。如图 1.3 所示，程序在执行过程中，按照模块的顺序，执行完模块 A 后，接着执行模块 B。

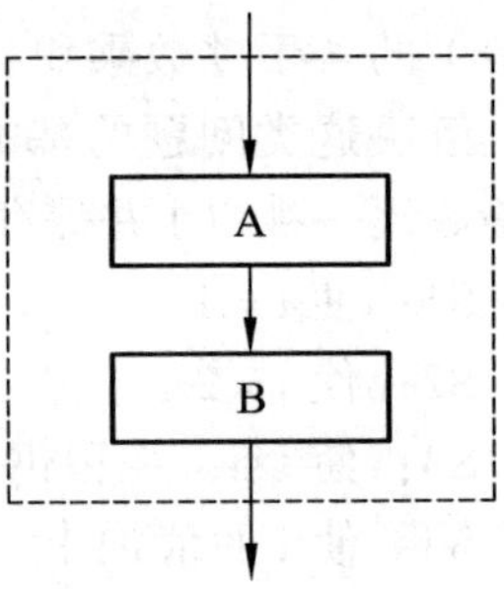

图 1.3　顺序结构

（2）分支结构又称为选择结构。如图 1.4（a）所示，程序在执行过程中，先对条件 P 是否成立进行判断，如果条件 P 成立，执行模块 A。否则，执行模块 B。在分支结构中，只能根据条件 P，选择执行模块 A 和模块 B 中的其中一个模块，完成模块的执行后结束选择。模块 A 或模块 B 也可以是一个空模块，即不执行任何语句，如图 1.4（b）所示。

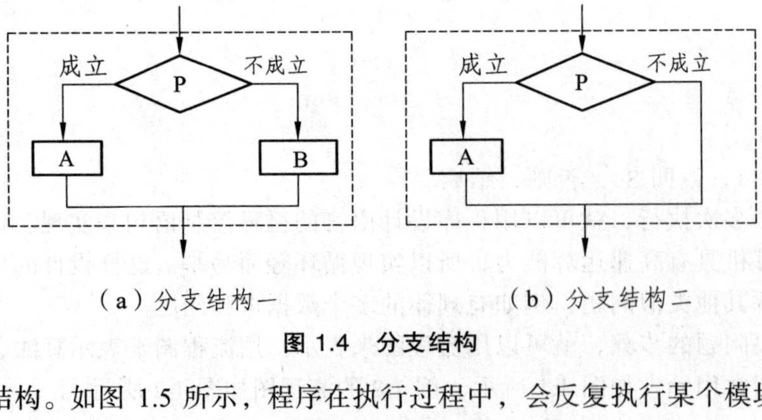

（a）分支结构一　　（b）分支结构二

图 1.4　分支结构

（3）循环结构。如图 1.5 所示，程序在执行过程中，会反复执行某个模块。循环结构有两种形式。

① 当（while）型循环结构。当型循环结构如图 1.5（a）所示。其执行过程是：先对条件 P1 是否成立进行判断，如果 P1 成立，执行模块 A，再判断条件 P1 是否成立，如果仍成立，继续执行模块 A，如此反复，直到条件 P1 不成立，立即结束循环。

② 直到（until）型循环结构。直到循环结构如图 1.5（b）所示。先执行模块 A，再对条件 P2 是否成立进行判断，如果 P2 不成立，继续执行模块 A，再判断条件 P2 是否成立，如果仍不成立，继续执行模块 A，如此反复，直到条件 P2 成立，立即结束循环。

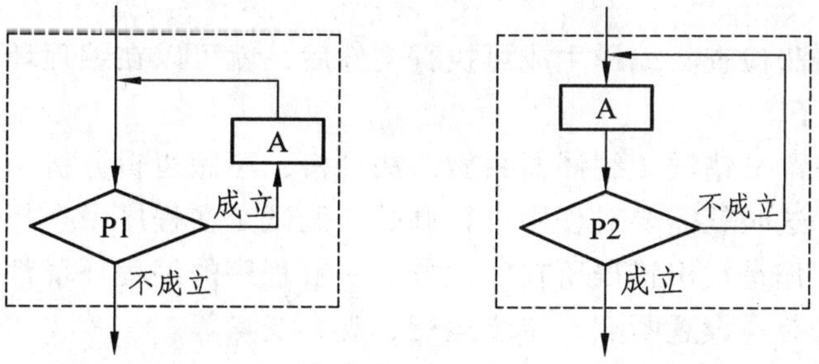

（a）当型循环结构　　（b）直到型循环结构

图 1.5　循环结构

三种基本控制结构的共同特点：

（1）只有一个入口。

（2）只有一个出口。

（3）结构内的每一部分都有机会被执行到。

（4）结构内不存在“死循环”（不能结束的循环）。

2. 编辑程序

在确定了解决问题的步骤后，就可以编写程序了。一般是在编程环境下直接利用其中的编辑功能编写程序，然后以.c 或.cpp 为扩展名保存源文件，求 5 的阶乘的相应程序如下：

```
#include <stdio.h>
void main()
{
    int i,t;                  /*定义了两个整型（int）变量*/

    t=1;                      /*给变量赋初值 1*/
    i=2;                      /*给变量赋初值 2*/
    while(i<=5)               /*循环语句，表示 i<=5 时，执行下面{}所包含的循环语句，直到
                              条件不成立时循环停止*/
    {
        t=t*i;                /*求乘积并用 t 来保存*/
        i=i+1;                /*乘数加 1*/
    }
    printf("5!=%d",t);        /*把乘积即 5!以十进制整数形式输出到显示器屏幕上*/
}
```

3. 程序编译

程序编写完毕后，接下来就是使用该语言的编译程序编译，以生成二进制代码表示的目标程序，一般扩展名为.obj。编译器只对源程序进行语法分析，如有语法错误，则在编译结果窗口显示出出错的指令行及出错原因。一一修改错误后再编译，直到编译成功为止。

编译成功，还需要与编译环境提供的库函数连接（link），形成可执行的程序，扩展名为.exe。

4. 运行与调试

当程序通过了语法检查、编译生成可执行文件后，就可以在编程环境或操作系统环境中运行（Run）该程序了。

如果程序中存在语义错误（编译器只做语法分析，不做逻辑分析），程序运行结果有可能不是我们预期的。这时就需要对程序进行调试。调试是在程序中查找错误并修改错误的过程。调试最主要的工作是找出错误所在的地方。一般程序的编程环境都提供有相应的调试手段。调试主要的方法有：设置断点、单步运行、观察变量等。

（1）设置断点（Break Point Setting）：可以在程序的任一条语句设置断点，程序运行到断点所在语句会停下来。

（2）单步运行（Step）：程序单步运行时执行一条语句就停下，此时我们可以一步一步跟踪程序执行过程，查看运行的中间结果，判断程序错误所在。

（3）观察变量（Variable Watching）：当程序在某一条语句上暂停下来，我们可以观察各种变量的值，判断此时的变量值是否是我们所希望的。如果不是，说明该语句之前肯定有错误发生。这样，就可以把找错范围集中在此语句之前的程序段上。

C 语言程序设计需要我们逻辑清晰，周全地考虑问题，细心关注每一个细节。调试是一个需要耐心和经验的工作，也是程序设计最基本的技能。

习　题

1. 对 C 语言来说，下列标识符中哪些是合法的，哪些是不合法的？

int, 32_num, a&b, num2, _num, grade，INT，total

2. 画出求 1 ~ 100 的累加和的流程图。

3. 画出求 1 ~ 100 的整数中能被 5 整除的所有整数的和的流程图。

第 2 章　简单例子与数据表示

2.1　在屏幕上显示学生个人信息

【例 2.1】 在屏幕上显示学生个人信息，包含学号、姓名。

源程序

```
/*输出学生个人信息*/            /*注释内容，对程序内容作简要说明*/
#include<stdio.h>              /*编译预处理*/
void main( )                   /*主函数*/
{
    printf("学号：20100440023   姓名：张景\n");  /*调用 printf 函数在屏幕上输出内容*/
}
```

运行结果：

学号：20100440023　姓名：张景

程序分析：

C 语言中，/*　*/之间为注释部分，一般是对程序或语句作一些辅助说明。注释内容可以为任意的字符，程序在编译时会忽略这一部分，因此，注释的长度、内容不会对程序的运行造成影响。在 Visual C++ 6.0 编译中，也可以用//表示注释，但//只能表示单行注释。

★注意：注释必须以/*开头，以*/结尾，/与*之间不能有空格或其他字符，*与/之间也不能有空格或其他字符。

程序的第 2 行：

```
#include<stdio.h>
```

此行表示 C 语言程序的编译预处理(详见第 10 章)，C 语言提供的标准输入输出函数（如：printf 函数、scanf 函数等）包含在 stdio.h 头文件中，程序中若需调用这类函数，必须在程序最开头引用该头文件，写为：#include<stdio.h>。

程序的第 3 行：

```
void main( )
```

定义了一个名为 main 的函数，该函数的返回值为空。C 语言程序是由函数构成的，任何程序有且只有一个名为 main 的主函数，并且程序的运行总是从 main 函数开始的。关键词 void 表示主函数 main 没有返回值。C 语言中的函数有的有返回值，有的没有返回值。对于没有返回值的函数，则需在函数定义时声明为 void 类型。

程序的第 4 行的左大括号“{”与第 6 行右大括号“}”之间的内容称为函数体。一般而言，函数都是为了实现某些功能的，实现过程的源代码必须放在大括号内。其中，左大括号表示函数体的开始，右大括号表示函数体的结束。

例 2.1 中函数体只有一条语句：

printf("学号：20100440023　姓名: 张景\n");

printf 函数是 C 语言的输出函数，其功能是将双引号之间的部分向终端（如显示器）输出。此语句中双引号之间有两部分，一部分是普通字符，如“学号：20100440023　姓名: 张景”，这部分信息原样输出，另一部分是以\开头的字符，称作转义字符，如\n 表示换行，即输出以上信息后换行。最后的分号表示该语句结束。C 语言规定，任何一条语句都必须以分号结束。

★若程序中要使用 printf 函数，则必须在程序开头使用预编译命令#include<stdio.h>，此行无须在后面加分号。

【例 2.2】 在屏幕上分两行显示“This is my first program”和“I will learn it well.”

源程序：

```
#include<stdio.h>
void main( )
{
    printf("This is my first program.\n");
    printf("I will learn it well.");
}
```

运行结果：

```
This is my first program.
I will learn it well.
```

练习 2-1　比较如下两条语句与【例 2.2】的输出有何不同？为什么？

```
printf("This is my first program.");
printf("I will learn it well.");
```

练习 2-2　在屏幕上输出如下所示的钻石图形。

```
   *
  * *
 *****
  * *
   *
```

2.2　计算学生成绩

2.2.1　程序分析

【例 2.3】 假设某学生大学语文 82 分，高等数学 90 分，大学英语 74 分，计算该学生三门课程的总分及平均分。

源程序

```
/*计算学生总分和平均成绩*/
```

```
#include<stdio.h>
void main( )
{
    int ch,math,en,total,ave; /*定义整型变量:ch,math,en 将分别存储语文,数学,英语成绩,total,
                              ave 存储总分和平均分*/
    ch=82;                  /* 给变量 ch 赋值*/
    math=90;                /*给变量 math 赋值*/
    en=74;                  /*给变量 en 赋值*/
    total=ch+math+en;       /* 计算二门课程总分*/
    ave=total/3;            /*计算平均分数*/
    printf("total=%d,ave=%d\n",total,ave);        /* 输出总分和平均分*/
}
```

运行结果：

```
total=246,ave=82
```

例 2.3 与例 2.2、例 2.1 相似，同属于顺序结构，即程序是按照自上而下的顺序依次执行的。

语句“total=ch+math+en;”其含义是将语文、数学、英语三门课程成绩相加，并将结果赋值给变量 total，即等号左边的变量 total 的值是等号右边三个变量之和。ave=total/3 则是将 total 的值除以 3 并且将结果赋给变量 ave。

语句“printf（"total=%d,ave=%d\n",total,ave）；”作用是输出变量 total 和 ave 的值。小括号中用逗号分隔成前后两部分，前半部分即双引号之间的内容，除了格式控制符（如：%d）和转义字符（如:\n）以外的其他部分将照原样输出，后半部分则是变量列表，含义是双引号之间的第一个%d 输出后面对应的第一个变量的值，即 total，第二个%d 输出对应的 ave 的值。

2.2.2　常量与变量

在 C 语言中，数据有常量和变量两种。程序运行过程中，其值不能被改变的量称为常量，如例 2.3 中的 82，90 等均为常量。相应地，其值可以被改变的量称为变量，如例 2.3 中的 ch，total 等都是变量，可以对它们进行多次不一样的赋值。

如同数学中的分类一样，无论是常量还是变量，都有类型之分。常量的类型由自身的书写格式决定，不须预先说明。如整数 82、90、－5 是整型常量，1.6、－4.4 属实型常量，整型常量和实型常量统称为数值型常量，'a'、'y'是字符型常量。

与数学中的“变量”(自变量，因变量等)不同的是，在 C 语言中，变量必须先通过定义，声明其类型后，才能使用。常用的数据类型有：

int：整型；long：长整型；float：单精度实型；double：双精度实型；char：字符型。

除了类型之外，每个变量还应该有一个名字，以方便被引用以及参与运算。变量的命名必须遵循标识符的命名规则。即只能由字母、数字和下划线组成，其中，第一个字符必须是字母或下划线。

【例 2.4】：

```
int   r;          /*定义整型变量 r，用于存储整数*/
double   s;       /*定义实型变量 s，用于存储实数*/
```

```
r=3;           /*将 3 赋给变量 r*/
s=3.14*r*r;    /*将表达 3.14*r*r 运算结果赋值给变量 s*/
```

由以上例子可以看出，变量必须遵守“先定义，后使用；先赋值，后运算”的原则。定义变量的一般形式为：

类型名 变量名列表；

★多个变量名间应用逗号间隔，整个声明语句最后以分号结束。

定义变量时，变量名的选择最好能见名知义，如用 sum 表示求和，用 ave 表示平均数。而且，C 语言是严格区分大小写的，即 Sum 与 sum 是两个不同的变量，不能混用。

练习 2-3 以下哪些变量名是合法的，哪些是不合法的？

sum, average,Mr.Johne,Stu_nane,3ku,BMW,_LiLin,%number,a>b

练习 2-4 在例 2.4 中，为什么要将变量 s 定义成 double 型，而不用 int 型？

2.2.3 算术运算和算术表达式

在 C 语言中，算术运算包括加、减、乘、除、求余和其他一些运算。其中，加、减、乘、除和求余都是双目运算（对应的运算符见表 2.1），双目运算是指参与运算的过程需要两个操作数。

表 2.1 双目算术运算符列表

运算符	含　义	示　例	优先级
+	加法运算	3+2	低
−	减法运算	3 − 2	
*	乘法运算	2*5	高
/	除法运算	6/3	
%	求余运算也称为模运算	6%4 结果为 2	

加法、减法、乘法与数学中的运算相似，需要注意的是：

（1）如果除法的两个运算对象均为整数，则运算结果也为整数。如表达式 9/5 的值是 1，1/4 的值是 0，－5/3 的值是－1。即整数相除，结果将舍弃小数部分。

（2）求余运算%的运算对象要求必须为整型数据，它不能用于实型数据的运算。

例如：

3%5 结果为 3，22%4 结果为 2，而 6.8%5 是不正确的。

（3）五个算术运算符的结合方向均为自左向右。

用算术运算符和括号将运算对象连接起来的符合 C 语言语法规则的式子称为算术表达式，如例 2.4 中的 3.14*r*r 是一个算术表达式。运算对象可以是常量、变量、函数等。当一个表达式中有多个运算符时，首先就要考虑运算符的优先级，如果优先级相同，再考虑运算符的结合性。如表达式 a+b*c，由于乘法的优先级高于加法，因此，先运算 b*c，相当于 a+(b*c)。如果表达式中的运算符优先级相同，则按结合方向处理，如 a+b－c，加法与减法的优先级相同，则按结合方向自左向右依次运算。

★ +和 – 还可以作为正值运算符和负值运算符，这时，+和 – 作为单目运算符。

2.2.4 赋值运算与赋值表达式

在以上例子中，多次出现运算符“=”。在 C 语言中，“=”称为赋值运算符，其功能是将“=”右边表达式的值赋给左边的变量。例如，在例 2.4 中的“r=3”。

用赋值运算符将一个变量和一个表达式（如：算术表达式）连接起来的式子称为赋值表达式。赋值表达式的一般形式是：

变量=表达式

如例 2.4 中的“r=3”和“s=3.14*r*r”都是赋值表达式。

★注意：赋值运算符的左边必须是一个变量。

如“9=3*2”是错误的。

由于赋值运算符的优先级很低，因此，对于赋值表达式，先计算右侧的表达式的值，再将该值赋给左侧的变量。

例如，在例 2.4 中：

```
r=3;
s=3.14*r*r;
```

执行语句“r=3;”是将 3 赋给变量 r，于是变量 r 的值变成了 3。执行语句“s=3.14*r*r;”，由于算术运算符的优先级高于赋值运算符，因此，先做算术运算，再做赋值运算。先计算 3.14*r*r，得到 28.26，再将 28.26 赋值给实型变量 s，需要注意的是，只有当变量 r 有具体值以后，才能参与运算。

赋值运算符的运算方向是从右到左的。

【例 2.5】

```
int a,b;
a=b=6;
```

在以上程序片段中，变量 a 和 b 的值都为 6。这是因为赋值运算的运算方向是从右到左的，即先计算“b=6”，将 6 赋值给变量 b，再将“b=6”的值 6，赋值给变量 a。

【例 2.6】

```
int c=10;
double   a=3, b=5,s1,s2;
s1=b+c/a;
```

在例 2.6 中，表达式“s1=b+c/a;”先做除法运算，由于被除数 c 为整型，除数 a 为实型，两个运算对象类型不一致，C 语言规定，运算对象将自动进行类型转换，使两者具有相同的类型，然后再进行运算。在此式中，整型会先被转换成实型，于是 c/a 的值为 3.333333，与 b 相加得 8.333333，即为 s1 的值。

2.2.5 数据的输出

在上节的例题中，多次使用了 printf 函数向终端输出信息。实际上，C 语言的输入输出都是通过调用相应的函数来实现的。每一个程序几乎都包含输入或输出，因此输入与输出函数的调用是每一个读者必须掌握的内容。本节学习格式化输出函数 printf，该函数在系统文件 stdio.h 中声明，因此在程序中若要使用 printf 函数，必须在程序顶部使用编译预处理命令#include<stdio.h>。

printf 函数的一般调用格式：

printf(格式控制字符串，输出参数列表);

例如：

```
printf("a=%d, b=%d\n",a,b);
```

printf 函数的小括号内包括两部分：

（1）格式控制字符串。

格式控制字符串必须用双引号括起来，表示输出参数的格式。其中，包含两种内容：普通字符和格式控制说明。

① 普通字符：普通字符即原样输出的字符。例如，语句

```
printf("a=    ,b=\n");
```

的输出结果是：

```
a=    ,b=
```

双引号之间的部分将全部原样输出，并且在输出后回车换行。其中的\n 表示回车换行。

② 格式控制说明：输出参数的格式是由以%开头的格式控制字符控制的，如%d, %f 等。它的作用是将输出参数按照指定的格式输出。不同的数据类型应采用不同的格式控制字符。常用的格式控制说明如表 2.2 所示。

表 2.2 常用格式控制说明

格 式	功 能
%d	以十进制的方式输出整型数据，如 int 型
%f	输出实型数据，以小数的形式输出。即 float,double 型
%c	输出字符型数据，即 char 型
%ld	输出长整型数据，即 long 型（其中 l 是 long 的首字母）

例如：

```
int a=3,b=5;
printf("a=%d    ,b=%d\n",a,b);
```

输出结果是

```
a=3    ,b=5
```

注意与上面①中的 printf 函数的输出对比。

（2）输出参数列表。

printf 函数的输出参数列表是需要输出的数据，可以是变量或表达式，如果需输出多个对象，则各个输出对象之间用逗号隔开。

printf 函数后半部分的输出参数列表与前半部分的格式控制说明必须在数据类型、个数和位置上一一对应。

练习 2-5：

若 a=3，b=4，x=6.2，y=7.7，编程求出 a+b－x、b+x/y、x*y+a%b 的值，并与手工的运算结果对比。

2.3　圆球表面积与体积的计算

【例 2.7】 从键盘输入圆球半径，计算球的表面积和体积并输出，其中，体积保留两位小数。

已知球表面积计算公式：$S = 4 \times \pi \times r^2$

体积计算公式：$V = \frac{4}{3} \times \pi \times r^3$

2.3.1　程序分析

源代码

```
#include<stdio.h>
void main( )
{
    int r;
    double s,v;
    printf("请输入半径：");           /*在屏幕上显示提示信息*/
    scanf("%d",&r);                  /* 输入变量 r 的值，变量名 r 前面要加& */
    s=4*3.14*r*r;
    v=(4.0/3)*3.14*r*r*r;
    printf("圆球表面积为：%f,体积为：%.2f\n",s,v);        /*输出结果*/
}
```

运行情况：

请输入半径：<u>5</u>

圆球表面积为：314.000000,体积为：523.33

程序中变量 r 的值是由用户输入的，数据的输入是通过调用 scanf 函数来实现的。

printf 函数的格式控制说明符%f 指定以小数形式输出数据（保留 6 位小数），而%.2f 则指定输出时保留 2 位小数。

撰写源程序时，建议每行只写一条语句，每行用若干个空格开头，使程序呈“锯齿”形，以保持程序的层次感，这种形式会让程序的结构清晰，对调试程序有很大帮助。

2.3.2　数据的输入

C 语言的数据输入是通过调用输入函数 scanf 来实现的。一般格式如下：

scanf(格式控制字符串,地址列表);

scanf 函数的小括号内也分为两部分：其中，第一部分是格式控制字符串；第二部分的地址列表是由若干个地址组成的，可以是变量的地址，也可以是字符串的首地址。

与 printf 函数类似，格式控制字符串必须用双引号括起来，其中包含两种内容：普通字符和格式控制说明。其中，格式控制说明用于指定读入数据的格式，它包含以%开头的格式控制字符，不同类型的数据采用不同的格式控制字符。常用的格式控制说明见表 2.3。

表 2.3 常用格式控制说明

格 式	功 能
%d	输入十进制整型数据，如 int 型
%f	输入单精度实型数据，即 float 型
%lf	输入双精度实型数据，即 double 型（其中 l 是 long 的首字母）
%c	输入字符型数据，即 char 型
%ld	输入长整型数据，即 long 型（其中 l 是 long 的首字母）

变量的地址是通过在变量名前加“&”来实现的，“&”也称为地址运算符，是单目运算符，作用是取出变量的地址。任何变量在定义时，都在内存中分配一定的存储空间，该存储空间的首地址即为该变量的地址。例如，语句“int a；”，如果用 VC++编译时系统自动在内存中分配 4 个字节的存储空间，用于存储 a 的值。如用 Turbo C 则分配 2 个字节。

【例 2.8】 从键盘上输入三个整数值，计算这三个数的平均值并输出（保留 3 位小数）。

程序示例：

源代码

```
#include<stdio.h>
void main( )
{
  int a,b,c;
  double ave;                          /*由于平均数可能不是整数，因此需定义成实型*/
  printf("Please input 3 numbers:");   /*输入提示*/
  scanf("%d%d%d",&a,&b,&c);            /*输入三个变量的值*/
  ave=(a+b+c)/3.0;
  printf("The average is :%.3f\n",ave);
}
```

运行情况：

```
Please input 3 numbers:3 6 10
The average is :6.333
```

&a、&b、&c 分别表示变量 a、b、c 在内存中的地址，scanf 函数的功能是将用户输入的数值分别存放在变量 a、b、c 的地址单元中。其中，a、b、c 在内存中的地址是在程序编译连接阶段分配的。

“%d%d%d”表示要按十进制整数形式输入 3 个数据，并且输入的数据之间可以使用一个或多个空格间隔，如本例的数据输入方式为“3 5 6”。如若不然，直接输入 356 而不加空格分隔，系统会认为只输入了一个数据 356，继续等待输入后两个数据。此外，也可以使用回车键或 Tab 键分隔输入的数据。

需要说明的是，如果 scanf 函数的格式控制字符串中包含普通字符，那么在输入数据时，普通字符需依顺序原样输入。例如,将例 2.8 中的 “scanf("%d%d%d",&a,&b,&c);” 修改为 “scanf("a=%d,b=%d,c=%d",&a,&b,&c);”，程序运行时就要按如下格式输入：

a=3,b=5,c=6

此时，格式控制字符串中出现的普通字符 “a= ,b= ,c=” 都必须原样输入，否则，就不能将正确的值输入给变量 a、b 和 c，程序的运行结果就会出现错误。

为了减少不必要的输入，防止输入出错，在编程时，建议尽量不要在 scanf 函数的格式控制字符串中使用普通字符。输入的提示语句，可通过 printf 函数输出，如例 2.8 中的 “printf("Please input 3 numbers:");”。

2.3.3 常用数学库函数

C 语言提供了许多已经编写好的函数，供用户直接调用，而无需用户自己编写代码，这些函数称为库函数（也称为标准函数）。例如，scanf 函数和 printf 函数就是输入和输出的库函数。而库函数中一些必需的信息，则在相应的系统文件（头文件）中声明。因此，在程序中要调用库函数，一定要使用编译预处理命令 “#include” 将与相应库函数相关的头文件包含到源文件中。例如，程序中需要调用 scanf 函数和 printf 函数，则在程序前面需要加 “#include<stdio.h>”，程序中需要调用数学库函数，则在程序前面需要加 “#include<math.h>”。

常用的数学库函数有：

（1）指数函数 exp(x)：计算 e^x。如 exp(1.2)的值是 2.718282。

（2）绝对值函数 fabs(x)：计算 $|x|$。如 fabs(－6.39)的值是 6.39。

（3）以 e 为底的对数函数 log(x)：计算 ln(x)。如 log(36.5)的值是 3.583519。

（4）以 10 为底的对数函数 log10(x)：计算 $\log_{10}(x)$。如 log10(101.6) 的值是 2.004321。

（5）幂函数 pow(x, n)：计算 x^n。如 pow(1.2,2) 的值是 1.44（即 1.2^2）。

（6）平方根函数 sqrt(x)：计算 $\sqrt{x}$。如 sqrt(9.0)的值是 3.0。

【例 2.9】 从键盘输入圆球半径，计算球的体积并输出（保留 3 位小数）。要求半径是大于零的任意实数，调用数学库函数计算球的体积。

体积计算公式：$V=\frac{4}{3}\times\pi\times r^3$

源代码：

```
#include<stdio.h>      /* 程序中调用了输入和输出函数，需包含头文件 stdio.h */
#include<math.h>       /* 程序中调用了数学库函数，需包含头文件 math.h */
void main( )
{
    double r,v;
    printf("请输入半径：");         /* 屏幕上显示提示信息*/
    scanf("%lf",&r);               /* 输入变量 r 的值，格式控制符是%lf，变量名 r 前面要加& */
    v=(4.0/3)*3.14*pow(r,3);       /* 调用幂函数 pow 计算 */
    printf("圆球的体积为：%.3f\n",v);          /*调用 printf 函数输出结果*/
```

```
}
```

运行情况：

请输入半径：<u>3.6</u>

圆球的体积为：195.333

习　　题

1. 程序

```
main( )
{   int x=10,y=3;
    printf("%d\n",x/y);
}
```

输出结果是____________。

2. C语言程序设计中，用关键词_________定义整型变量，用关键词______定义单精度实型变量，用关键词_________定义字符型变量。

3. 表达式 3.6+2/3*6 的结果是___________。

4. 求下列算术表达式的值。

（1）设 x=5，y=3，求

x+y/x*6+x%y*2

（2）设 a=2，b=5，c=4，求

a*b+c%b – b/c%a

5. 输入一个华氏温度，要求输出摄氏温度。公式为 $c=5/9*(f-32)$。

6. 从键盘上输入两个正整数，利用等差数列的求和公式计算并输出这两个正整数之间所有整数的和。

第 3 章 分支结构

计算机在执行程序时，通常情况是按照语句的书写顺序执行。但是在很多情况下需要根据条件来选择所需执行的语句，这就是分支结构。本章将从典型程序的分析入手，讨论分支结构程序设计的思想以及实现该思想的条件语句：if 和 switch。同时介绍字符类型、逻辑运算等相关知识。

3.1 市民用电量分段收费

3.1.1 程序分析

【例 3.1】 今年，某省大部分地区的电力紧缺，电力公司为鼓励市民节约用电，采取按月用电量分段收费方法，居民应缴电费 y（元）与用电量 x（度）的函数关系为：

$$y=\begin{cases}0.65x & (0\leqslant x\leqslant 100)\\ 0.8x-15 & (x>100)\end{cases}$$

请编程通过输入月用电量，求得该用户应缴电费。

源代码：

```
# include <stdio.h>
void main()
{
    int energy;            /* 定义用电量*/
    double fees;           /* 定义电费 */
    printf("Please enter energy (energy >=0):\n");
    scanf("%d", &energy);                              /*调用 scanf 函数输入用电量*/
    if (energy > 100)
         fees = 0.8 * energy - 15;
    else
         fees = 0.65* energy;
    printf("energy = %d， fees = %.2f.\n", energy, fees);    /* 调用 printf 函数输出电费 */
}
```

运行情况 1：

Please enter energy (energy >=0):

30

energy = 30，fees =19.50.

运行情况 2：

Please enter energy (energy >=0):

150

energy = 150，fees =105.00.

这是一个用 if-else 语句实现的二分支结构程序。在本例程序中，首先给出提示输入数据，输入值赋予变量 energy；再用 if 语句判别 energy 的大小，如果 energy 大于 100，则电费套用公式 $y = 0.8x - 15$，否则套用公式 $y = 0.65x$；最后调用 printf 函数输出结果，用%.2f 来指定输出电费时保留两位小数。

3.1.2 关系运算符和关系运算

关系运算符用于值与值之间的比较，比如，相不相等或者谁大谁小。关系运算是指两个数据的大小比较运算。例 3.1 中的 energy > 100 就是关系运算，它比较变量 energy 存储的值与 100 的大小，符号“>”是关系运算符。

C 语言提供的关系运算符见表 3.1。

表 3.1 关系运算符

关系运算符	作　用	举　例	运算结果
>	大于	6>3	1
<	小于	6<3	0
>=	大于或等于	5>=6	0
<=	小于或等于	5<=9	1
==	等于	2==2	1
!=	不等于	2!=2	0

在 C 语言中，关系运算符产生的结果用逻辑值来表示，逻辑上的真用数字“1”来表示，逻辑上的假用数字“0”来表示。例如，表 3.1 中的“6>3”比较 6 和 3 的大小，该式成立，运算结果为 1。关系成立时结果为真（1），否则结果为假（0）。例 3.1 中的 energy > 100，如果 energy 的值是 150，该式成立，运算结果为 1；如果 energy 的值是 30，该式不成立，运算结果为 0。

关系运算符用于连接两个表达式，形成关系表达式，一般形式为：

表达式 1　关系运算符　表达式 2

例如：

① x1>x2

② x2>=x3

③ x1+x2>x2+x3

④ x1>x2!=x3

⑤ x3<x1<x2

⑥ x3=x1<x2

关系运算符为双目运算符，其结合性为左结合，其中，关系运算符>、<、>=、<=优先级高于==、!=。关系运算符的优先级低于算术运算符，高于赋值运算符。假设 x1=2，x2=1，x3=3，则上面例子运算结果为：

① 1

② 0

③ 等价于(x1+x2)>(x2+x3)，结果为 0

④ 等价于(x1>x2)!=x3，结果为 1

⑤ 1

⑥ 等价于 x3=(x1<x2)，结果为 x3 的值为 0

3.1.3　二分支 if 语句

根据条件做出选择，决定执行哪些语句而不执行哪些语句，这样的程序结构称为选择结构或分支结构。分支结构一般分为二分支结构和多分支结构。

二分支结构主要有两种形式，分别如下：

（1）第一种形式。

```
if(条件)
    语句 1;
else
    语句 2;
```

含义：当条件为真时，便执行指定的语句 1，执行完后结束 if 语句，接着执行 if 语句后的下一条语句。否则，执行指定的语句 2，执行完后结束 if 语句，接着执行 if 语句后的下一条语句。也就是说，两个语句中总有一个要执行，但不能都执行。其结构如图 3.1 所示。

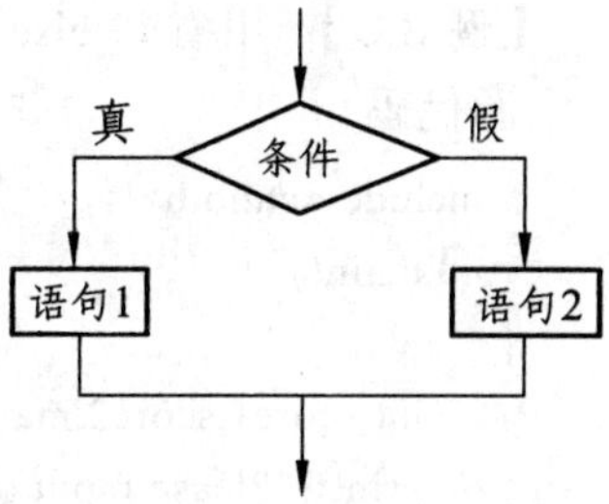

图 3.1　二分支结构

语句 1 和语句 2 也称为内嵌语句，只能是一条语句，如果需要使用多条语句，可以用大括号将多条语句括起来，组成一条复合语句，如{语句序列}

if 语句可以应用复合语句，格式为：

```
if(条件)
    {语句序列 1;}
else
    {语句序列 2;}
```

【例 3.2】 任意输入两个百分制成绩，求出并显示两个分数中较高的分数。

源代码：

```
# include <stdio.h>
void main()
{
    int score1,score2;
```

```
    printf("Please input two scores (score>=0):\n ");          /*提示输入成绩*/
    scanf("%d%d",&score1,&score2);                             /*从键盘输入成绩*/
    if(score1>score2)                                          /*判断大小*/
      printf("High score is %d.\n",score1);
    else
      printf("High score is %d.\n", score2);
}
```

运行情况 1：

Please input two scores(score>=0):

60 70

High score is 70.

运行情况 2：

Please input two scores(score>=0):

90 70

High score is 90.

本程序首先输入两个成绩 score1、score2，接着通过 if 语句对表达式 score1>score2 的真假进行判断。如果表达式值为真，说明 score1 大于 score2，就通过 printf 函数输出 score1 的值。否则通过 printf 函数输出 score2 的值。

（2）第二种形式。

if(条件)

　　语句 1;

含义：当条件为真时，便执行指定的语句，执行完后，结束 if 语句，接着执行 if 语句后的下一条语句；否则直接转去 if 语句后的下一条语句，即不满足条件就什么都不做。其结构如图 3.2 所示。

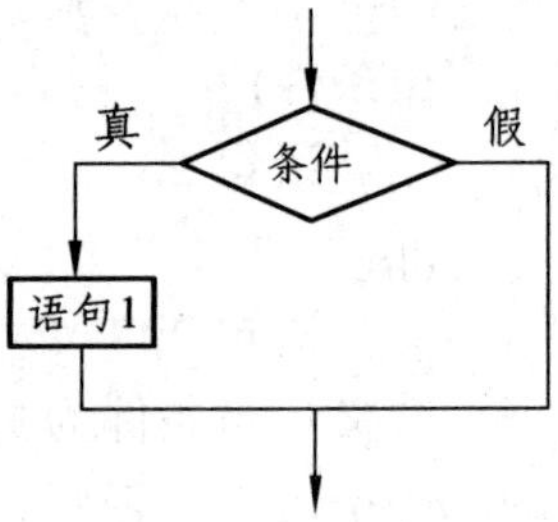

图 3.2　省略 else 的二分支结构

【例 3.3】　用省略 else 的二分支结构改写【例 3.2】。

源代码

```
# include <stdio.h>
void main()
{
    int score1,score2,maxscore;
    printf("Please input two scores (score>=0):\n ");
    scanf("%d%d",&score1,&score2);
    maxscore=score1;
    if(maxscore<score2)
      maxscore=score2;
    printf("High score is %d.\n", maxscore);
}
```

运行情况 1：

Please input two scores(score>=0):

60 70

High score is 70.

运行情况 2：

Please input two scores(score>=0):

90 70

High score is 90.

本程序首先输入两个成绩 score1、score2，然后把 score1 先赋予变量 maxscore，接着判断 maxscore 和 score2 的大小，如果 maxscore 小于 score2，则把 score2 赋予 maxscore，也就是说，总是保证 maxscore 的值是高分，最后输出 maxscore 的值。本例题目改作按从小到大的顺序输出这两个分数，则可将主程序段改成：

```
if(score1>score2)
    {maxscore=score1; score1=score2; score2=maxscore;}
 printf("%d,%d.\n", score1, score2);
```

程序中默认 score1 总是小的，score2 总是大的，一旦发生 score1 大于 score2 的情况，则将 score1 和 score2 的值通过第三个变量 maxscore 进行交换。

练习 3-1　表达式 a==b 与 a=b，哪个是用来表示 a 和 b 相等的？设 a=0，b=1，则下面程序段运行结果是什么？

```
if(a=b) printf("^^^^^\n");
if(a==b) printf("*****\n");
```

练习 3-2　编程实现输入 x 的值，计算 y 的值。

$$y=\begin{cases}x+2 & (x\le 0)\\ 2x-1 & (x>0)\end{cases}$$

3.2　判断英文字母并进行大小写转换

3.2.1　程序分析

【例 3.4】 从键盘输入一个字符，判断该字符是大写英文字母还是小写英文字母或其他字符，若字符为大写英文字母则将其转化为小写，若字符为小写英文字母则将其转化为大写。

源代码

```
#include <stdio.h>
void main ( )
{
  char ch,x;                              /*定义两个字符型变量*/
  printf(" 请输入一个字符:\n");            /*提示输入字符*/
  ch=getchar();                           /*输入一个字符，赋值给 ch*/
  if(ch>='A'&&ch<='Z')
  {
      x=ch+32;                            /*大写英文字母转化为小写*/
```

```
        printf("字符%c 是大写英文字母,其小写英文字母为%c。\n",ch,x);
    }
    else if(ch>='a'&&ch<='z')
    {
        x=ch-32;                    /*小写英文字母转化为大写*/
        printf("字符%c 是小写英文字母,其大写英文字母为%c。\n",ch,x);
    }
    else
        printf("字符%c 是其他字符。\n",ch);
}
```

运行情况 1：

请输入字符：

a

字符 a 是小写英文字母，其大写英文字母为 A。

运行情况 2：

请输入字符：

A

字符 A 是大写英文字母，其小写英文字母为 a。

运行情况 3：

请输入字符：

0

字符 0 是其他字符。

本程序使用 getchar 函数来输入字符，用逻辑运算判断输入字符所属种类，结构上用 else-if 语句来实现对一个字符是小写英文字母、大写英文字母或其他字符的多分支选择。else-if 语句是 if 语句的扩展，是常用的实现多分支选择的方法。

3.2.2 字符型数据

1. 字符型常量与变量

在例 3.4 程序中，使用了字符型的常量（如'A'、'Z'、'a'、'z'）和变量 ch。字符型常量是指用单引号括起来的一个字符。比如字符型常量'A'、'0'、'='、'+'，'A'表示字母 A，'0'表示数字字符 0（注意：'0'和 0 是不同的，前者是字符，后者是整型数字），'='、'+'表示符号=、+。在 ASCII 字符集中包含了可以使用的全部字符，我们也可用字符的 ASCII 码值表示字符，如十进制数 65 表示大写字母'A'，十进制数 48 表示数字字符'0'。例 3.4 程序的 x=ch+32 和 x=ch－32 就使用了字符的特性。

字符型变量是用来保存一个字符的一种变量。它的定义方法是：

char 变量名；

例 3.4 程序使用语句 char ch 定义了字符型变量 ch，可用形如 ch='Z'的语句给字符型变量赋值。

2. 字符型数据的输入输出

字符型数据的输入输出可以调用函数 getchar、putchar、scanf、printf。

（1）调用函数 getchar 和 putchar 输入/输出字符。

例 3.4 源代码中使用字符输入函数 getchar 从键盘输入一个字符。把 ch 定义为字符变量，字符输入函数 getchar 的调用格式为：

ch=getchar( );

该语句的作用是从键盘输入一个字符，并赋值给变量 ch。

字符输出函数 putchar 的调用格式为：

putchar(字符变量或字符常量)

该函数的功能是输出一个字符。

例如：

```
putchar('A');    /*输出大写字母 A*/
putchar(ch);     /*输出字符变量 ch 的值*/
```

（2）调用函数 scanf 和 printf 输入/输出字符。

函数 scanf 和 printf 除了处理数值型数据的输入/输出外，也可以处理字符型数据的输入/输出。在调用函数 scanf 和 printf 输入/输出字符时，只要格式控制字符串中相应的格式控制说明为%c 即可。

例如：

```
#include <stdio.h>
main( )
{
    int a ,b;
    char op;
    printf("请输入一个表达式：\n " );
    scanf("%d%c%d",&a,&op,&b );
    printf("%d%c%d=%d\n",a,op,b,a+b);
}
```

运行情况：

请输入一个表达式：

<u>3+2</u>

3+2=5

3.2.3　逻辑运算符和逻辑表达式

逻辑运算符是根据表达式的值来返回真值（值为 1）或是假值（值为 0）。逻辑运算是指对逻辑值的运算。在例 3.4 程序中，ch>='A'&&ch<='Z'和 ch>='a'&&ch<='z'都是逻辑运算，前者用来判断 ch 是否是大写英文字母，后者用来判断是否是小写英文字母，其中&&是逻辑运算符。

C 语言提供的逻辑运算符见表 3.2。

表 3.2 逻辑运算符

<table>
<tr><th>逻辑运算符</th><th>作用</th><th>优先级</th><th>结合性</th><th>举例</th><th>运算结果</th></tr>
<tr><td rowspan="2">!</td><td rowspan="2">非运算</td><td rowspan="8">高
↑
低</td><td rowspan="2">自右向左</td><td>!6</td><td>0</td></tr>
<tr><td>!0</td><td>1</td></tr>
<tr><td rowspan="3">&&</td><td rowspan="3">与运算</td><td rowspan="6">自左向右</td><td>6&&0</td><td>0</td></tr>
<tr><td>6&& − 2</td><td>1</td></tr>
<tr><td>0&&3</td><td>0</td></tr>
<tr><td rowspan="3">||</td><td rowspan="3">或运算</td><td>6||0</td><td>1</td></tr>
<tr><td>6|| − 2</td><td>1</td></tr>
<tr><td>0||0</td><td>0</td></tr>
</table>

在逻辑运算中，参与!运算的值为真时，结果为假；参与!运算的值为假时，结果为真。参与&&运算的两个值都为真时，结果才为真，否则为假；参与||运算的两个值都为假时，结果才为假，否则为真。

用逻辑运算符将一个或多个表达式连接起来，进行逻辑运算的式子，称为逻辑表达式。它的一般形式为：

表达式 1 逻辑运算符 表达式 2

例如：

① 3>=4 && 3<=4

② 3<4||4==3

③ !(5+3)+2 − 1&&4+5/2

逻辑运算符与其他运算符的优先级关系为：!→ 算术运算 → 关系运算 → && → || → 赋值运算。上面例子运算结果为：

① 等价于(3>=4) && (3<=4)，结果为 0。

② 等价于(3<4)||(4==3)，结果为 1。

③ 等价于(!(5+3)+2 − 1)&&(4+5/2)，结果为 1。

在例 3.4 程序中，ch>='A'&&ch<='Z'就是一个逻辑表达式，因为关系运算优先于&&，所以相当于(ch>='A')&&(ch<='Z')，表达式 1 是 ch>='A'，表达式 2 是 ch<='Z'，如果这两个条件都满足，则此逻辑表达式的值就为真，即 1；否则为假，即 0。当此表达式值为真时，说明 ch 的 ASCII 码值介于字符 A 与 Z 之间（包括 A、Z），从 ASCII 字符集上我们可以发现，此时 ch 必为大写英文字母，因此，可以用 ch>='A'&&ch<='Z'来判断 ch 是否为大写英文字母。

【例 3.5】 写出满足下列条件的 C 语言表达式。

① letter 是英文字符。

② ch 是空格或回车。

③ year 不是闰年。year 的闰年的条件是：year 能被 4 整除但不能被 100 整除，或 year 能被 400 整除。

满足以上条件的C语言表达式是：

① letter>='A' && letter<='Z' || letter>='a' && letter<='z'

② ch == ' ' || ch == '\n'

③ !((year%4 == 0 && year%100 != 0) || (year%400 == 0))

与其他表达式的运算过程不同，在求解用&&和||连接的逻辑表达式时，按从左到右的顺序依次计算表达式两侧的操作数，一旦能确定表达式的值，就停止计算。例如：

① 求解逻辑表达式 exp1&&exp2 时，先计算 exp1，若其值为 0，则 exp1&&exp2 的值一定为 0，此时，将不再计算 exp2。

② 求解逻辑表达式 exp1||exp2 时，先计算 exp1，若其值为 1，则 exp1||exp2 的值一定为 1，此时，将不再计算 exp2。

如变量 a、b 已经定义且 a=2，b=5。

① a=a-2 && b=b+3

计算该表达式后，a 的值是 0，b 的值还是 5。因为先计算 a=a-2，a 的值为 0，表达式 a=a-2 && b=b+3 的值一定为 0，则不必再计算 b=b+3，故 b 的值不变还是 5。

② a=a-1 || b=b+3

计算该表达式后，a 的值是 1，b 的值还是 5。因为先计算 a=a-1，a 的值为 1，表达式 a=a-1 || b=b+3 的值一定为 1，则不必再计算 b=b+3，故 b 的值不变还是 5。

3.2.4 else-if 语句

else-if 语句的一般形式为：

```
if(条件 1)
    语句 1;
else if(条件 2)
    语句 2;
…
else if(条件 n)
    语句 n;
else
    语句 n+1;
```

含义：判断条件 1，当满足条件 1 时，执行语句 1，执行完后，结束整个 if 语句，接着执行 if 语句后的下一条语句；如果不满足条件 1，则判断条件 2，当条件 2 满足，执行指定的语句 2，执行完后，结束整个 if 语句，接着执行 if 语句后的下一条语句，…，判断条件 n，如果满足则执行语句 n，执行完后，结束整个 if 语句，接着执行 if 语句后的下一条语句，如果所有的条件都不满足，则最后只有执行语句 n+1，执行完后，结束整个 if 语句，接着执行 if 语句后的下一条语句，程序流程如图 3.3 所示。一般形式中的语句也可以是复合语句。

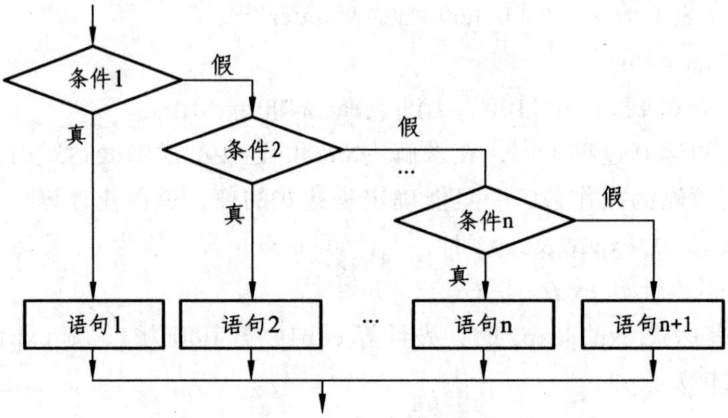

图 3.3　else-if 流程图

【例 3.6】 编程实现三分段函数：

$$y=\begin{cases}1 & (x>0)\\ 0 & (x=0)\\ -1 & (x<0)\end{cases}$$

源代码：

```
# include <stdio.h>
void main( )
{
    int x,y;              /*定义两个整型变量*/
    printf("Please input x:\n");         /*提示输入成绩*/
    scanf("%d",&x);
    if(x>0)                                 /*满足 x > 0 的情况*/
      y=1;
    else if(x==0)          /*不满足 x > 0，但满足 x = 0 的情况*/
      y=0;
    else                    /*不满足 x≥0，即 x < 0 的情况*/
      y=-1;
    printf("y=%d.\n",y);
}
```

运行情况 1：

Please input x:

<u>-6</u>

y=-1.

运行情况 2：

Please input x:

<u>6</u>

y=1.

运行情况 3：

Please input x:

<u>0</u>

y=0.

本程序使用 else-if 语句来实现一个三分支的分段函数，其流程图如图 3.4 所示。

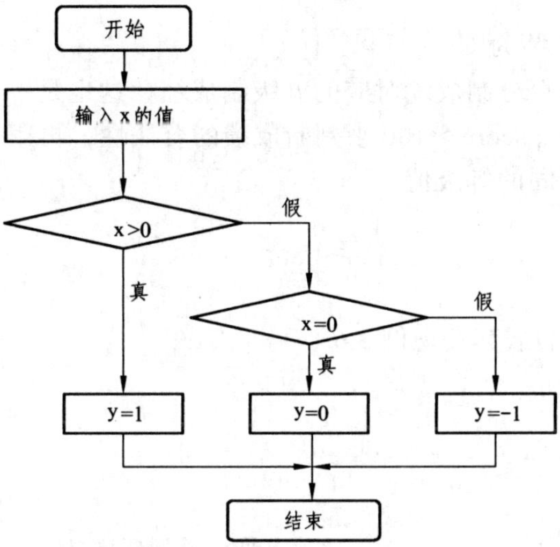

图 3.4　else-if 语句实现三分段函数流程图

【**例 3.7**】从键盘输入 1 个百分制成绩，输出对应的五级制成绩（90 ~ 100 分为 A，80 ~ 89 分为 B，70 ~ 79 分为 C，60 ~ 69 分为 D，60 分以下为 E）。

源代码：

```
#include   <stdio.h>
void main()
{
    int   score;
    printf("请输入成绩分数:");
    scanf("%d", &score);
    if (score < 0 || score > 100)              /*检查数据必须在 0 ~ 100     */
        printf("error score!\n");
    else if (score >= 90)                       /* score  在 90 ~ 100        */
        printf("%d 分对应的五级制成绩为:A.\n", score);
    else if (score >= 80)                       /* score  在 80 ~ 89         */
        printf("%d 分对应的五级制成绩为:B.\n", score);
    else if (score >= 70)                       /* score  在 70 ~ 79         */
        printf("%d 分对应的五级制成绩为:C.\n", score);
    else if (score >= 60)                       /* score  在 60 ~ 69         */
        printf("%d 分对应的五级制成绩为:D.\n", score);
    else                                        /* score <60 的情况          */
        printf("%d 分对应的五级制成绩为:E.\n", score);
```

```
}
```

运行情况 1：

请输入成绩分数:56

56 分对应的五级制成绩为:E.

运行情况 2：

请输入成绩分数:78

78 分对应的五级制成绩为:C.

本例要求判别输入的百分制成绩对应的五级制成绩，这也是一个多分支选择的问题。首先用逻辑表达式 score < 0 || score > 100 来判断成绩的合法性，再用 else-if 语句判断输入成绩所在的范围，分别给出不同的等级值。

3.2.5 if 语句的嵌套

【例 3.8】 用 if 语句的嵌套实现例 3.6。

源代码

```
# include <stdio.h>
void main( )
{
    int x,y;                            /*定义两个整型变量*/
    printf("Please input x:\n");        /*提示输入成绩*/
    scanf("%d",&x);
    if(x!=0)
      if(x>0)                           /*满足 x > 0 的情况*/
          y=1;
      else                              /*满足 x < 0 的情况*/
          y=-1;
    else                                /*满足 x = 0 的情况*/
      y=0;
    printf("y=%d.\n",y);
}
```

运行情况 1：

Please input x:

-6

y=-1.

运行情况 2：

Please input x:

6

y=1.

运行情况 3：

Please input x:

0

y=0.

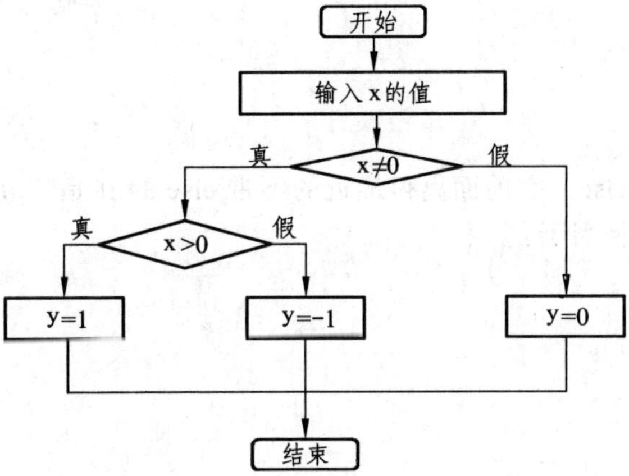

图 3.5　if 语句嵌套实现三分段函数流程图

本程序使用 if 语句嵌套来实现一个三分段函数，其流程图如图 3.5 所示。这种 if 语句中又包含一个或多个 if 语句的形式，称为 if 语句的嵌套。嵌套既可以出现在 if 语句块中，也可以出现在 else 语句块中,它的一般形式为：

```
if(条件)
    if 语句;
else
    if 语句;
```

或者：

```
if(条件)
    语句 1;
else
    if 语句;
```

或者：

```
if(条件)
   if 语句;
```

由于 if 语句嵌套会出现多个 if 和多个 else 重叠的情况，很容易发生 if 与 else 的配对错误问题，那么如何判断每一个 else 究竟是与哪一个 if 配对呢? C 语言规定：从最内层开始，else 总是与它前面离得最近的不带 else 的 if 配对。如果 if 和 else 的数目不统一，可以加 { } 明确配对关系。

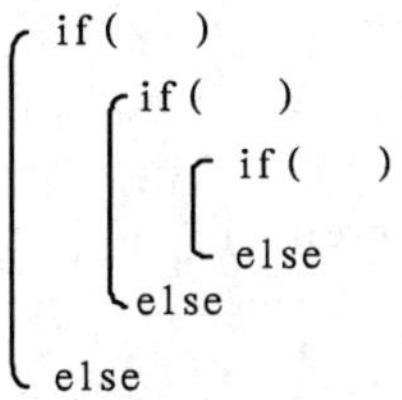

例如，以下程序段：

```
if(x>0)
if(x>60)
y=1;
else
y=0;
```

程序段中只有一个 else，它前面离得最近的不带 else 的 if 是“if(x>60)”，因此，else 与第二个 if 进行配对，相当于：

```
if(x>0)
    {if(x>60)
        y=1;
     else
        y=0;}
```

在 if 语句的所有格式中，使用大括号“{ }”将同一层次的语句部分括起来，使得程序结构清楚、可读性强。如果只有一条语句，“{ }”可以省略。

【例 3.9】 任意输入 3 个成绩，求出并显示最高分，用 if 语句的嵌套实现。

源代码：

```
#include "stdio.h"
void main( )
{
    int score1,score2,score3,maxscore;
    printf("Please enter three scores:");
    scanf("%d%d%d", &score1,&score2,&score3);
    if(score1>score2)
    {
        if(score1>score3)
            maxscore=score1;
        else
            maxscore=score3;
    }
    else
    {
        if(score2>score3)
            maxscore=score2;
        else
            maxscore=score3;
    }
    printf("Max score is %d.\n",maxscore);
}
```

运行情况 1：

Please enter three scores:<u>60 70 80</u>

Max score is 80.

不管是 if 语句的嵌套，还是 else-if 语句，都可以用来实现多分支选择结构。但是，使用 else-if 语句显然会让程序的逻辑结构更加清晰，更容易阅读，建议在一般情况下，更多地使用 else-if 语句。比较以下例 3.10 和以上例 3.7，使用 else-if 语句的例 3.7 更容易读懂。

【例 3.10】 用 if 语句的嵌套实现【例 3.7】。

源代码

```
#include  <stdio.h>
void main()
{
    int  score;
    printf("请输入成绩分数:");
    scanf("%d", &score);
    if (score < 0 || score > 100)                      /*检查数据必须在 0 ~ 100   */
        printf("error score!\n");
    else
    {
        if (score >= 90)                               /* score 在 90 ~ 100       */
            printf("%d 分对应的五级制成绩为:A\n", score);
        else
        {
            if (score >= 80)                           /* score 在 80 ~ 89        */
                printf("%d 分对应的五级制成绩为:B\n", score);
            else
            {
                if (score >= 70)                       /* score 在 70 ~ 79        */
                    printf("%d 分对应的五级制成绩为:C\n", score);
                else
                {
                    if (score >= 60)                   /* score 在 60 ~ 69        */
                        printf("%d 分对应的五级制成绩为:D\n", score);
                    else                               /* score <60 的情况        */
                        printf("%d 分对应的五级制成绩为:E\n", score);
                }
            }
        }
    }
}
```

练习 3-3　若语句 if(!a)中条件恒为真，那么 a 的值应为什么？

练习 3-4　编程实现输入 x 的值，计算 y 的值。

$$y=\begin{cases}3x+4 & (10>x>0)\\ 0 & (x=0)\\ 2x & (-9<x<0)\end{cases}$$

练习 3-5　设 a=3，b=2，则下面程序段运行后 x 的值是多少？

```
if(a>b){x = 1;
if(b!=3)
{   if(!3) x=2;
    else x=3;}
}
```

3.3　学生管理系统目录选择

3.3.1　程序分析

【例 3.11】 某学生管理系统的目录如下：

1. 输入学生记录
2. 显示所有记录
3. 学生信息排序
4. 插入学生记录
5. 删除学生记录
6. 查询修改记录
7. 统计学生记录
8. 导出学生记录
0. 退出信息系统

要求：在屏幕上显示此菜单（包括编号和选项），当用户输入编号 0～8 时显示相应选项名称；输入其他编号则提示错误。

源代码：

```
#include <stdio.h>
void main()
{
    int choice;
    printf("1. 输入学生记录 \n");      /* 显示系统的目录*/
    printf("2. 显示所有记录 \n");
    printf("3. 学生信息排序 \n");
    printf("4. 插入学生记录 \n");
    printf("5. 删除学生记录 \n");
    printf("6. 查询修改记录 \n");
    printf("7. 统计学生记录 \n");
    printf("8. 导出学生记录 \n");
```

```
        printf("0. 退出信息系统 \n");
        printf("请输入你的选择: ");
        scanf("%d", &choice);                /* 输入用户选择*/
        switch (choice)
         {
              case  0: printf("你将退出信息系统。\n"); break;
              case  1: printf("进入输入学生记录菜单。\n"); break;
              case  2: printf("进入显示所有记录菜单。\n"); break;
              case  3: printf("进入学生信息排序菜单。\n"); break;
              case  4: printf("进入插入学生记录菜单。\n"); break;
              case  5: printf("进入删除学生记录菜单。\n"); break;
              case  6: printf("进入查询修改记录菜单。\n"); break;
              case  7: printf("进入统计学生记录菜单。\n"); break;
              case  8: printf("进入导出学生记录菜单。\n"); break;
              default:printf("抱歉，查无此菜单。\n"); break;
         }
    }
```

运行情况 1：

```
    1. 输入学生记录
    2. 显示所有记录
    3. 学生信息排序
    4. 插入学生记录
    5. 删除学生记录
    6. 查询修改记录
    7. 统计学生记录
    8. 导出学生记录
    0. 退出信息系统
    请输入你的选择:3
    进入学生信息排序菜单。
```

运行情况 2：

```
    1. 输入学生记录
    2. 显示所有记录
    3. 学生信息排序
    4. 插入学生记录
    5. 删除学生记录
    6. 查询修改记录
    7. 统计学生记录
    8. 导出学生记录
    0. 退出信息系统
    请输入你的选择:9
```

抱歉，查无此菜单。

程序中先用 9 个 printf 语句显示所有菜单选项，再根据用户输入的 choice 值，用 switch 语句进入相应的分支，显示某一菜单选项，并在语句段的末尾使用 break 跳出 switch 语句。

3.3.2 switch 多分支程序结构

switch 在中文中是开关、转换的意思，switch 语句是 C 语言中处理多分支选择问题的一种更直观和有效的手段，它在条件语句中特别适合做一组变量相等的判断，在结构上比 if 语句更清晰。依据 switch 多分支程序结构中 break 语句的使用方法，通常可以分为三种情况。

1. 在 switch 语句的每个语句段中都使用 break 语句

```
switch(表达式){
    case 常量表达式 1：语句段 1; break;
    case 常量表达式 2：语句段 2; break;
         ⋮
    case 常量表达式 n：语句段 n; break;
    default:           语句段 n+1; break;
}
```

以上 switch 语句的流程图如图 3.6 所示。

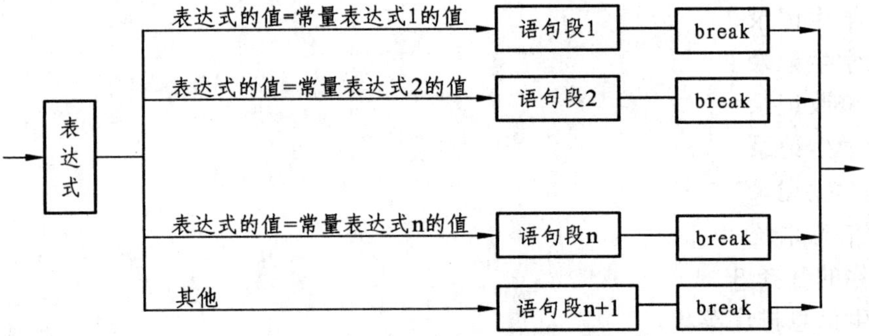

图 3.6 switch 语句流程图

先计算表达式的值，当表达式的值与某个 case 后面的常量表达式的值相等时，则执行此常量表达式后面的语句段，如果表达式的值与所有 case 后面的常量表达式都不相等，则执行 default 后面的语句段，直到最后遇到 break 语句，退出 switch 语句结构。

其中：

（1）表达式和常量表达式可以是整型、字符型等表达式，有一个确定的值。

（2）每一个 case 的常量表达式的值必须互不相同，否则，会出现相互矛盾的现象。

（3）每个 case 分支可以有多条语句，并可以不用大括号｛｝。

（4）default 语句可以省略，在这种情况下，如果表达式值与任何一个常量表达式的值都不相等时，就不执行语句。

（5）各个 case 和 default 出现次序不影响执行结果。例如，可以先出现“default:…”，再出现“case 8:…”，然后是“case 1:…”。

【例 3.12】 试给出一个 5 分制成绩，判断此成绩，如果是 5 分，得出“优秀”结论；如果是 4 分，得出“良好”结论；如果是 3 分，得出“及格”结论；如果是 2 分或 1 分或 0 分，得出“不及格”结论。

源代码：

```
#include <stdio.h>
void main()
{
    int score;
    printf("请输入一个 5 分制成绩:");
    scanf("%d", &score);
    switch(score)
    {       case  5:    printf("优秀!\n"); break;
            case  4:    printf("良好!\n"); break;
            case  3:    printf("及格!\n"); break;
            case  2:    printf("不及格!\n"); break;
            case  1:    printf("不及格!\n"); break;
            case  0:    printf("不及格!\n"); break;
            default  :    printf("数据错误!\n");
    }
}
```

运行情况 1：

请输入一个 5 分制成绩:5

优秀!

运行情况 2：

请输入一个 5 分制成绩:1

不及格!

运行情况 3：

请输入一个 5 分制成绩:7

数据错误!

在程序中，首先输入一个分数，将该分数与 case 后面的值相比较，如若相等，则执行其后的 printf 语句，然后利用 break 语句跳出 switch 语句。比如，输入 5，则执行 printf("优秀!") 和 break。

2. 在 switch 语句多分支结构中不使用 break 语句

在 switch 语句多分支结构中，break 语句是可选的。当不使用 break 语句时，switch 语句多分支结构的形式为：

switch(表达式){

```
    case 常量表达式 1：语句段 1;
    case 常量表达式 2：语句段 2;
        ⋮
    case 常量表达式 n：语句段 n;
    default  :          语句段 n+1;
}
```

以上 switch 语句的流程图如图 3.7 所示。

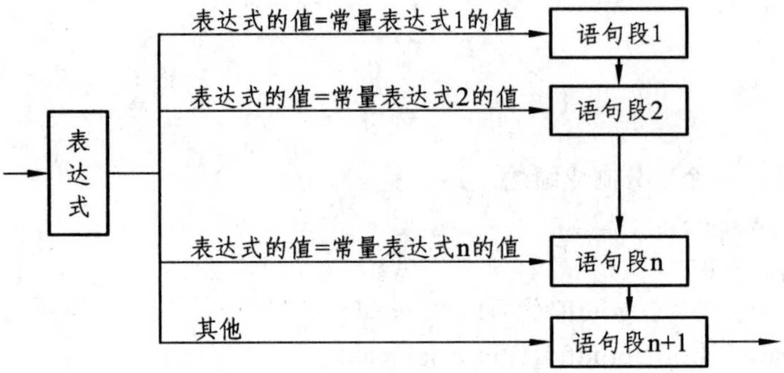

图 3.7　switch 语句的流程图

求解表达式后，当表达式的值与其中一个常量表达式的值相等时，则执行该常量表达式后面所有语句段。当表达式的值与所有 case 后面的常量表达式的值都不相等时，则执行 default 后面的所有语句段。

在例 3.12 中，如果省略所有的 break 语句，运行结果将变成：

运行情况 1：

请输入一个 5 分制成绩：<u>5</u>

优秀!

良好!

及格!

不及格!

不及格!

不及格!

数据错误!

运行情况 2：

请输入一个 5 分制成绩：<u>1</u>

不及格!

不及格!

数据错误!

运行情况 3：

请输入一个 5 分制成绩：<u>7</u>

数据错误!

请读者思考为何得出这样的结果。

3. 在 switch 语句多分支结构中，某些语句段使用 break 语句

例 3.12 的 switch 语句可以改写为：

```
switch(score)
{
      case   5:     printf("优秀!\n"); break;
      case   4:     printf("良好!\n"); break;
      case   3:     printf("及格!\n"); break;
      case   2:
      casc   1:
      case   0:     printf("不及格!\n"); break;
      default :     printf("数据错误!\n");
}
```

程序段中 case 2、case 1、case 0 共用一组执行语句 printf("不及格!")和 break，改写后的运行结果与例 3.12 一致，而程序更为简洁。

【例 3.13】 试输入一个百分制成绩，求该成绩相应的学分绩点，原则是：100 分的绩点为 5；[90,100)区间的绩点为 4；[80,90)区间的绩点为 3；[70,80)区间的绩点为 2；[60,70)区间的绩点为 1；小于 60 分的绩点为 0。

源代码

```
#include <stdio.h>
void main()
{
    int score,gpa;

    printf("Please enter score:");
    scanf("%d", &score);
    score=score/10;    /*采用整除方法，将取值压缩到 0~10 */
    switch (score)
    {
          case   10:gpa=5; break;
          case   9:gpa=4; break;
          case   8:gpa=3; break;
          case   7:gpa=2; break;
          case   6:gpa=1; break;
          default: gpa=0;
}
    printf("The General Point Average is %d.\n", gpa);
}
```

运行情况 1：

Please enter score:<u>89</u>

The General Point Average is 3.

运行情况 2：

Please enter score:56

The General Point Average is 0.

练习 3-6　若 y 的值为 1，则下面程序段运行后 x 的值是什么？若 y 的值为 0，程序段运行后 x 的值又是什么？

```
switch (y)
{
        case   0:x=5;break;
        case   1:x=4;
        case   2:x=3;
}
```

习　题

1. 输入一个整数，判断它是否能被 3 整除，如果可以，打印“此数可以被 3 整除”，否则，打印“此数不能被 3 整除”。

2. 铁路托运行李规定：行李重不超过 75 kg 的，托运费按每千克 0.15 元计费；若超过 75 kg，超过部分每千克加收 0.10 元。编一程序完成自动计费工作。

3. 某超市为了促销，规定：购物不足 50 元的按原价付款，超过 50 元不足 100 元的按九折付款，超过 100 元的按八折付款。编一程序完成超市的自动计费工作。

4. 2010 年个人所得税计算方案为：起征点为 2 000 元，应缴纳的个税=[工资 – 2 000]×税率 – 速算扣除数，编一程序输入个人工资，计算个人应缴税金。要求：分别使用 else-if 语句、switch 语句来实现。税率和速算扣除数见下表。

含税级距	税率(%)	速算扣除数
不超过 500 元的	5	0
超过 500 元至 2 000 元的部分	10	25
超过 2 000 元至 5 000 元的部分	15	125
超过 5 000 元至 20 000 元的部分	20	375

5. 函数的求值，从键盘上任意输入 x 的值，计算并输出 y 的值。要求分别用 else-if 语句、if 语句嵌套、switch 语句来实现。y 的计算公式如下：

$$y=\begin{cases}2x+1 & (12>x>0)\\0 & (x=0)\\2x-1 & (-6<x<0)\end{cases}$$

第 4 章　循环结构

循环结构作为程序设计的三种基本结构之一，应用范围非常广泛。例如，累加求和；统计学生的成绩；输出某种数列等。只要需要重复执行某种操作，就可以用到循环结构。绝大多数应用程序都包含循环结构。C 语言提供三种形式的语句来实现循环，分别是 for 语句、while 语句和 do-while 语句。下面将对它们逐一进行介绍。

4.1　求 1 累加到 100 的和

4.1.1　程序分析

【例 4.1】 输出 1+2+…+100 的结果。

这是一个累加求和的问题，对于这类问题，采用最基本的求和方法进行求和：先求出 1+2 的和，再用 1+2 的和与 3 相加，得到的和再加上 4…依次下去，最后得到 1+2+…+100 的和。

从以上这个求和的过程不难发现：在求和过程中，需要反复进行一个操作：利用上一次运算的结果加上下一个需要累加的数值。因此，对于这一类的需要重复执行某些操作的问题，通过 C 语言的循环结构很容易解决。

源程序：

```
#include <stdio.h>
void main( )
{
    int sum=0,i;              /* sum 存储每一次累加的和，i 为每次需要累加的数值 */
    for(i=1;i<=100;i++)       /* 反复执行，直到 i 大于 100：将上一次累加的和 sum，加上下
                              一个需要累加的数值 i，每次累加结束 i 增加 1*/
        sum=sum+i;            /* 累加 */
    printf("sum=%d\n",sum);   /* 结束所有数值的累加后输出结果 */
}
```

运行情况：

```
sum=5050
```

程序中定义了变量 sum 和 i。其中，变量 sum 用于存储每一次累加的和，变量 i 为每次需要累加的数值。利用 for 循环执行：将上次累加的和 sum 与下一个需要累加的数值 i 相加，并重新赋值给 sum，i 增加 1，为下一次累加做准备。直到 i 的值大于 100 时才结束这个累加的操作，输出累加的结果。

4.1.2 for 语句

for 语句是 C 语言中使用最灵活的语句，可用于循环次数已确定或已知循环结束条件的情况，其语句简单，功能强大。主要用于实现“次数型”循环。

for 语句的一般形式为：

```
for（表达式 1；表达式 2；表达式 3）
    循环体语句；
```

★注意：for 语句中，for 与其后的循环体语句整个一起作为一条语句。因此，不要随意在 for（表达式 1；表达式 2；表达式 3）的后面加分号，如果在 for 的后面加分号，将是一条空循环语句。

for 语句的执行过程如下：

（1）求解表达式 1；

（2）求解表达式 2，若表达式 2 为真（值为 1），执行循环体；若表达式 2 为假（值为 0），结束循环，执行 for 语句的后续语句；

（3）求解表达式 3；

（4）转回(2)继续执行。

for 语句的执行流程如图 4.1 所示。

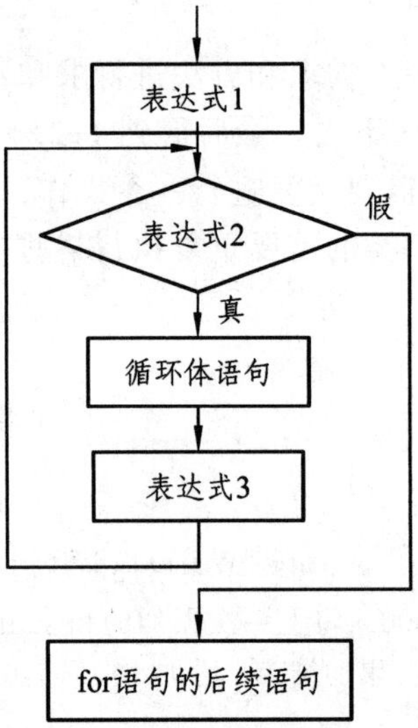

图 4.1 for 语句的执行流程

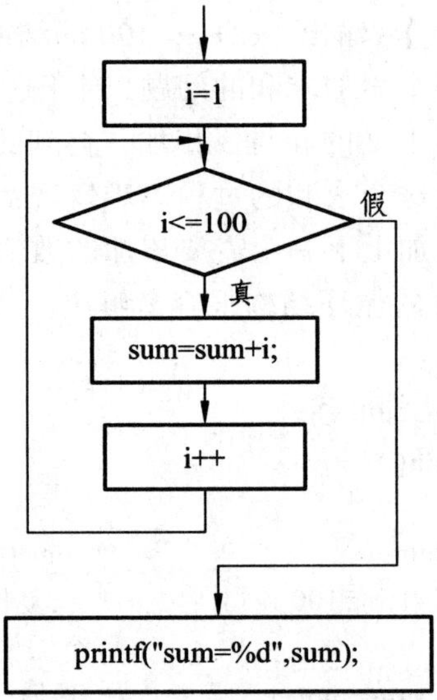

图 4.2 例 4.1 中 for 语句的执行流程

如例 4.1 的 for 语句的形式为：

```
for(i=1;i<=100;i++)
    sum=sum+i;
```

其执行过程如下：

（1）执行 i=1，将变量 i 赋值为 1，指定循环的起始点；

（2）判断 i<=100 是否为真，若为真执行循环体“sum=sum+i;”。若为假（大于 100），结束循环，执行 for 语句的后续语句“printf("sum=%d",sum);”；

（3）执行 i++，i 加 1；

（4）转回（2）继续执行。

该执行流程如图 4.2 所示。

图 4.1 和 4.2 清楚地表明：在 for 语句的执行过程中，表达式 1（i=1）只在循环开始前执行一次，而表达式 2（i<=100）、循环体（sum=sum+i;）和表达式 3（i++），在表达式 2 为真的情况下，将会被重复执行。

从例 4.1 的 for 语句不难看出：循环如何开始，是否继续循环和循环次数都是由变量 i 的值来决定。在循环结构中，通过改变和判断某变量的值来控制循环的执行，把这样的变量称为循环控制变量，简称循环变量。例 4.1 中的变量 i 就是一个循环变量。

下面再次结合例 4.1 中 for 语句，详细说明 for 语句中的 3 个表达式和循环体语句的含义和功能：

（1）表达式 1 只在第一次循环开始时求解，即表达式 1 只在进入循环前执行一次，用于为循环变量赋初值，从而指定了循环的起始点。如“i=1”，置 i 的初值为累加的第一个数值 1，即循环累加从 1 开始。

表达式 1 可以缺省，但分号不能省略，此时应在 for 语句之前给循环变量赋初值。例如，例 4.1 中的 for 语句可表示为：

```
i=1;
for( ;i<=100;i++) sum=sum+i;
```

（2）表达式 2 用于书写循环条件，C 语言中的循环条件均为循环能够进行的条件。如“i<=100”，表示当 i 小于等于 100 时，执行循环体，当 i 大于 100 时，结束循环。

表达式 2 也可以省略，如果省略，则需要在循环体加入循环结束的条件。例如，例 4.1 中的 for 语句可表示为：

```
for(i=1; ;i++)
{
    if(i>100) break;
    sum=sum+i;
}
```

这里，在循环体内使用包含了 break 语句的 if 语句作为循环结束的条件，并且由于需要执行的循环体语句由多条语句组成，而 for 语句的语法规定，循环体语句只能是一条语句，如循环体中有多条语句，则需要使用大括号将这些语句括起来，作为一条复合语句，如上例。这一条复合语句与 for 一起作为一个整体构成了一条 for 语句。

如果省略表达式 2，并且循环体内部也没有结束的条件，则认为循环条件始终为真，循环将无终止地进行下去，这样的循环称为死循环。

（3）表达式 3 用于设置循环变量的步长（可增也可减），改变循环变量的值，从而改变表达式 2 的值。如“i++”，当执行循环体语句结束后，i 加 1，直到 i>100，即表达式 2 为“假”，结束循环。

表达式 3 可以省略，但应另外设法保证循环能够正常结束。例如，例 4.1 中的 for 语句可表示为：

```
for(i=1;i<=100; ) {sum=sum+i; i++;}
```

（4）表达式1和表达式3一般是简单的表达式，如果要为多个变量赋值或循环变量增量不止一个，则用逗号作为分隔符。表达式2一般是关系表达式或逻辑表达式，也可以是其他表达式。表达式1也可以是与循环变量无关的其他表达式，表达式3也可以是与循环条件无关的任意表达式。例如，例4.1中的for语句可表示为：

```
for(sum=0,i=1;i<=100;sum+=i,i++);
```

（5）循环体语句即要重复执行的操作，只能是一条语句。循环体可以只包含一条语句，如“sum=sum+i;”，也可以是由多条语句组成的复合语句，如（2）中的例子，也可以不包含任何语句，即空语句，这样的循环称为空循环。空循环的具体应用读者可以在实际编程中慢慢体会，这里就不再展开说明了。

★注意：

（1）for语句中的三个表达式都可以省略，但是为了使程序清晰、易读，建议尽量不要省略。

（2）for语句中的三个表达式可以是一些复杂的表达式，但使用复杂表达式会降低for语句的可读性，因此，建议尽量不要使用。

（3）尽量不要在循环体内部改变循环变量的值。

4.1.3　确定次数的循环程序

【例4.2】 输入一个正整数n，计算$1-\frac{2}{3}+\frac{3}{5}-\frac{4}{7}+\frac{5}{9}-\cdots$的前n项之和。

这是一个确定循环次数的累加求和问题，求前n项的和，意味着需要进行n次的累加，每次累加一项。

对于这一类的问题，在其累加过程中，利用上一次运算的结果加上下一个需要累加的数值。抽取出具有共性的算式（称为循环不变式），则累加过程满足这样的运算关系：

result = result + item

这里，result为每次累加的结果；item为每次需要累加的项。对于不同的累加关系式，只要改变item项的值即可。

对于本例：定义i为循环变量，表示循环的次数，变量sum存储累加和，变量item存储第i项的值，循环体用for语句表示为：

```
for (i = 1; i <= n; i++){
    sum = sum +第 i 项的值(item);
}
```

定义变量numerator、denominator分别存储每项的分子和分母的值，初始值为1，并且它们都应定义为实型变量，因为如将numerator、denominator定义为整型变量，而numerator<=denominator，则numerator/denominator的值只能是0或1。由于各项的符号交替变换，用变量flag表示每一项的符号，初始时flag为1，对应第一项为正，每次循环改变flag的符号，即执行flag = -flag，从而实现每一项的符号正负交替变换。这样，每一项的值可以表示为：

item = flag * numerator/denominator

后一项比前一项的分子大1，后一项比前一项的分母大2，因此，每次循环分子增加1，分母增加 2，即 numerator = numerator + 1，denominator = denominator +2。

综合分析，for 语句可以写为：

```
for (i = 1; i <= n; i++){
    item = flag * numerator / denominator;
    sum = sum + item;
    flag = -flag;
    numerator = numerator + 1;
    denominator = denominator + 2;
}
```

源程序：

```
#include <stdio.h>
void main()
{
    int   flag, i, n;
    double numerator,denominator,item, sum;    /* numerator 和 denominator 分别表示第 i 项的
                                                  分子和分母，定义为 double 型 */
    printf("Please enter n:\n");
    scanf ("%d", &n);
    /* 执行循环前，给各个变量赋初值 */
    flag = 1;              /* flag 表示第 i 项的符号，初始为正 */
    numerator = 1;         /* 赋初值为 1 */
    denominator = 1;       /* 赋初值为 1 */
    sum = 0;               /* 置累加和 sum 的初值为 0 */
    /* 用 for 语句实现循环，循环执行 n 次 */
    for (i = 1; i <= n; i++){
        item = flag * numerator / denominator;    /* 计算第 i 项的值 */
        sum = sum + item;                         /* 累加第 i 项的值 */
        flag = -flag;                             /* 改变符号，为下一次循环做准备 */
        numerator = numerator + 1;                /* 分子递增 1，为下一次循环做准备 */
        denominator = denominator + 2;            /* 分母递增 2，为下一次循环做准备 */
    }
    printf ("sum = %f\n", sum);
}
```

运行情况：

```
Please enter n: 20
sum = 0.386453
```

程序中变量 numerator、denominator 至少有一个一定要定义为实型变量，不能都定义为整型变量，如都为整型变量，那么 numerator/denominator 的值也为整数，即结果只能是 1 或 0。

```
flag = -flag;
numerator = numerator + 1;
denominator = denominator + 2;
```

这三条语句的作用都是为下一次的循环做准备。

【例 4.3】 输入一个正整数 n，计算 n!的值。

n!=1×2×3×⋯×n，这是一个累乘问题，类似于例 4.1 和 4.2，其累乘的过程：利用上一次运算的结果乘上下一个需要累乘的数值。抽取出循环不变式：

product = product * item

对于本例，需要累乘的项 item 就是循环变量 i。for 语句与例 4.1 相似：

```
for(i = 1;i <= n;i++)
    product=product * i;
```

这里需要注意的是，用变量 product 存储累乘的结果，应将其定义为实型的变量，并赋初值为 1，因为当 n 的值较大（如 n>12）时，累乘的结果会很大，整型的变量不能正确地表示这个累乘的结果，并且初值不能为 0，否则累乘的结果恒为 0。

源程序：

```
#include <stdio.h>
void main()
{
    int i, n;
    double product;              /* 变量 product 中存放阶乘的值，定义为实型 */
    printf("Please enter n: ");
    scanf("%d", &n);
    product = 1;                 /* 阶乘 product 的初值赋为 1 */
    for (i = 1; i <= n; i++){    /* 循环执行 n 次，计算 n! */
        product = product * i;
    }
    printf("product = %.0f\n", product);   /* 输出时不要小数部分 */
}
```

运行情况：

```
Please enter n: 6
product = 720
```

这里再次强调，对于本例，变量 product 应定义为实型变量，不要将其定义为整型，因为当 n 的取值较大（如 n>12）时，累乘的结果会很大，这就超出了整型变量的取值范围（即可表示的数值的范围），整型变量不能正确表示这个累乘的结果，关于整型变量的取值范围，将在第 6 章进行介绍。如将变量 product 定义为整型变量，当输入的 n 的值大于 12 时，会出现何种结果，读者可自行调试。

练习 4-1 分别求 1~100 的奇数之和与偶数之和。

4.2 统计输入的一批整数中正数和负数的个数

4.2.1 程序分析

【例 4.4】 从键盘读入一批整数，以 0 为结束标志结束输入，分别统计出其中正数和负数的个数。

这是一个统计的问题，由于一批整数的个数是随机的，无法事先确定循环次数，故引入第二种循环语句——while 语句。

源程序：

```
#include <stdio.h>
void main( )
{
    int n=0,p=0,num; /* n 用于存储负数的个数，p 用于存储正数的个数，num 用于存储
                        当前输入的整数 */
    printf("Please enter a integer:\n");
    scanf("%d",&num);
    while(num!=0)
    {
        if(num>0)
            p++;
        else
            n++;
        printf("Please enter a integer:\n");
        scanf("%d",&num);
    }
    printf("p=%d,n=%d",p,n);
}
```

运行情况：

```
Please enter a integer:
-2
Please enter a integer:
10
Please enter a integer:
85
Please enter a integer:
0
p=2,n=1
```

在本例中，循环条件是“num!=0”，循环体是 while 后面第一对大括号括起来的部分。第一次循环时，对输入 num 的值判断是否为 0，如满足循环条件，可以进行循环，此时再判断它是正数还是负数，p 或 n 的值对应地增 1，然后再次输入一个整数，为下一次的判断和统计做准备。只要键入的整数不为 0，循环继续进行，p 和 n 不断自增，一旦键入 0，意味着循环结束。

4.2.2　while 语句

除了 for 语句外，while 语句也用于实现循环，while 语句在不确定循环次数的情况下使

用更为方便，适用面广，且程序易读。主要用于实现“当型”循环。

while 语句的一般形式为：

```
while(表达式)
    循环体语句;
```

while 语句的执行过程：求解表达式，若表达式的值为真（值为 1），执行循环体；若表达式的值为假（值为 0），结束循环，执行 while 语句的后续语句。

while 语句的执行流程如图 4.3 所示。

下面通过与 for 语句的比较，说明 while 语句的使用方法。

（1）与 for 语句类似，循环体语句只能是一条语句，while 与循环体语句一起作为一个整体构成一条 while 语句。如例 4.4：

```
while(num!=0)
{
    if(num>0)
        p++;
    else
        n++;
    printf("Please enter a integer:\n");
    scanf("%d",&num);
}
```

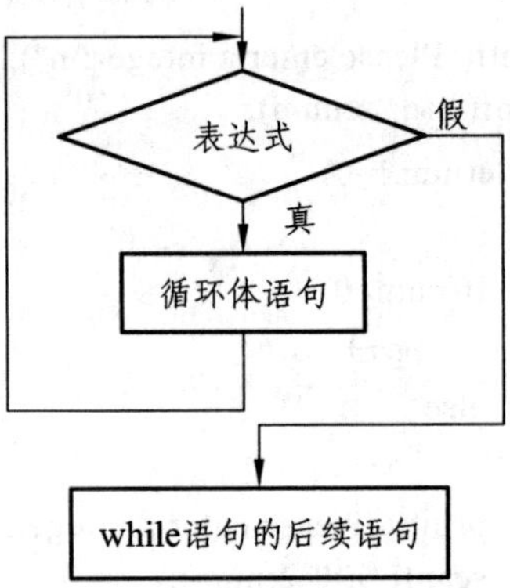

图 4.3 while 语句的执行流程

就是一条包含了复合语句的 while 语句。

（2）从 while 语句和 for 语句的流程图（图 4.3 和 4.1）可以看出，while 语句结构简单，它只是包含了循环中两个核心要素：循环条件和循环体，这样可以直接地把循环问题的分析设计转换为语句来实现。

（3）从 for 语句和 while 语句的执行流程可以看出：循环都是先判断条件，只有当条件为真时，才执行循环体语句。对于用 for 语句编写的程序，可以转换为用 while 语句来实现，这时，for 语句中的表达式 1 和表达式 3 将分别在 while 之前和循环体内。对应的表达方式如下：

for(表达式 1；表达式 2；表达式 3)
    循环体语句;
	表达式 1;
	while(表达式 2){
	    for 语句的循环体语句;
	    表达式 3;
	}

若例 4.1 的 for 语句改为用 while 语句来编写，则对应表达方式如下：

for(i=1;i<=100;i++)
    sum=sum+i;
	i=1;
	while(i<=100){
	    sum=sum+i;
	    i++;
	}

for 语句和 while 语句都可以实现循环。一般来说，如果程序的循环次数是确定的，使用 for 语句更清晰、简洁，如例 4.1；如果程序的循环次数不确定，并且需要先判断再执行的，可以使用 while 语句，如例 4.4。

4.2.3　统计输入文本中各元音字母出现的次数

【例 4.5】 统计随机输入的一段英文文本中各元音字母出现的次数，元音字母为 a、e、i、o、u 共五个。

这仍然是一个统计的问题，文本中每一个输入的字符都将作为处理对象，则循环变量可设为字符型变量。本题的难点在于确定循环条件。由于是随机输入，因此无法事先确定输入字符的个数，这时可以自己设定循环条件。设用“回车换行符”作为文本输入结束的标志，循环条件设为“当输入的字符不是回车换行符时都可以进行处理”，这样就利用 while 语句实现“当型”循环。元音字母一共有 a、e、i、o、u 五个，可以设五个整型变量分别记录它们出现的次数，这五个变量通常被称为“计数器”，此外，还需考虑大写元音字母的情况，也要统计在内。

源程序：

```
#include <stdio.h>
void main( )
{
    char ch;
    int acnt=0,ecnt=0,icnt=0,ocnt=0,ucnt=0;
    while((ch=getchar())!='\n'){
        switch(ch){
        case 'a':
        case 'A':
             acnt++;
             break;
        case 'e':
        case 'E':
             ecnt++;
             break;
        case 'i':
        case 'I':
             icnt++;
             break;
        case 'o':
        case 'O':
             ocnt++;
             break;
        case 'u':
        case 'U':
             ucnt++;
```

```
            break;
        }
    }
    printf("acnt=%d,ecnt=%d,icnt=%d,ocnt=%d,ucnt=%d\n",acnt,ecnt,icnt,ocnt, ucnt);
}
```

运行情况：

I am a student.

acnt=2,ecnt=1,icnt=1,ocnt=0,ucnt=1

练习 4-2　用 while 语句改写例 4.2。

练习 4-3　参照例 4.5，统计输入的一行字符中，英文字母、空格、数字和其他字符的个数。

4.3　统计一个整数的位数

4.3.1　程序分析

【例 4.6】输入一个整数，统计该数的位数。例如，输入 1234，输出的结果为 4；输入-666，输出的结果为 3；输入 0，输出 1。

一个整数由一位或多位数字组成，统计过程需要一位位地数，因此需要通过循环来实现，循环的次数由整数的位数决定。

这里使用 number 表示输入的整数，用 count 表示统计出的 number 的位数。在此，要统计 number 的位数，可采用以下方法：逐一去除 number 的个位数，组成新的数，即 number=number/10，并且每去除一次，count 累加 1，直到 number 的值为 0，则结束统计。

由于需要处理的整数是通过输入来确定，故循环次数是无法事先确定的。此外，如输入的是一位的整数（特别是 0），这时统计的操作也要做一次。也就是说，对于任意的整数，都是需要先做一次统计操作后，再做条件的判断，所以本例将使用第三种循环语句 do-while 语句来实现循环。

源程序：

```
#include <stdio.h>
void main()
{
    int count, number;            /* count 用于存储整数 number 的位数 */
    count = 0;
    printf("Please enter a integer:");
    scanf ("%d", &number);
    /* 逐一除去 number 的个位数，每除去一位 count 累加 1 */
    do{
        number = number / 10;         /* 整除后除去个位数，组成一个新数 */
        count ++;                     /* 位数加 1 */
    }while(number != 0);              /* 判断循环条件 */
    printf("It contains %d digits.\n", count);
}
```

运行情况 1：

Please enter a integer:1234

It contains 4 digits.

运行情况 2：

Please enter a integer:-666

It contains 3 digits.

情况 3：

Please enter a integer:0

It contains 1 digits.

4.3.2　do-while 语句

除了 for、while 语句外，do-while 语句也可用于实现循环。do-while 语句的特点是先执行循环体语句，然后再判断循环条件是否成立。它主要用于实现“直到型”循环。

do-while 语句的一般形式为：

```
do{
    循环体语句;
}while(表达式);
```

do-while 语句的执行过程：先执行一次循环体语句，然后判断表达式，若表达式的值为真，则返回重新执行循环体语句，直到表达式的值为假，则结束循环，执行 do-while 语句的后续语句。

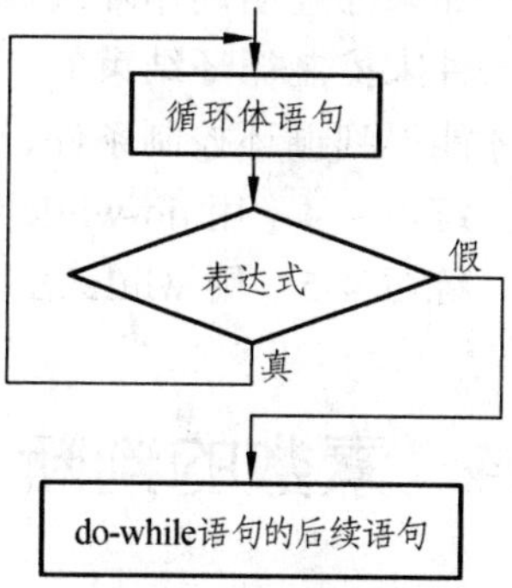

图 4.4　do-while 语句的执行流程

do-while 语句的执行过程如图 4.4 所示。

说明：

（1）do-while 语句最主要的特点是先执行循环体语句，然后再判断循环条件。无论循环条件是否为真，循环体语句至少会执行一次。可以通过以下两个程序来比较 while 语句和 do-while 语句。

```
#include <stdio.h>
void main()
{
    int i=101,sum=0;   /* i 初始化为 101 */
    while(i<100){
        sum=sum+i;
        i++;
    }
    printf("i = %d,sum = %d\n",i,sum);
}
运行情况：
i = 101,sum = 0
```

```
#include <stdio.h>
void main()
{
    int i=101,sum=0;   /* i 初始化为 101 */
    do{
        sum=sum+i;
        i++;
    }while(i<100);
    printf("i = %d,sum = %d\n",i,sum);
}
运行情况：
i = 102,sum = 101
```

（2）do-while 语句的使用方法与 while 语句类似。但

```
do{
        循环体语句;
}while(表达式);
```

是一条语句，因此，“while（表达式）”后的分号不要漏掉，并且即使 do-while 语句的循环体语句只有一句，也要用大括号将其括起来，即大括号不能省略。

（3）虽然 do-while 语句被称为“直到型”循环，但由于 C 语言中的循环条件都是循环能够进行的条件，因此编写程序时要注意。例如，“执行循环体语句，直到 i>5 为止”，实际表示时应将条件取“反”，表示为“do{循环体语句；}while(i<=5);”。

4.4.3 循环语句的选择

C 语言所提供的三种循环语句用来解决同一问题时，经常可以互换，但其功能和灵活性不同。

如果已经明确循环次数的，一般首选 for 语句；如果循环次数尚不明确的，需要利用其他条件来控制循环结束的，通常选用 while 语句；如果必须先进入循环，经循环体内的运算后才能得到循环控制条件，再判断是否进行下一次循环，则选用 do-while 语句。

练习 4-4 用 do-while 语句改写例 4.1 和 4.2。

练习 4-5 用 while 语句改写例 4.6。

4.4 素数的判断

4.4.1 程序分析

【例 4.7】输入一个正整数（不等于 1），判断它是否为素数。素数就是该数只能被 1 和它本身整除，除 1 之外的正整数。

判断一个正整数（1 除外）是否为素数，是看除了 1 和它本身外，是否还有其他约数，若无则为素数。假设 number 表示输入的整数，判断 number 是否为素数，即判断 number 是否可以被 2～（number－1）之间的整数整除。要判断一个数是否能被另一个数整除，可通过求余运算%来判断，如果余数为 0 表示可以被整除，否则说明不能被整除。如 8%4 得 0，则 8 能被 4 整除；5%3 得 2，说明 5 不能被 3 整除。

设整数 i 在[2，number－1]之间取值，如果 number 不能被[2，number－1]中的任意一个数整除，即对于每个 i，number%i 都不为 0，则 number 是素数；而只要[2，number－1]中有一个数可以整除 number，即存在一个 i，number%i 为 0，则说明 number 除了 1 和它本身外，还有其他的约数，因此 number 不是素数。

显然，在[2，number－1]这个范围内，number%i 这个运算需要反复进行，但只要有一个 i 能整除 number，即满足 number%i == 0，这个运算将不需要继续进行。

以上这个执行过程用类 for 语句可描述为：

```
for(i=2; i<=number - 1;i++){
    if(number%i == 0)  结束循环
}
```

在这里要提前结束循环，需要使用 break 语句。

另外，由于 number 不可能被大于 number/2 的数整除，因此上述 i 的取值范围可以缩小为[2，number/2]，数学上也可以证明，该区间还可缩小为[2，$\sqrt{number}$]。

源程序：

```
#include <stdio.h>
#include <math.h>        /* 程序中调用平方根函数 sqrt，需包含 math.h */
void main( )
{
    int number,i,k,isPrime; /* isPrime 是否为素数的标志变量 */
    isPrime=1;
    printf("Please enter a positive integer(Not equal to 1)_:");
    scanf("%d",&number);
    k=sqrt(number);
    for(i=2;i<=k;i++)
        /* 如果 number 能被某个 i 整除，则 number 不是素数，提前结束循环 */
        if(number%i==0){
              isPrime=0;
              break;
        }
    /*如果 number 是素数，isPrime 的值是 1，如果 number 不是素数，isPrime 的值是 0。*/
    if(isPrime)
        printf("%d is a prime number.\n",number);
    else
        printf("%d isn't a prime number.\n",number);
}
```

运行情况 1：

Please enter a positive integer:7

7 is a prime number.

运行情况 2：

Please enter a positive integer:20

20 isn’t a prime number.

程序利用标志变量 isPrime 的值（1 或 0）标识 number 是否为素数，如 isPrime 的值是 1，则 number 是素数；如 isPrime 的值是 0，则 number 不是素数。通过 for 循环使 2～$\sqrt{number}$ 的整数逐一除 number，只要 number 能被 2～$\sqrt{number}$ 的某一个整数整除，即 number%i==0 为真，则 isPrime 赋值为 0，并通过 break 语句提前结束循环；如果 2～$\sqrt{number}$ 的整数都无法整除 number，则 isPrime 的值始终是 1。这样，循环结束后，通过 isPrime 的值 1 或 0（真或假）判别 number 是否是素数，如果 isPrime 的值是 1（真），则表明 number 是素数，否则 number 不是素数。

函数“sqrt(number)”是求 number 的平方根，是 C 语言的数学库函数，因此在源程序的开始要使用“#include <math.h>”命令行。

4.4.2 break 语句和 continue 语句

前面学习了用于实现 C 语言循环结构的三种语句，它们都是通过判断循环条件为假来结束循环。但在实际编程的循环结构中，需要加速循环甚至提前结束整个循环，这时可以使用 continue 语句和 break 语句就可以实现这样的控制。

1. break 语句

break 语句的一般形式为：

```
break;
```

break 语句的功能是退出当前循环或者当前的 switch 结构。如 for 语句：

```
for(i=2;i<=k;i++)
        if(number%i==0) break;
```

结束这个 for 循环有两种情况：一种是 i>k，即说明 number 都不能被 i 整除，number 是素数；另一种是 number%i==0，执行 break 语句结束循环，即只要存在一个 i 能整除 number，number 不是素数。其运行的流程如图 4.5 所示。

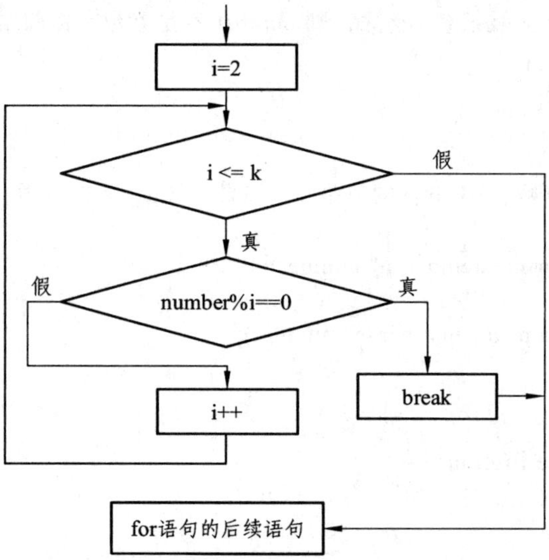

图 4.5　例 4.7 的 for 语句中 break 语句的作用

从图 4.5 可以看出，这个 for 循环一旦执行了 break 语句，循环就提前结束了，不再执行循环体中 break 语句后的其他语句（如“i++;”）。

关于 break 语句在 switch 语句中的应用，在本书的第 3 章中已经做了介绍。

注意，break 语句只能用于循环语句和 switch 语句中，不能用于其他任何语句中。

2. continue 语句

【例 4.8】 把 1 ~ 20 不能被 5 整除的数输出。

如果整数 i 在[1，20]取值，通过循环语句将[1，20]的值逐一除以 5，如果 i 能被 5 整除时，不输出 i，而只有当 i 不能被 5 整除时，才输出 i，输出语句是循环体中的一条语句，但输出语句需要选择性地执行。针对这种情况，可以使用 continue 语句来实现这一控制。

源程序：

```
#include <stdio.h>
    void main( )
```

```
    {
      int i;
      for(i=1;i<21;i++)
       {
         if(i%5==0)continue;
         printf("%d ",i);
       }
    }
```

运行情况：

1 2 3 4 6 7 8 9 11 12 13 14 16 17 18 19

continue 语句的一般形式为：

continue;

continue 语句的功能是跳过后面语句以加速循环。如例 4.8 中的 for 语句执行过程是：

变量 i 的值从 1 增加到 20，逐一除以 5：

（1）当 i=1 时，i%5==0 为假，不执行语句“continue;”，执行 if 语句的下一条语句输出 1，i 加 1；

（2）当 i=2 时，i%5==0 为假，不执行语句“continue;”，输出 2，i 加 1；

（3）当 i=3 时，i%5==0 为假，不执行语句“continue;”，输出 3，i 加 1；

（4）当 i=4 时，i%5==0 为假，不执行语句“continue;”，输出 4，i 加 1；

（5）当 i=5 时，i%5==0 为真，执行语句“continue;”，不再执行 if 语句的下一条语句输出语句，i 加 1。

……

其运行的流程如图 4.6 所示。

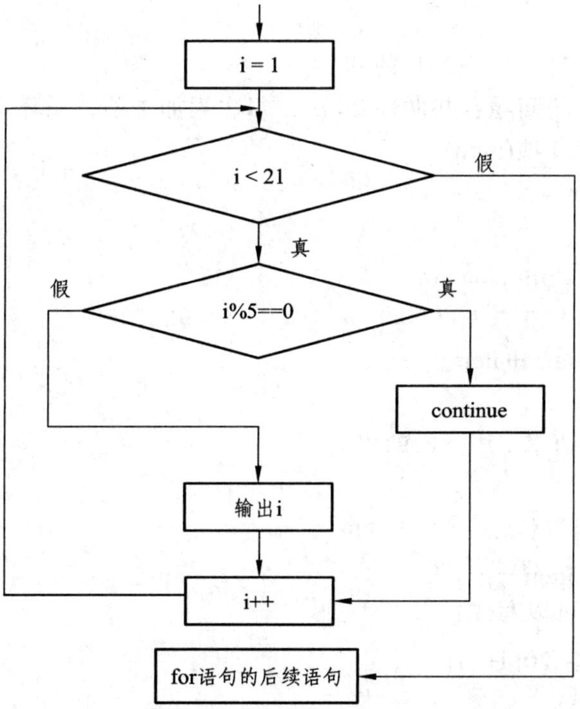

图 4.6　例 4.8 的 for 语句中 continue 语句的作用

★注意：continue 语句与 break 语句的区别如下：

（1）continue 是跳过后面语句加速循环，break 则是结束整个循环结构。通过下面两个程序来比较 continue 语句与 break 语句。

```
#include <stdio.h>
int main(void)
{   char c;
    int i;
    for (i = 0; i < 10; i++) {
        c = getchar();
        if (c == '\n') break;
        putchar(c);
    }
}
运行情况：
abc<回车>
abc
```

```
#include <stdio.h>
int main(void)
{   char c;
    int i;
    for (i = 0; i < 10; i++) {
        c = getchar();
        if (c == '\n') continue;
        putchar(c);
    }
}
运行情况：
abc<回车>
abc 123<回车>
123de<回车>
de
```

（2）continue 只能用于循环语句中，不能用于 switch 和其他语句中。

4.5 求 1！+2！+…+20！

【例 4.9】 求 1！+2！+ …+20！的和。

这是一个累加求和的问题，共循环 20 次，每次累加 1 项，循环不变式是：

    sum = sum +第 i 项(item)

其中第 i 项就是 i 的阶乘。

用 for 语句表示为：

```
for (i = 1; i <= 20; i++){
    item= i!
    sum = sum + item;
}
```

从前面的例 4.3 知道求 i!用下面的语句：

```
item= 1;
for(j=1;j<=i;j++)
    item = item * j;
```

因此上述 for 语句可以写成：

```
for (i = 1; i <= 20; i++){
    item= 1;
```

```
        for(j=1;j<=i;j++)
            item = item * j;
        sum = sum + item;
    }
```

上述形式的循环称为嵌套循环（或多重循环），循环里又嵌套有循环。其中外层循环重复 20 次，每次累加 1 项 item（即 i!），而每次累加对象 i!由内层循环计算得到，内层循环重复 i 次，每次连乘循环变量 j。

源程序：

```
/* 使用嵌套循环计算 1! + 2! + 3! + … + 20! */
#include <stdio.h>
void main( )
{
    int i, j;
    double item, sum;                  /* 变量 item 中存放阶乘的值 */
    sum = 0;
    for(i = 1; i <= 20; i++){          /* 外层循环执行 20 次，求累加和 */
        item = 1;     /* 置 item 的初值为 1，以保证每次求阶乘都从 1 开始连乘 */
        for (j = 1; j <= i; j++)       /* 内层循环重复 i 次，算出 item = i! */
            item = item * j;
        sum = sum + item;              /* 把 i! 累加到 sum 中 */
    }
    printf("1! + 2! + ... + 20! = %e\n", sum); /* 用指数形式输出结果 */
}
```

运行情况：

```
1! + 2! + ... + 20! = 2.561327e+018
```

在累加求和的外层 for 语句的循环体语句中，每次计算 i!之前，都重新置 item 的初值为 1，以保证每次计算阶乘，都从 1 开始连乘。

如果把程序中的嵌套循环写成如下形式：

```
item = 1;
for(i = 1; i <= 20; i++){
    for (j = 1; j <= i; j++)
        item = item * j;
        sum = sum + item;
}
```

由于将 item=1 放在外循环之前，除了计算 1! 时 item 从 1 开始连乘，计算 2 以后的阶乘值都是用原 item 值乘以新的阶乘值，例如，i=1 时，计算出 item=1; i=2 时，item=item*1*2，由于原 item 的值是 1，此时计算出 item 的值是 2; i=3 时，item=item*1*2*3，由于原 item 的值是 2，此时计算出 item 的值是 12（1!*2!*3!），而不是 3!；依次类推，i=20 时，计算出 item=1!*2!*…*20!，显然与题意不符。

出错的原因就是内循环初始化语句放错了位置，混淆了内外循环的初始化，这是初学者最容易犯的错误。对嵌套循环初始化时，一定要分清内外循环。如例 4.9 中，sum=0 对外循环初始化，放在外循环之前；而 item=1 对内循环初始化，应该放在外循环的循环体内，内循环 for 之前。

建议读者在上机时用单步调试工具，观察变量 item、sum、i 和 j 的变化情况，以加深对嵌套循环的理解。

下面通过学习一个例子来进一步加深对嵌套循环的理解。

【例 4.10】 打印出九九乘法表。

九九乘法表（如下运行情况所示）的打印分三步：打印表头；打印隔线；打印表体。表头的九个数字从 1 ~ 9，即初值为 1，每次加 1，直到 9 为止，使用计数型循环 for 语句最合适。隔线的打印也用计数型循环“for(i=1;i<=某数;i++) printf("%c",'-');”，要打印隔线长一点，“某数”就设大点。表体共九行，用“for(i=1;i<=9;i++){打印第 i 行}”，再进一步考虑如何“打印第 i 行”，因为每行都有 9 个数字，故“for(j=1;j<=9;j++){打印第 j 个数}”，每个数的大小为“i*j”。

源程序：

```
#include <stdio.h>
void main( )
{
    int i,j;
    for(i=1;i<=9;i++)                          /*打印表头*/
        printf("%4d",i);
    printf("\n");
    for(i=1;i<=39;i++)                         /*打印一行隔线*/
        printf("%c",'-');
    printf("\n");                              /*打印完隔线换行*/
    for(i=1;i<=9;i++)                          /*打印表体*/
    {
        for(j=1;j<=9;j++)
            printf("%4d",i*j);
        printf("\n");                          /*打印完一行换行*/
    }
}
```

运行情况：

```
   1   2   3   4   5   6   7   8   9
---------------------------------------
   1   2   3   4   5   6   7   8   9
   2   4   6   8  10  12  14  16  18
   3   6   9  12  15  18  21  24  27
   4   8  12  16  20  24  28  32  36
   5  10  15  20  25  30  35  40  45
   6  12  18  24  30  36  42  48  54
   7  14  21  28  35  42  49  56  63
   8  16  24  32  40  48  56  64  72
   9  18  27  36  45  54  63  72  81
```

程序用两个 for 语句嵌套来实现打印表体，i 控制的是外层循环，j 控制的是内层循环。外层循环循环一次，内层循环循环九次，外层循环总共循环九次，内层循环共执行打印“i*j”操作 81 次。

4.6　循环结构程序设计举例

在程序设计中，如果需要重复执行某些操作，就要用到循环结构。请读者注意区分循环结构和分支结构，虽然这两种结构中都用到了条件判断，但条件判断后的动作完全不同，分支结构中的语句只执行一次，而循环结构中的语句，可以重复执行多次。

循环结构程序的设计要点是：

（1）归纳出那些操作需要重复执行 ——循环体。

（2）在什么情况下反复执行这些操作 ——循环条件。

一旦确定了循环体和循环条件，循环结构也就基本确定了，再选用 C 语言提供的三种循环语句（for、while 和 do-while）来实现循环。知道了循环次数，首选 for 语句；如果循环次数不明确，需要通过其他条件来控制循环，则考虑 while 语句或 do-while 语句。

通过下面一些例子的学习，可以进一步理解循环结构程序设计的方法和技巧。

【例 4.11】 输入一批学生的成绩，求出他们平均分，并找出最高分和最低分。

求平均分是一个累加求和的问题，将输入的成绩累加后再除以学生的数量，即可算出平均分。由于循环次数未知，同时成绩没有负数，因此选用 while 语句来实现，用“score>=0”作为循环条件。求最高分和最低分，可以先输入一个成绩，假设它为最高分和最低分，然后在循环体中读入下一个成绩，并分别与最高分和最低分比较，如果读入成绩大于最高分，就设它为新的最高分；如果读入成绩小于最低分，则设它为新的最低分。

源程序：

```
#include <stdio.h>
void main( )
{
    int num=0;
    float score,total=0,max,min;
    printf("Please enter scores: ");
    scanf("%f",&score);
    max=score;
    min=score;
    while(score>=0)
    {
        total=total+score;
        num++;
         if(score>max)
             max=score;
         if(score<min)
```

```
            min=score;
        scanf("%f",&score);
    }
    printf("Score average is %.2f.\n",total/num);
    printf("Max is %.2f, Min is %.2f.",max,min);
}
```

运行情况：

```
Please enter scores: 60.5 90.5 70 80 -1
Score average is 75.25.
Max is 90.50, Min is 60.50.
```

【例 4.12】输入一个整数，将这个整数的各位逆置后输出。例如，输入 1234，输出的结果为 4321；输入 − 1234，输出的结果为 − 4321。

如 number 表示输入的整数，num 表示逆置后的整数，digit 表示取出 number 的各个位的数字。要将一个整数的各位逆置，先要将这个数的各个位的数字逐一取出，这可以通过对该数模 10 取其余数得到，即 digit = number%10，然后再逐一累加起来，即 num=num*10 + digit，然后去掉 number 的最低位，即 number = number/10。这些过程需要反复执行，直到取出 number 的最后一位，即直到 number 的值为 0。因为输入的整数的位数是不确定的，不能确定循环的次数，所以不适合使用 for 语句。不管 number 的值是什么（特别是 0），应该先做一次逆置操作后，再做条件的判断，所以本例将使用 do-while 语句来实现循环。

源程序：

```
#include <stdio.h>
void main()
{
    int number,digit,num;
    printf("Please enter a integer:");
    scanf("%d",&number);
    num = 0;            /* num 用于存储将 number 逆序的结果 */
    /* 从低位开始取出 number 的相应位的数字，并逐一转换为 num 的相应位的数字 */
    do
    {
        digit = number % 10;
        num = num * 10 + digit;
        number = number / 10;
    }while(number != 0);
    printf("%d\n",num);
}
```

运行情况 1：

```
Please enter a integer:1234
4321
```

运行情况 2：

Please enter a integer:-5678

-8765

运行情况 3：

Please enter a integer:0

0

【例 4.13】 计算 $\sin(x)=x-\frac{x^3}{3!}+\frac{x^5}{5!}-\frac{x^7}{7!}+\cdots$，直到某一项的绝对值小于 10^{-6} 时停止计算。x 的值由键盘输入。

本题的循环次数不明确，只知道循环结束条件“某一项的绝对值小于 10^{-6}”，循环语句采用 while。假如用变量 item 来表示某一项，则循环条件为“fabs(item)>=1e-6”。分析公式，可知循环体中的主要操作是累加，且要累加的每一项都是有规律地变化，即每一项的分子 x 的指数和分母的阶乘数一样，同时奇数项是正数，偶数项是负数。

源程序：

```
#include <stdio.h>
#include <math.h>/* 程序中调用函数 fabs 和 pow，需包含 math.h */
void main()
{
    int d, flag;
    double item, sum,x,product;
    flag = 1;              /* flag 表示第 i 项的符号，初始为正 */
    d = 1;                 /* d 表示 x 的指数和阶乘数 ，初值为 1 */
    product=1;             /* product 存储阶乘的值，初值为 1 */
    sum=0;                 /* sum 存储累加的值，初值为 0 */
    printf("请输入 x:");
    scanf("%lf",&x);   /* x 为 double 类型，格式控制字串为%lf */
    item = x;          /*  item 中存放第 i 项的值，初值取 x */
    /*  当|item| ≥ 1e-6 时，执行循环 */
    while(fabs(item)>=1e-6){
        sum = sum + item;                 /* 累加第 i 项的值 */
        flag = -flag;                     /* 改变符号，为下一次循环做准备 */
        d= d + 2;                         /* d 递增 2 ，为下一次循环做准备 */
        product = product*d*(d-1);        /* 计算下一项的分子项，为下一次循环做准备 */
        item=flag* pow(x,d)/product;      /* 计算第 i 项的值 */
    }
    printf("sin(x)=%e\n",sum);    /* %e 表示以指数的方式输出结果 */
}
```

运行情况：

输入：2

结果：sin(x)=9.092975e-001

程序说明：

（1）“1e-6”是 10^{-6} 指数形式的写法。

（2）因为变量 x 是 double 类型，因此语句“scanf("%lf",&x);”中，格式控制字串为%lf 。

（3）函数“fabs(item)”是求 item 的绝对值，函数“pow(x,d)”是求 x^d，它们都是 C 语言的数学库函数，因此在源程序的开始要使用“#include <math.h>”命令行。

（4）“printf("sin(x)=%e\n",sum);”中的%e 表示以指数的方式输出结果。

【例 4.14】输入两个正整数 m 和 n（1≤m，n≤200 且 m＜n），找出 m～n 所有的素数，以每行 6 个素数的方式输出，统计并输出已找出的素数的个数。

要找出 m～n 中所有的素数，需要对 m～n 中所有的整数进行逐一判断，若是素数，则输出该数，即需要通过循环遍历 m～n 中所有的整数，并且对于 m～n 中的每一个整数 i，可按照例 4.7 中介绍的判断素数的方法，判断数 i 能否被 2～$\sqrt{i}$ 的数整除。因此，本题需要使用二重循环嵌套，外层循环遍历 m～n 中所有的整数，内循环对于 m～n 中的每一个数判断该数是否为素数。

源程序：

```
#include <stdio.h>
#include <math.h>                    /* 调用求平方根函数 sqrt，需要包含数学库 */
void main( )
{
    int   m,n,temp,count,i,j,k,isPrime;
    printf("Enter m (1 <= m <= 200):");        /* 输出提示 */
    scanf("%d",&m);                            /* 输入 m 的值 */
    printf("Enter n (1<= n <= 200):");         /* 输出提示 */
    scanf("%d",&n);                            /* 输入 n 的值 */
    if(m>n){                                   /* 如果 m>n，交换 m 和 n 的值 */
        temp = m;
        m = n;
        n = temp;
    }
    count = 0;                                 /* count 记录素数的个数，同时用于控制输出格式 */
    for(i = m; i <= n; i++){
        isPrime = 1;
        if(i ==1 ) continue;                   /* 1 不是素数 */
        k = (int)sqrt(i); /*调用 sqrt()函数计算 i 的平方根，并将结果强制转换为 int，赋值给 k */
        for(j = 2; j <= k; j++)
            if(i%j == 0){
                    isPrime=0;
                    break;
            }
        if(isPrime){
              printf("%6d", i);                       /* 输出素数*/
              count++;                                /* 统计已经输出的素数个数 */
              if (count %6 == 0)   printf("\n");      /* 如果 count 是 6 的倍数，换行 */
        }
    }
    printf("\n");
    printf("count = %d\n",count);      /* 输出素数的个数 */
```

```
}
```

运行情况：

```
Enter m (1 <= m <= 200):1
Enter n (1<= n <= 200):100
   2    3    5    7    11   13
   17   19   23   29   31   37
   41   43   47   53   59   61
   67   71   73   79   83   89
   97
count = 25
```

对于本例，需要注意的是：1 不是素数，因此需要对于 m 等于 1 的情况进行专门处理。

【例 4.15】 输出 6 以内的数字金字塔。

从运行情况可知，输出 6 以内的数字金字塔，循环次数确定，外循环用 for 语句，外循环的循环体控制输出每行的数字和数字左边的空格，每行输出的数字个数、左边的空格个数和对应的行数相关，次数也可以确定，也是分别用两个 for 循环语句。

源程序：

```
#include <stdio.h>
void main()
{
    int i,j;
    for(i=1;i<=6;i++)                    /*需要输出的行数*/
    {
        for(j=1;j<=6-i;j++)              /*输出每行左边的空格*/
            printf(" ");
        for(j=1;j<=i;j++)                /*输出每行的数字*/
            printf("%2d ",i);
        printf("\n");
    }
}
```

运行情况：

```
          1
        2  2
      3  3  3
    4  4  4  4
  5  5  5  5  5
6  6  6  6  6  6
```

【例 4.16】 用一张贰角票纸币兑换成 1 分、2 分和 5 分的硬币共 10 枚（每种硬币至少各一枚），问有几种兑换方法？每种兑换方法中 1 分、2 分和 5 分的硬币各有几枚？

这是一个组合问题，由三个因素决定组合的数量（即换法种数）：1 分、2 分和 5 分的硬币枚数。假设贰角纸币全部换成 1 分硬币有 20 枚，全部换成 2 分硬币有 10 枚，全部换成 5

分硬币有 4 枚，则贰角纸币换 1 分、2 分和 5 分的硬币枚数的取值范围分别如下：

（1）1 分硬币枚数的取值范围是 1 ~ 20。

（2）2 分硬币枚数的取值范围是 1 ~ 10。

（3）5 分硬币枚数的取值范围是 1 ~ 4。

对于每种硬币的取值都要反复地试，最后确定正好满足三种硬币的面值之和为贰角即 20 分，同时三种硬币的枚数之和为 10。这是典型的穷举法，显然要用循环来解决，三种硬币的枚数按照各自的取值范围循环，可以采用三重循环嵌套。

源代码 1：

```
#include <stdio.h>
void main()
{
    int f1,f2,f5,k;
    k=0;    /* 换法的种数计数器 */
    printf("1 分硬币枚数    2 分硬币枚数    5 分硬币枚数\n");
    /* 列出各种换法的三种硬币组合，并统计换法的种数 */
    for(f1=1;f1<=20;f1++)
        for(f2=1;f2<=10;f2++)
            for(f5=1;f5<=4;f5++)
                if(f1+f2+f5==10&&f1*1+f2*2+f5*5==20){
                    printf("%d\t\t%d\t\t%d\n",f1,f2,f5);/*输出符合要求的三种硬币组合方式*/
                    k++;/* 统计换法的种数 */
                }
        printf("换法有%d 种。\n",k);
}
```

运行情况：

```
1 分硬币枚数    2 分硬币枚数    5 分硬币枚数
3               6               1
6               2               2
换法有 2 种。
```

上述程序可以改进，由于每种硬币至少各一枚，5 分硬币的枚数不会超过 3（(20 - 1 - 2)/5），2 分硬币的枚数不会超过 7（(20 - 1 - 5)/2），一旦 5 分硬币和 2 分硬币的枚数确定下来后，1 分硬币的枚数应该是（10 - 5 分硬币的枚数 - 2 分硬币的枚数），缩小了每种硬币枚数的取值范围并且循环从三重变为二重。同时 5 分和 2 分的硬币枚数的取值范围较小，以它们作为循环条件能够再次减少循环的次数。

源代码 2：

```
#include <stdio.h>
void main()
{
    int f1,f2,f5,k;
    k=0;/* 换法的种数计数器 */
```

```
    printf("1 分硬币枚数    2 分硬币枚数    5 分硬币枚数\n");
    /* 列出各种换法的三种硬币组合，并统计换法的种数 */
    for(f5=1;f5<=3;f5++)
        for(f2=1;f2<=7;f2++){
            f1=10-f5-f2;
            if(f1*1+f2*2+f5*5==20){
                printf("%d\t\t%d\t\t%d\n",f1,f2,f5);/* 输出符合要求的三种硬币组合方式*/
                k++;/* 统计换法的种数 */
                }
            }
        printf("换法有%d 种。\n",k);
}
```

多重循环的运算量是相当大的。在源代码 1 中，三重循环中的循环体语句执行 800（20×10×4）次；而源代码 2 中循环体语句只需执行 21（3×7）次，执行效率大大高于源代码 1。读者对循环次数很大的程序需要考虑执行效率问题。

练习 4-6　例 4.11 中如果将 max、min 的数据类型改为 int 型，结果如何？为什么？

练习 4-7　例 4.11 中能否将
```
if(score>max)
    max=score;
if(score<min)
    min=score;
```
改为：
```
if(score>=max)
    max=score;
else
    min=score;
```
为什么？

练习 4-8　用 for 语句改写例 4.11，用 while 语句改写例 4.12。

练习 4-9　请将例 4.15 改写成输出一个“数字菱形”。

习　题

1. 输入一段英文字符电文，以回车结束输入，对该电文进行加密，将电文中的字母变为其后的第 3 个字母，最后的三个字母 x, y, z 变成 a, b, c。

2. 输入两个正整数，求其最大公约数和最小公倍数。

3. 输出 Fibonacci 数列的前 20 个项。这个数列的特点为：第 1 和第 2 均为 1，从第 3 项开始，任意一项是前面两项之和。如：1，1，2，3，5，8，…

4. 用格里高利公式 $\frac{\pi}{4}=1-\frac{1}{3}+\frac{1}{5}-\frac{1}{7}+\cdots$ 求 π 的近似值，直到某一项的绝对值小于10^{-6}。

5. 找出 100～999 的水仙花数，并以每行 2 个数的方式输出。（水仙花数指的是这样一个三位数，其各位数字的立方和等于该数本身，即 $d_1d_2d_3 = d_1\times d_1\times d_1+d_2\times d_2\times d_2+d_3\times d_3\times d_3$。）

6. 验证哥德巴赫猜想：任何一个大于 6 的偶数均可表示为两个素数之和。例如：6=3+3，8=3+5。要求将 6～50 之间偶数都表示成两个素数之和，并以每行 5 组的方式输出。

7. 求1+(1+2)+(1+2+3)+⋯+(1+2+3+⋯+98+99+100)的值。

8. 一个球从200米高度自由落下，每次落地后又反跳回原高度的一半，再落下，再反弹。求它在第10次落地时，共经过多少米？第10次反弹多高？

9. 牛群问题。若一头母牛，从第四年头开始每年生一头小母牛。按此规律，求第n年时的母牛数。

10. 百鸡问题。假设公鸡每只5元，母鸡每只3元，小鸡三只1元。现有100元，要求买100只鸡，求公鸡、母鸡、小鸡各多少只。

11. 猴子吃桃问题。猴子第一天摘下若干桃子，吃了一半多一个；第二天又吃了剩下的一半多一个。以后每天都吃了前一天剩下的一半零一个。到第十天时，桃子只剩一个。求第一天共摘了多少个桃子。

12. 编写一个猜数游戏程序，程序中给定一个被猜的整数（1～32 767），从键盘上反复输入整数进行试猜。未猜中时，提示数过大或过小；猜中时，指出猜的次数，并给一个分数（一次猜中的100分，3次猜中的90分，10次猜中的80分，15次猜中的70分，20次猜中的60分，最多能猜20次）。

第 5 章　函　数

在程序的设计过程中，一个较大的程序通常会按功能划分为若干个功能独立的小程序模块，每个小程序模块完成一种特定的功能，通过在这些小程序模块之间建立起必要联系，相互协作完成整个程序所要实现的功能。在 C 语言中，这些小程序模块被称之为函数。

函数是 C 语言的基本构件。一个 C 程序的功能，就是通过各式各样的函数来共同完成的。如 main 函数、实现输出功能的 printf 函数、实现输入功能的 scanf 函数等。函数的使用可以提高程序编写、阅读和调试的效率。

5.1　计算长方形的面积并按指定的样式输出

5.1.1　程序分析

【例 5.1】 输入长方形的长度和宽度，求出长方形（rectangle）的面积，面积（area）= 长度（length）× 宽度（width）。要求定义和调用函数 rectangleArea（len，wid）计算出长方形的面积，定义和调用函数 printStar 输出一行的“*”号。

如果输入的长方形的长度是 6.9，宽度是 5.0，输出结果为：

```
* * * * * * * * * * *
    Area = 34.50
* * * * * * * * * * *
```

源代码：

```
/* 计算长方形的面积并按指定的格式输出结果 */
#include <stdio.h>
void main( )
{
    double length, width, area;
    double rectangleArea (double len,double wid);   /* 函数声明*/
    void printStar ( );                             /* 函数声明*/
    printf("Enter length and width: ");    /* 输出提示 */
    scanf("%lf%lf ", &length, &width);    /* 输入长方形的长度和宽度 */
    area = rectangleArea (length, width);    /* 调用函数，求出长方形的面积，并将返回值赋给 area */
    printStar( );                          /* 调用函数，输出一行星号 */
    printf("            Area = %.2f\n",area );   /* 输出长方形的面积 */
    printStar( );                          /* 调用函数，输出一行星号 */
```

```
}

/* 定义求长方形面积的函数 */
double rectangleArea (double len,double wid)
{
    double result;
    result =len * wid;      /* 计算长方形的面积 */
    return result;          /* 返回结果 */
}

/* 定义输出一行星号的函数 */
void printStar ( )
{
    printf("*  *  *  *  *  *  *  *  *  *  *\n");    /* 输出一行星号 */
}
```

运行情况：

```
Enter length and width: 6.9  5.0
*  *  *  *  *  *  *  *  *  *  *
          Area = 34.50
*  *  *  *  *  *  *  *  *  *  *
```

程序运行过程中，先调用 printf 函数输出提示，调用 scanf 函数输入长方形的长度和宽度，然后调用 rectangleArea 函数计算出长方形的面积，接下来两次调用 printStar 函数分别输出两行星号，并调用 printf 函数输出了长方形的面积。

调用的这些函数，有系统提供的 scanf 和 printf 函数，也有用户根据自身的需求定义的 rectangleArea 和 printStar 函数。通过这些函数的调用，共同实现了程序的功能。

5.1.2 函数的定义

函数从用户使用的角度可分为：库函数和用户自定义函数。

1. 库函数

库函数也称为标准函数，它是由系统提供而无需用户定义的函数。这样的函数只需在程序首行使用#include 预处理命令包含该函数原型所在的头文件后，即可调用。如程序中经常使用的 scanf 和 printf 函数。

2. 用户自定义函数

用户自定义函数是用户按照实际需要，自己编写的实现一定功能的函数。这样的函数需要在程序中声明和定义后才可以使用。如例 5.1 中的 rectangleArea 和 printStar 函数。

C 语言中，函数定义的一般形式如下：

```
函数类型  函数名（形式参数列表）
{
```

函数体

}

说明：

（1）函数定义包括函数首部和函数体两部分。其中，函数首部由函数类型、函数名和形式参数列表组成，它与函数体一起构成完整的函数定义，函数首部后面不能加分号。函数体是由大括号括起的实现函数功能的语句序列组成的。

（2）函数类型。函数类型用于指定函数返回值的类型，即函数经过运算后，得到的结果类型。在程序中，可以通过调用函数完成特定的运算，并返回一个明确的结果，也可以只是通过调用函数完成一系列的操作步骤，而无需返回值。函数根据是否有返回值，可以分为：有返回值的函数和无返回值的函数。

① 有返回值的函数。例 5.1 中的 rectangleArea 函数就是一个有返回值的函数，函数类型为 double 类型，即函数经过运算后，返回一个 double 类型的值。函数返回值是通过函数中的 return 语句获得的，return 语句经常是函数体的最后一条语句，其一般形式为：

return 表达式； 或 return （表达式）；

return 语句只能返回一个值，并且返回值的类型一般应与函数类型一致，如不一致，以函数类型为准。

② 无返回值的函数。例 5.1 中的 printStar 函数就是一个无返回值的函数，函数类型为 void，即定义函数为“无类型”（或称“空类型”），函数体中可以使用语句“return；”，通常是直接省略。这样的函数的调用结果，通常是以屏幕的输出等方式体现。

★ 注意：函数类型也可以省略，此时函数类型默认为 int 类型。

（3）函数名。函数名是函数的标识符，由用户按标识符的命名规则自行定义。一般建议按函数功能命名，这样能见名知义，以提高程序的可读性。比如 rectangleArea、printStar。

（4）形式参数列表。函数定义中使用的参数称之为形式参数，简称形参（也称为虚参、哑元）。形式参数列表给出函数所有形参的数据类型和名称，其格式为：

数据类型 1 形参名 1，数据类型 2 形参名 2，…，数据类型 n 形参名 n

形式参数列表中的每个形参都必须使用一个数据类型进行独立说明，每个形参名必须是一个合法的标识符，如有多个形参，需要使用“，”进行分隔。例 5.1 中的 rectangleArea 函数有两个 double 类型的形参 len 和 wid。这里需要注意的是，尽管形参 len 和 wid 都是 double 类型，但不能写为“double len，wid”，因为每个形参都需要独立说明，正确的说明形式是“double len，double wid”。像 rectangleArea 这样的带有参数的函数，称为有参函数。

一个函数也可以不带任何参数，这样的函数称为无参函数。此时“()”不能省略，形式参数列表为空或写为 void。例 5.1 中的 printStar 函数就是一个无参函数。

（5）函数体。函数体是用大括号括起来，实现特定功能的语句的集合。函数体一般包括声明部分和执行部分。其中，声明部分用来定义或声明函数中需要使用的变量和函数；执行部分用来实现函数的预定功能。

函数体可以为空（即不包含任何语句），这样的函数称为空函数。空函数不实现任何操作，只是为程序后续功能的扩展做准备。

★注意：一个 C 程序中，所有函数在定义时应是相互独立的平行关系，即不允许函数嵌套定义。

例如，以下定义函数的方式是错误的：

```
int fun1( )
{
    …
    void fun2( )
    {
        …
    }
    …
}
```

5.1.3　函数的调用

定义了函数之后，通过在程序中对函数的调用来实现函数的功能。

1. 函数调用的形式

函数调用的一般形式为：

函数名（实际参数列表）

说明：

（1）函数名。函数名是调用的函数名称。

（2）实际参数列表。调用函数时使用的参数称之为实际参数，简称实参。实参可以是常量、变量和表达式。

① 如果被调用函数是无参函数，那么在调用函数时不必指定实参，但“()”不能省略。

② 如果被调用函数是有参函数，那么在调用函数时，实参和形参的个数、数据类型及顺序都必须要一一对应，参数之间使用“，”分隔。

例如，在例 5.1 的 main 函数中的“rectangleArea (length, width)”就是函数的调用，两个变量 length 和 width 作为函数的实参。

（3）在一个程序中，一般将调用其他函数的函数称为主调函数，被其他函数调用的函数称为被调用函数。如例 5.1 中，rectangleArea 函数在 main 函数中被调用，因此，main 函数是 rectangleArea 函数的主调函数，rectangleArea 函数是被调用函数。

一个 C 程序的执行总是从主函数 main 开始，当遇到某个函数调用，主调函数 main 被暂停执行，转而执行相应的被调用函数，当被调用函数执行完后，将返回主调函数 main，并从原先暂停的位置继续执行。

例如，在例 5.1 的 main 函数中，当程序运行到语句

```
area = rectangleArea (length, width);
```

时，将暂停 main 函数的运行，调用 rectangleArea 函数。将实参 length 和 width 的值传递给形参 len 和 wid，执行 rectangleArea 函数中的语句，当执行到语句

```
return result;
```

时，结束 rectangleArea 函数的调用，带着函数的返回值 result，返回到 main 函数调用它的位置继续执行，将返回值 result 赋值给变量 area，继续执行

```
printStar( );
```

语句，这里 main 函数的运行再次暂停，调用 printStar 函数，输出一行“*”，printStar 函数执行完后，返回到 main 函数调用它的位置，main 函数继续执行后续语句。其执行过程如图 5.1 所示。

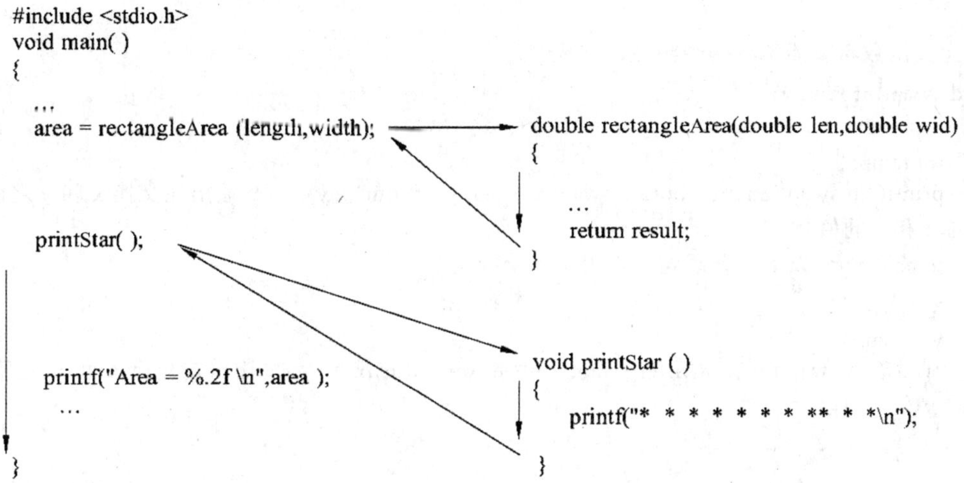

图 5.1　例 5.1 函数调用过程

2. 函数参数的传递

在调用有参函数时，需要主调函数将实参的值传递给被调用函数的形参，从而实现函数调用的数据传递。

★注意：

（1）形参必须是变量，在未进行函数调用时，形参不占内存中的存储单元，只有在函数调用时才会分配内存单元，在调用结束后，立即释放所分配的内存单元。因此，形参只在函数内部才有效。

（2）实参可以是常量、变量、表达式或函数调用，但是在进行函数调用时必须有确定的值。

（3）在调用函数时，实参和形参的个数、数据类型及顺序必须一致。

（4）在参数传递过程中，数据只能由实参单向传递给形参，而不能由形参传回给实参，这样的数据传递方式称为值传递。因此，在函数调用过程中，形参值的变化，对于实参值是没有影响的，因为实参和形参在内存中占有不同的存储单元。

【例 5.2】 交换 main 函数中变量 a 和 b 的值，希望定义和调用 swap(x, y)函数，实现 main 函数中的变量 a 和 b 的值的交换，以下的程序能否可以实现这样的功能呢？

源代码：

```
/* 希望通过调用 swap 函数，实现两个整数的交换 */
#include <stdio.h>
void main()
{
    int a = 5,b = 9;
    void swap(int x,int y);        /* 函数声明 */
    printf("in main function before swap: a = %d, b = %d\n",a,b);    /* 输出调用 swap 函数之前，
```

```
对应的 a 和 b 的值 */
    swap(a,b);        /* 调用函数 */
    printf("in main function after swap: a = %d, b = %d\n",a,b);   /* 输出调用 swap 函数之后，对
应的 a 和 b 的值 */
}

/* 定义函数希望能实现两个整数的交换 */
void swap(int x,int y)
{
    int temp;
    printf("in swap function before swap: x = %d, y = %d\n",x,y);   /* 输出在交换 x 和 y 之前，对
应的 x 和 y 的值 */
    temp = x;/* 以下三条语句，实现 x 和 y 的交换 */
    x = y;
    y = temp;
    printf("in swap function after swap: x = %d, y = %d\n",x,y);   /* 输出在交换 x 和 y 之后，对
应的 x 和 y 的值 */


}
```

运行情况如下：

```
in main function before swap: a = 5, b = 9
in swap function before swap: x = 5, y = 9
in swap function after swap: x = 9, y = 5
in main function after swap: a = 5, b = 9
```

结果分析：

从程序的运行结果不难看出，swap 函数不能实现将 main 函数中 a 和 b 的值的交换。在 swap 函数中 x 和 y 的值成功地进行了交换，但 main 函数中 a 和 b 的值并没有改变。因为实参和形参在内存中占有不同的存储单元，调用 swap 函数，只是交换了 x 和 y 的值，对于 main 函数中 a 和 b 的值没有任何影响。

函数调用过程如下：

（1）在 main 函数中调用 swap 函数，系统给形参 x 和 y 分配存储单元，并将实参 a 的值传递给形参 x，将实参 b 的值传递给形参 y，如图 5.2（a）所示。

（2）在 swap 函数中，x 和 y 的值进行了交换，如图 5.2（b）所示。

（3）swap 函数调用结束后，释放 x 和 y 在内存中的存储单元，如图 5.2（c）所示。

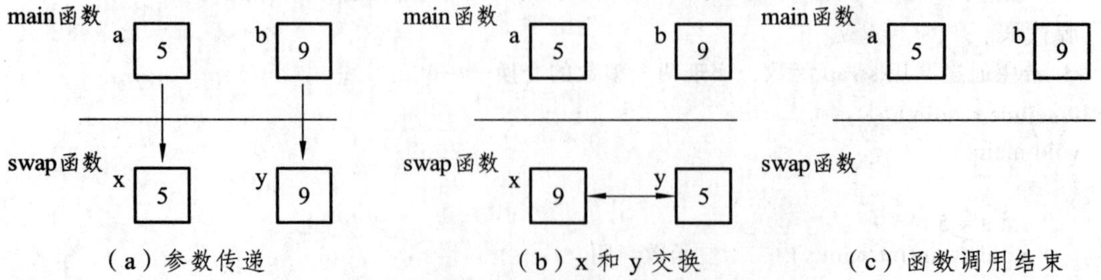

图 5.2 例 5.2 形参和实参变化情况示意图

3. 函数的返回值

在调用函数的过程中，被调用函数可以通过 return 语句为主调函数返回一个确定的值。其一般形式是：

return 表达式；　　或　　return （表达式）；

说明：

（1）一个函数中可以有多个 return 语句，但每次只能有一个 return 语句被执行。

（2）return 语句只能返回一个值，并且返回值的类型一般应与函数类型一致，如不一致，编译系统自动将表达式的类型转换成函数类型，即函数类型决定返回值的类型。

（3）无返回值的函数（函数类型为 void），可以使用语句“return ；”或直接省略 return 语句。

【例 5.3】 定义一个求两个数中较大数的函数。

函数 1：

```
int max(int x, int y)
{
    int z ;
    if(x > y)
        z = x ;
    else
        z = y ;
    return z ;
}
```

函数 2：

```
/* 返回一个表达式的值 */
int max(int x, int y)
{
    return x>y ? x : y;     /* return 后面的是一个表达式 */
}
```

函数 3：

```
/* 多个返回语句 */
int max(int x, int y)
{
    if(x > y)
        return x ;    /* x 比 y 大，返回 x */
    else
        return y ;    /* x 比 y 小，返回 y */
}
```

函数 4：

```
/* 返回值类型与函数类型不一致 */
int max(float x, float y)     /*  函数类型为整型  */
```

```
{
    float z ;    /* z 为实数类型 */
    if(x > y)
        z = x ;
    else
        z = y ;
    return z ;
}
```

以上的 4 个函数都可以求出两个数中较大的一个数，但实现过程与返回的结果会略有不同。

（1）函数 1 是较为常见的编程方式，只有一条 return 语句，并作为函数体的最后一条语句。

（2）函数 2 中，return 后面的“x>y ? x : y”是一个表达式。执行这条语句，要先求解出表达式的值，再返回这个值。x>y ? x : y 是一个条件表达式，其运算过程是：先判断 x 大于 y 是否为真，如果为真，条件表达式的值是 x，否则，条件表达式的值是 y。在执行“return x>y ? x : y;”时，先求出“x>y ? x : y”的值，再将这个值返回。

（3）函数 3 中有两条 return 语句，执行时根据条件只能选择执行其中的一条 return 语句，执行后立即结束函数运行，并返回值。如果 return 语句后面还有其他语句，将不会被执行。

（4）函数 4 的返回值类型和函数类型不同，函数类型是 int，返回值 z 的类型是 float，调用这个函数，返回主调函数的值是 int。因为函数类型决定了返回值的类型。如调用函数 4，求出 5.6 和 8.9 的较大值，返回主调函数的值是 8。

4. 函数原型声明

当一个函数调用另一个函数时，被调用函数必须存在，即函数需要先定义后调用。如果调用的是库函数，需要在文件首使用#include 命令将与被调用函数相关的头文件“包含”到本文件中。如调用用户自定义的函数，被调用函数的定义应在主调函数之前，但如果被调用函数定义在主调函数之后，那么在函数调用之前，需要在主调函数中对被调用函数进行函数声明。例 5.1 中的“double rectangleArea (double len,double wid);”和“void printStar ( );”以及例 5.2 中的“void swap(int x,int y);”都是函数声明语句，其一般形式是：

函数类型　函数名（形式参数列表）；

即函数定义的第一行（函数首部），并以分号结束。

函数声明的作用是把函数名、函数参数的类型和个数等信息通知给编译系统，以便在函数调用时，编译系统能正确识别函数并检查调用是否合法。

通常，函数声明会在主调函数定义变量之前或之后进行，如例 5.1。

```
#include <stdio.h>
void main( )
{
    double length, width, area;
    double rectangleArea (double len,double wid);    /* 函数声明*/
    void printStar ( );                              /* 函数声明*/
    …
```

```
}
```

此外，也可以在程序的开头，对程序中所有需要调用的函数进行声明。这样，在各主调函数中就不必对所调用的函数再做声明。如例 5.1 中的函数声明位置可以做如下调整。

```
#include <stdio.h>
double rectangleArea (double len,double wid);    /* 函数声明*/
void printStar ( );                              /* 函数声明*/
void main( )
{
    double length, width, area;
    …
}
```

在编写程序时，一般都把 main 函数写在最前面，这样可以提高程序的可读性。通过函数声明，解决了函数先调用后定义的问题。

5.1.4 应用举例

【例 5.4】 输入两个正整数 m 和 n（1≤m，n≤200 且 m < n），找出 m ~ n 所有的素数，以每行 6 个素数的方式输出，统计并输出已找出的素数的个数。要求定义和调用函数 prime（p）判断 p 是否是素数，如 p 为素数，返回 1，否则返回 0。

程序分析：

通过循环语句逐一判断 m ~ n 的数，如果是素数，则输出该数并且素数个数加 1。

```
for(p = m; p <= n; p++)
    if(p 是素数)
        输出 p 并且素数个数加 1
```

这里，对于 p 是否为素数的判定，可以调用 prime 函数来实现。

源代码：

```
/* 使用函数来判断 m ~ n 中哪些数是素数 */
#include <stdio.h>
#include <math.h>                  /* 调用求平方根函数 sqrt，需要包含数学库 */
void main( )
{
    int  m,n,count,p;
    int prime(int p);              /* 函数声明 */
    printf("Enter m (1 <= m <= 200):");      /* 输出提示 */
    scanf("%d",&m);                          /* 输入 m 的值 */
    printf("Enter n (1<= n <= 200):");       /* 输出提示 */
    scanf("%d",&n);                          /* 输入 n 的值 */
    if(m>n){                                 /* 如果 m>n，交换 m 和 n 的值 */
        m = m + n;
        n = m – n;
        m = m –n;
```

```
    }
    count = 0;                      /* count 记录素数的个数，同时用于控制输出格式 */
    for(p = m; p <= n; p++){
        if(prime(p)){               /* 调用 prime(p)判断 p 是否为素数 */
            printf("%6d", p);       /* 输出 p */
            count++;                /* 统计已经输出的素数个数 */
            if (count %6 == 0)   printf("\n");    /* 如果 count 是 6 的倍数，换行 */
        }
    }
    printf("\n");
    printf("count = %d\n",count);     /* 输出素数的个数 */
}

/* 定义判断素数的函数，如果 p 是素数则返回 1（"真"）；否则返回 0（"假"）*/
int prime(int p)
{
    int i, n;
    if(p == 1) return 0;                /* 1 不是素数，返回 0 */
    n = (int)sqrt(p);   /* 调用 sqrt()函数，计算 p 的平方根，并将结果强制转换为 int，赋值给 n */
    for( i = 2; i <= n; i++)
       if (p % i == 0)                  /* 如果 p 不是素数 */
           return 0;                    /* 返回 0 */
    return 1;                           /* p 是素数，返回 1 */
}
```

prime 函数的运行过程是：如果 p 不是素数，执行“return 0;”，结束函数的运行并返回 0。因此，只有当 p 是素数时，才会执行“return 1;”，结束函数的运行并返回 1。

练习 5-1　函数定义如下：

```
add(double x, double y)
{
    double z;
    z = x + y;
    return z;
}
```

如果以 3.5 和 6.3 为实参调用 add 函数，请问调用函数 add(3.5,6.3)的返回值是什么？为什么会是这个值？

练习 5-2　输入两个实数，输出其中较大的数。要求定义和调用函数 max(x, y)，返回 x 和 y 中较大的实数。

练习 5-3　输入六个整数，统计正数和负数各有几个。要求定义并调用函数 positive(n) 来判断 n 的正负，当 n 为正数时返回 1，否则返回 0。

5.2　变量的作用域和生命周期

5.2.1　变量的作用域

1. 局部变量

回顾例 5.4，大家不难发现，main 函数中定义了一个整型变量 p，prime 函数中也定义了一个整型变量 p 作为函数的形参，这两个变量的类型和名称都相同，但它们是两个不同的变量，它们在内存中占用不同的存储单元，它们在各自的函数内部才有效。

在 C 语言中，把定义在函数内部或复合语句内部的变量称为局部变量。局部变量的作用域（即有效范围）是从定义的位置开始直到函数或复合语句结束为止。

【例 5.5】 局部变量。

源代码：

```
#include <stdio.h>
void main( )
{
    int x = 3, y = 6;
    void fun(int x);

    printf("initialization: x = %d, y = %d\n",x,y);
    {                              /* 复合语句开始                         */
        int y = 9;                 /* 局部变量 y 的作用范围只在复合语句内部 */
        printf("in compound statement:   x = %d, y = %d\n",x,y);
    }                              /* 复合语句结束                         */
    printf("ended compound statement:   x = %d, y = %d\n",x,y);
    fun(x);
    printf("after called fun function:   x = %d, y = %d\n",x,y);
}

/* 局部变量只在函数内部有效 */
void fun(int x)
{
    int y = 5;

    x = x + y;
    printf("in fun function: x = %d, y = %d\n",x,y);
}
```

运行情况：

```
initialization: x = 3, y = 6
in compound statement:   x = 3, y = 9
ended compound statement:   x = 3, y = 6
in fun function: x = 8, y = 5
```

after called fun function: x = 3, y = 6

从程序的运行结果可以看出，在不同的函数和复合语句中定义的变量，它们的作用范围只在各自的函数和复合语句内部才有效。在 C 程序中，允许在不同的函数中定义相同类型和名称的局部变量，它们在内存中占用不同的存储空间，代表不同的对象，互不干扰。因此，使用局部变量可以避免各个函数之间的变量相互干扰，增强函数的独立性。

2. 全局变量

到目前为止，大家所学习的程序范例中的变量都是定义在函数内部。在 C 程序中，允许在函数外部定义变量。定义在函数外部而不属于任何函数的变量，称为全局变量（或者全程变量，或者外部变量）。全局变量的作用域（即有效范围）是从定义的位置开始直到程序文件的结束为止。因此，使用全局变量可以增加函数之间数据的联系。

【例 5.6】 全局变量。

源代码：

```
#include <stdio.h>
int x, y = 6;               /* 定义全局变量 x,y */
void main( )
{
    void fun();

    x = 3;                  /* 给全局变量 x 赋值 */
    printf("initialization: x = %d, y = %d\n",x,y);
    {
        int y = 9;          /* y 是局部变量，在复合语句内部，全局变量 y 不起作用 */
        printf("in compound statement:   x = %d, y = %d\n",x,y);     /*  输出全局变量 x,局部变
量 y 的值 */
    }
    printf("ended compound statement:   x = %d, y = %d\n",x,y);   /* 输出全局变量 x 和 y 的值 */
    fun();
    printf("after called fun function:   x = %d, y = %d\n",x,y);    /* 输出全局变量 x 和 y 的值 */
}

int z = 7;                  /* 定义全局变量 z */
void fun()
{
    int y = 5;              /* y 是局部变量，在函数内部，全局变量 y 不起作用 */

    x = x + z;
    y = y + z;
    printf("in fun function: x = %d, y = %d\n",x,y);     /*  输出全局变量 x,局部变量 y 的值 */
}
```

运行情况：

initialization: x = 3, y = 6

in compound statement:　x = 3, y = 9
ended compound statement:　x = 3, y = 6
in fun function::　x = 10, y = 12
after called fun function:　x = 10, y = 6

从程序的运行结果可以看出：

（1）全局变量定义的格式和局部变量定义的格式完全相同。只要定义在函数外部，全局变量可以定义在程序中的任何位置，一般情况下，将全局变量定义在程序的最前面。

（2）全局变量的作用范围是从定义的位置开始一直到整个程序文件结束为止。

（3）由于全局变量和局部变量的作用范围不同，允许在程序中定义具有相同类型和名称的全局变量和局部变量。如果程序文件中，有同名的全局变量和局部变量，那么在局部变量的作用范围内，全局变量将不起作用。

需要强调的是，全局变量的使用，增加了函数之间的数据联系，但也使得函数之间存在数据依赖，降低了函数的独立性和通用性，同时过多地使用全局变量，也会降低程序的可读性。因此，除非必要，建议不要使用全局变量。

5.2.2　变量的生存期

在 C 语言中，变量的定义除了要说明变量类型之外，还包括说明变量的存储类别。变量的存储类别规定了变量在内存中的存储区域，同时也说明了变量的生存期。所谓的变量的生存期是指变量从定义开始分配存储单元，直到存储单元被回收的整个过程。

C 程序的变量主要存储在内存中，少量的变量也可以存储在 CPU 的寄存器中。可以使用 auto（自动的）、static（静态的）、register（寄存器的）、extern（外部的，关于 extern 的使用将在第 10 章中进行介绍）对变量的存储类别进行说明。

为了更好地学习后面的内容，先了解在内存中供用户使用的存储区的分配方式，这部分存储空间可以分为程序区、静态存储区和动态存储区三部分，如图 5.3 所示。

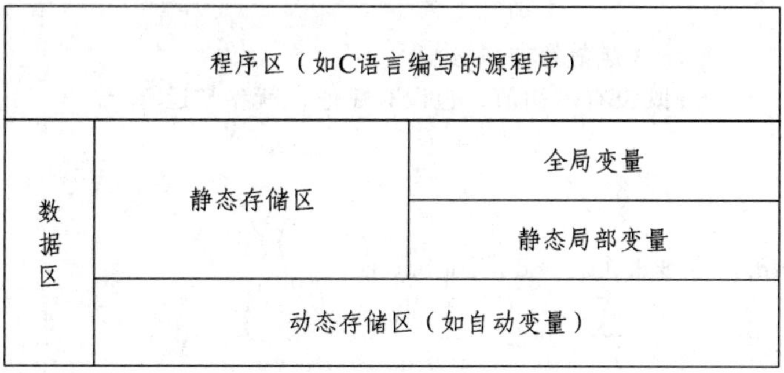

图 5.3　内存中用户使用的存储区分配

（1）程序区是用于存放用户程序（如 C 语言编写的源程序）的内存单元。

（2）全局变量和静态局部变量（即 static 说明的局部变量）都存储在静态存储区中。对于存储在静态存储区的变量，在程序执行过程中，它们始终占据已分配得到的存储单元直到程序运行结束。如例 5.6 中的全局变量 x，它在静态存储区占据固定的存储单元，在程序运行期间它的值都存在，直到程序结束。它的生存期从变量被定义开始直到程序运行结束为止。

（3）函数的形参、自动变量（即 auto 说明或省略存储类别说明的局部变量）等数据都存储在动态存储区中。函数中的形参和自动变量，在函数调用开始时才会在动态存储区中，为它们分配存储单元，一旦函数调用结束（不一定是整个程序运行结束）就释放这些存储单元。如例 5.5 中的 fun 函数中的形参和局部变量，在函数被调用时，才会为它们分配存储单元，函数调用结束后，系统收回相应的存储单元，在 fun 函数中所定义的形参和局部变量在动态存储区中将不复存在，它们的生存期从函数被调用时开始到函数调用结束为止。

1. auto 变量

auto 变量是 C 程序中使用得最广泛的一种变量类型，其定义的形式为：

auto 变量类型 变量名;

例如：auto int a,b;

在定义自动变量时，“auto”可以省略，事实上，在这之前的所有程序范例中定义的局部变量都是自动变量。在 C 程序中，函数内部所有未指定存储类别的变量都是自动变量。例如：在函数体中“auto int a,b;”与“int a,b;”是等价的。

自动变量只有在使用时，即在定义该变量的函数被调用时，系统才会在动态存储区为其分配存储空间，开始它的生存期，函数调用结束就自动释放这些存储空间，相应的自动变量也将不复存在，结束生存期。

自动变量是根据函数调用的情况，动态地分配和释放存储单元。因此，在使用自动变量时，需要先赋初值或赋值后再使用，未赋初值的自动变量，其值是不确定的随机数。

【例 5.7】 未赋初值和赋值的自动变量。

源代码：

```
#include <stdio.h>
void main( )
{
    int a,b,c = 8;     /* 定义变量 a、b 和 c，并且变量 c 赋初值为 8 */

    b = 5;             /* 将 5 赋值给变量 b */
    a = a + 1;         /* a 既没有赋初值，也没有赋值，就参与运算  */
    b = b + 1;
    c = c + 1;

    printf("a = %d,   b = %d,   c = %d\n", a, b, c );
}
```

运行情况：

```
a = -858993459,   b = 6,   c = 9
```

由于自动变量 a 既没有赋初值，也没有赋值，就参与了运算，其值是不确定的随机数，参与运算的结果是得到一个不确定的值（这个值会因使用的编程平台不同，有所差异）。

2. 用 static 声明局部变量

在函数内部用 static 说明的变量称为静态局部变量，其定义的形式为：

static 变量类型 变量名;

静态局部变量在函数或复合语句内部定义，存储在静态存储区中，在程序的运行期间，始终占据已分配到的存储单元直到程序结束，但作用范围只在定义它们的函数或复合语句内部有效。也就是说，静态局部变量的作用域是函数或复合语句内部，生存期是整个程序。

静态局部变量是在编译时赋初值（即只赋初值一次）的，在程序执行期间，再次调用函数时就不会再重新赋初值，而只是保留上次函数调用结束时的值。如果在定义静态局部变量时不赋初值，编译时系统会自动赋初值 0（对数值型变量）或'\0'（空字符，对字符变量）。

【例 5.8】 静态局部变量。

源代码:

```
#include <stdio.h>
void main( )
{
    int   i;
    int fun(int a);

    for(i = 1; i <= 3; i++)
         printf("the %d-th call fun function: %d\n",i,fun(i));
}

int fun(int a)
{
    int b = 2;
    static int c;           /* 静态局部变量，系统会自动赋初值 0 */

    b = b + 1;
    c = c + 1;
    a = a + b + c;

    return a;
}
```

运行情况:

```
the 1-th call fun function: 5
the 2-th call fun function: 7
the 3-th call fun function: 9
```

函数 fun 被循环调用了三次。

第一次调用 fun 函数时，c 是静态局部变量，在静态存储区为它分配了存储单元，尽管在定义时没有给变量 c 赋初值，在编译时系统会自动赋初值 0，因此，在这个程序中“static int c;”与“static int c = 0;”是一样的。第一次函数调用结束后，变量 c 依然占用已分配到的存储单元，其值为 1。

第二次调用 fun 函数时，变量 c 的存储单元已经存在，系统不会再次为它分配存储单元，也不再执行“static int c;”，这时变量 c 的值是 1，第二次函数调用结束后，变量 c 的值是 2。

第三次调用 fun 函数，变量 b 和 c 的值的变化见表 5.1。

表 5.1 例 5.8 变量值表

	函数调用时的初值		函数调用结束之前的值		
	b	c	b	c	a + b + c
第一次	2	0	3	1	5
第二次	2	1	3	2	7
第三次	2	2	3	3	9

静态局部变量和全局变量一样，静态局部变量也会降低程序的可读性，当含有静态局部变量的函数被多次调用后，往往会不容易搞清静态局部变量的当前值是什么。因此，除非必要，建议不要过多地使用静态局部变量。

另外，static 除了可以用于说明静态局部变量外，也可以用于说明全局变量。关于静态全局变量的应用，将会在第 10 章中进行介绍。

3. register 变量

在 C 语言中，允许将变量存储到 CPU 的寄存器中，其定义的形式为：

register 变量类型 变量名；

CPU 的寄存器是计算机的中央处理器内部的数据存储单元，其数据的存取速度比内存单元快得多，因此，可以将使用最频繁的变量（如循环控制变量）定义为 register 变量，以提高程序的运行速度。但是在实际的应用中，一个计算机系统的寄存器的数目是有限的，并且不同的系统允许使用的寄存器的个数是不同的，而且对 register 变量的处理方式也各不相同，有的系统把寄存器变量当作自动变量处理，数据仍然存储在内存中，并不真正存放在寄存器，有的系统只允许将整型（int）和字符型（char）的变量定义为寄存器变量。更重要的是，目前很多的编译系统都会对目标代码进行一定的优化，能够识别使用频繁的变量，自动将它们放在寄存器中，而不需要程序设计者指定。因此，定义 register 变量已经没有太大的必要。

练习 5-4 在例 5.8 中，

（1）将语句“static int c;”改为“int c;”，程序的运行结果会是什么？为什么会有这样的结果？

（2）在语句“b = b + 1;”之前增加语句“c = 3”，程序的运行结果会是什么？为什么会有这样的结果？

练习 5-5 请写出以下程序的运行结果，并分析原因。

```
#include <stdio.h>
int d = 1;
fun (int p)
{
    int d = 5;

    d = d +p;
    printf("%d",d);
```

```
}

void main( )
{
      int   a = 3;

      fun(a);
      d = d + a;
      printf("%d\n", d);
}
```

练习 5-6 请写出以下程序的运行结果，并分析原因。

```
#include <stdio.h>
int fun(int n)
{
      static int a = 1;

      a = a * n;
      return a;
}

void main( )
{
      int i;

      for(i = 1;i <= 3;i++)
            printf("%d\n",fun(i));
}
```

习 题

1. 从键盘输入两个年份 ya 和 yb，输出 ya 和 yb 之间的所有闰年年份，每行输出 8 个年份。判断闰年的条件是：能被 4 整除但不能被 100 整除，或者能被 400 整除。要求：定义并调用函数 leap(m)判断年份是否为闰年，当 m 为闰年时返回 1，否则返回 0。

2. 从键盘输入一个正整数 n，计算 $\frac{1}{1!}-\frac{1}{2!}+\frac{1}{3!}-\frac{1}{4!}+\cdots+\frac{1}{n!}$ 的值（保留 4 位小数）。要求：定义并调用函数 fact(n)计算 n 的阶乘的倒数值。例如，fact(4)的返回值是 0.0417。

3. 从键盘输入三个正整数 m、n 和 k（1≤k≤m≤n），输出 m 和 n 之间能被 k 整除的数并统计个数。要求：定义并调用函数 ali(m，k)判断 m 是否能被 k 整除，当 m 能被 k 整除时返回 1，否则返回 0。

4. 从键盘输入两个正整数 a 和 n，求 a+aa+aaa+⋯+aa⋯a（n 个 a）之和。要求：定义并调用函数 fn（a,n）输出 aa⋯a（n 个 a）的值。例如，fn（4,3）的返回值是 444。

5. 从键盘输入一个正整数 m，输出 m 行由“*”组成的图形，其中每行“*”的个数是

2m－1。要求：定义并调用函数 pyramid(m)输出 m 行由“*”组成的图形。例如，调用 pyramid(5)输出如下的图形。

```
    *
   ***
  *****
 *******
*********
```

6. 从键盘输入两个百分制的计算机一级考试成绩 m 和 n，其中，m 表示理论成绩，n 表示机试成绩，要求根据 m 和 n 输出对应的成绩等级。理论成绩和机试成绩均在 85 分以上（包括 85 分）为“A”，理论成绩或机试成绩其中之一在 60 分以下为“C”，其余情况为“B”。要求：定义并调用函数 grade(m，n)判断 m 和 n 对应的成绩等级。例如，grade(88，79)的返回值是“B”。

第 6 章　基本数据类型与表达式

通过前面几章的学习可以发现，每个功能的实现都是通过对某些数据的处理来完成的，而数据是以一定的形式存在的。例如，前面学过整型变量、实型变量等。变量在使用之前必须先定义，通过定义来声明变量所属的类型，编译器根据类型来分配相应的内存单元来存储变量的值。C 语言提供的数据类型如图 6.1 所示。

- 数据类型
  - 基本类型
    - 整型　int
    - 浮点型
      - 单精度型　float
      - 双精度型　double
    - 字符型　char
  - 构造类型
    - 数组类型
    - 结构体类型　struct
    - 共用体类型　union
    - 枚举类型　enum
  - 指针类型
  - 空类型

图 6.1　C 语言数据类型

本章将学习 C 语言中的基本数据类型，后续章节中还会学习由基本数据类型构造出的不同的数据结构。

6.1　数据的存储

计算机处理的数据都是以二进制形式表示的，数值有原码、反码、补码等多种表示方法，计算机的运算对象一般以补码表示。本节学习整型、实型、字符型等三种数据在内存中的存放方式。

6.1.1　整型数据在内存中的存储

假设有如下程序段：

```
int a;
a=9;
```

定义整型的变量 a，并将 9 赋值给变量 a。在编译时，系统在内存中为变量 a 分配存储空间，并将数值 9 以二进制形式存储在变量 a 所分配到的存储空间中。需要特别说明的是，不同的编译系统在内存中分配的存储空间是不同的，如 Visual C++编译器中 int 变量占 4 个字节(32 位)，而 Turbo C 2.0 和 Turbo C 3.0 中为 int 型变量分配的内存空间是 2 个字节(16 位)。本书的程序和配套的实验教程，都是在 Visual C++中编译通过的，因此本书与 Visual C++编译系统的规定一致。

对于有符号整数的二进制形式，其中最左边的一位是符号位，0 代表正数，1 代表负数。因此，十进制 9 的二进制原码如下所示：

00000000 00000000 00000000 00001001

十进制 – 9 的二进制原码如下所示：

10000000 00000000 00000000 00001001

由于数值在内存中是以补码的形式存在的，而且正数的补码与原码相同，因此，整数 9 在内存中的存放方式与原码相同。

负数的补码与原码是不同的，求负数 a 的补码的步骤如下：

（1）取负数 a 的绝对值，并用原码表示。

（2）将原码按位取反，得到反码。

（3）将反码加 1，即得 a 的补码。

例如，– 9 的补码计算过程如图 6.2 所示。

-9取绝对值得到9，9的原码：	00000000 00000000 00000000 00001001
按位取反，得到反码：	11111111 11111111 11111111 11110110
反码加1，得到-9的补码：	11111111 11111111 11111111 11110111

图 6.2 求负数补码的步骤

6.1.2 实型数据在内存中的存储

实型数据在内存中是以二进制数的规范化的指数形式存储的，系统把一个实型数据分为符号（正负号）、阶码（指数）部分和尾数部分，分别进行存储。例如，实数 -1.314×10^3 是个负数，阶码是 3，尾数是 1.314。关于实型数据的存储方式本书不展开讨论，详情读者可参看 IEEE 二进制浮点数算术标准（ANSI/IEEE Std 754-1985）。

6.1.3 字符型数据在内存中的存储

一个字符在内存中占用一个字节的存储单元，该存储单元存放字符的 ASCII 码。例如，字符'a'的 ASCII 码是 97，在内存中的存放形式如下：

01100001

当将字符以字符型数据(%c）输出时，输出的过程是先将存储单元中的 ASCII 码转换成相应的字符，然后再输出该字符。

6.2 基本数据类型

6.2.1 整型数据

整型是指不存在小数部分的数据类型，有整型常量与整型变量之分。

1. 整型常量（整常数）

在 C 语言中，整常数可以用三种形式表示：

（1）十进制整数。十进制整数由正、负号和 0～9 组成，首位数字不能是 0。如 121、－43 等。

（2）八进制整数。八进制整数由正、负号和 0～7 组成，并且以 0 为开头，如 0121 表示八进制数 121，转化为十进制为：$0121=1\times8^2+2\times8^1+1\times8^0=81$。－026 表示八进制数－26，即十进制－22。

（3）十六进制整数。十六进制整数由正、负号和数字 0～9、英文字母 a～f（或 A～F）组成，并且以 0x 开头。如 0x121 是十六进制数 121，转化为十进制为：$0x121=(1\times16^2+2\times16^1+1\times16^0)_{10}=289$，－0xA2 等于十进制数－162。

任何一个整型常量都可以用以上三种形式来表示，如 10，012，0xa 都表示十进制数 10。

2. 整型变量

以上章节中，多次使用 int 来定义一个整型变量并参与运算，除了 int 外，还有短整型、长整型，进一步还可细分为有符号整型与无符号整型，各类型的说明见表 6.1。

表 6.1　整型数据

类　型		数据长度(比特)	取值范围
[signed] int	有符号整型	32	－2 147 483 648～2 147 483 647 $-2^{31}\sim2^{31}-1$
unsigned [int]	无符号整型	32	0～4 294 967 295 $0\sim2^{32}-1$
[signed] short [int]	有符号短整型	16	－32 768～32 767 $-2^{15}\sim2^{15}-1$
unsigned short [int]	无符号短整型	16	0～65 535 $0\sim2^{16}-1$
[signed] long [int]	有符号长整型	32	－2147 483 648～2 147 483 647 $-2^{31}\sim2^{31}-1$
unsigned long [int]	无符号长整型	32	0～4 294 967 295 $0\sim2^{32}-1$

表 6.1 中的方括号中的内容可以省略，例如 signed short int a；与 short a；含义相同。

以下是一个整型变量的实例。

【例 6.1】 整型变量的溢出。

```
#include<stdio.h>
void main()
{
    short i,k;
    i=32766;
```

```
        k=32767;
        printf("i=%d, k=%d\n",i,k);
        i=i+1;
        k=k+1;
        printf("32766+1=%d, 32767+1=%d\n",i,k);
    }
```

运行情况：

i=32766, k=32767

32766+1=32767, 32767+1=-32768

运行结果发现，32767 加 1 之后，输出结果变成了负数 – 32768。这个程序在语法上是没有错误的，“出人意料”的结果来自于忽略了 C 程序变量的定义和使用上的一个规则。

数据在内存中是以二进制形式存放的，变量在定义之后，系统会自动地根据该变量的类型在内存中分配一定的存储空间。例如，short 型变量，在 Visual C++中占 2 个字节，即 16 位，其中，最左边的一位（最高位）是符号位，0 代表正数，1 代表负数。因此，2 个字节（16 位）能表示的最大正整数为 01111111 11111111，即 $2^{15}-1=32767$。对 32767 加 1 后的结果如图 6.3 所示。

```
     0 1 1 1 1 1 1 1 1 1 1 1 1 1 1 1
 +                                 1
 ------------------------------------
     1 0 0 0 0 0 0 0 0 0 0 0 0 0 0 0
```

图 6.3　加法溢出

由于变量 k 的值为 32767，从图 6.3 可以看到，k 的最高位为 0，后 15 位全为 1，加 1 后变成最高位为 1，后 15 位全为 0，这正是 – 32768 的补码形式，因此输出的结果是 – 32768。由例 6.1 可以得出结论：每个变量在确定数据类型后，其取值范围是有限的，超出其取值范围就会发生“溢出”。如 short 型变量的取值范围为 – 32768 ~ 32767，大于 32767 或小于 – 32768 就会发生“溢出”。但程序没有语法错误，也没有逻辑上的错误，因此，在撰写程序时一定要细心！

3. 整型变量的输入与输出

在使用 printf 函数和 scanf 函数实现数据的输出与输入时，需要根据变量的类型使用相对应的格式控制说明。对整型变量而言，格式控制说明见表 6.2。

表 6.2　整型变量的格式控制说明

变量类型	输入输出格式控制		
	十进制	八进制	十六进制
int	%d	%o	%x
long	%ld	%lo	%lx
unsigned	%u	%o	%x
unsigned long	%lu	%lo	%lx

输入或输出长整型数据时，需要在格式控制说明中加小写字母 l（即 long 的首字母）。

对于整型的数据，基本的格式控制说明有%d、%u、%o 和%x，其含义见表 6.3。

表 6.3　整型数据的基本格式控制说明

格式	功　能
%d	以十进制的方式输入/输出一个整数
%u	以十进制的方式输入/输出一个无符号整数
%o	以八进制的方式输入/输出一个整数
%x	以十六进制的方式输入/输出一个整数

若需指定输入输出数据的宽度，则在格式控制说明字符前（%之后）加一整数，该整数可正可负，其功能见表 6.4。

表 6.4　指定输出宽度

输出格式	功　能
%md	输出数据占 m 列，若数据的实际宽度小于 m，则左端补空格（即右对齐） 若数据的实际宽度大于 m，则按实际宽度输出
%－md	输出数据占 m 列，若数据的实际宽度小于 m，则右端补空格（即左对齐） 若数据的实际宽度大于 m，则按实际宽度输出

注：表中的 m 为正整数。

【例 6.2】 输出学生成绩。

```
#include<stdio.h>
void main()
{
    int math1,math2,en1,en2;
    math1=65;
    math2=104;
    en1=80;
    en2=122;
    printf("张三成绩：%6d%6d\n",math1,en1);
    printf("王五成绩：%6d%6d\n\n",math2,en2);
}
```

运行情况：

```
张三成绩：    65    80
王五成绩：   104   122
```

通过例 6.2 可以看出，在使用宽度控制之后，输出的结果十分整齐，有利于程序员察看输出结果。

★提示：输入数据时也可指定输入宽度，但不建议使用。

【例 6.3】 用八进制、十六进制输入输出整型数据。

```
#include<stdio.h>
void main()
{
    int x;
    scanf("%d",&x);       /*以十进制输入 x*/
    printf("%d,%o,%x\n",x,x,x);
    printf("%d,%o,%x\n",x+1,x+1,x+1);
    scanf("%o",&x);       /*以八进制输入 x*/
    printf("%d,%o,%x\n",x,x,x);
    scanf("%x",&x);       /*以十六进制输入 x*/
    printf("%d,%o,%x\n",x,x,x);
}
```

运行情况：

输入：<u>108</u>

108,154,6c

109,155,6d

输入：<u>154</u>

108,154,6c

输入：<u>6c</u>

108,154,6c

由上例可以看出，无论是十进制、八进制，还是十六进制整数，在输入、输出和运算等方面都是等同的，只是在输入和输出的形式上的区别。

通过学习，比较以下程序与例 6.3 的输出有何不同？

```
#include<stdio.h>
void main()
{
  int math1,math2,en1,en2;
  math1=65;
  math2=104;
  en1=80;
  en2=122;
  printf("张三成绩：%-6d%-6d\n",math1,en1);
  printf("王五成绩：%-6d%-6d\n\n",math2,en2);
}
```

6.2.2 实型数据

实型数据即带小数点的实数，也称为浮点型。

1. 实型常量

实型常量有两种表示形式：小数形式和指数形式。

（1）十进制小数形式。由数字和小数点组成，可带正负号，如 0.123，-12.3 等都是小数形式。

（2）指数形式。由数字和字母 e（E）组成，可带正负号。其中，e 是指数的标志，要求 e 之前必须有数字，e 之后必须是整数，这种表示方式也称为科学计数法。如 12e3 或 12E3 表示 12×10^{3}，-2.1e-3 表示 -2.1×10^{-3}。而 e5、1e3.5、.e10、e 等则属于非法的指数形式。

C 语言规定，在对实型数据以指数形式输出时，输出的是其“规范化的指数形式”，即在字母 e 或 E 之前的小数部分中，小数点左边应有一位且只能有一位非零的数字。同一个数值可以有多种指数形式，如 314.15926 可以表示为 0. 31415926e3，也可以表示为 3.1415926e2、31415926e-4 等，其中，只有 3.1415926e2 是规范化指数形式。

2. 实型变量

实型变量分为单精度型、双精度型和长双精度型三种，每种类型的数据长度、表示范围、有效位数均互不相同，详见表 6.5。

表 6.5　实型数据类型

类　型	数据长度(比特)	有效数字	数值范围
float	32	6～7	$-3.4\times10^{-38}\sim3.4\times10^{38}$
double	64	15～16	$-1.7\times10^{-308}\sim1.7\times10^{308}$
long double	128	18～19	$-1.2\times10^{-4932}\sim1.2\times10^{4932}$

由于每种实型数据的有效位数是有限的，因此，在实际运算中，超过有效位数的数字将会被“舍弃”，计算结果也就会产生一些误差。

【例 6.4】 实型数据的舍入误差。

```
#include<stdio.h>
void main()
{
    float x=314159.265358979e5;
    printf("%f\n", x);
}
```

运行情况：

```
31415926784.000000
```

【例 6.5】 实型数据的运算误差。

```
#include<stdio.h>
void main()
{
    float a=111111.11111;
    float b=222222.22222;
    float c;
```

```
    c=a+b;
    printf("%f+%f=%f\n",a,b,c);
}
```

运行情况：

111111.109375+222222.218750=333333.312500

对于单精度(float)型数据，其有效数字只有 7 位，后面的数字都是无意义的，因此，在运算时，前 8 位是准确无误的，而后几位不准确。因此，在使用实型数据的时候，应注意其精度损失带来的“副”作用，若需要精度更高的输出，可使用 double 型，其有效位数达 16～17 位。

3. 实型变量的输入与输出

实型变量的输入与输出格式控制说明有 3 种：小数形式输出(%f)、指数形式输出(%e)和较短格式输出(%g)，其功能见表 6.6。

表 6.6 实型数据的输入与输出格式控制说明

格式控制字符	功　能
%f	以小数形式输入/输出实数（单、双精度型皆可），默认输出小数点后的 6 位数
%lf	以小数形式输入/输出双精度型实数
%e	以指数形式输出实数
%g	选用%f 或%e 格式中输出宽度较短的一种格式，不输出无意义的 0

★注意：输出实型数据时，%f 和%e 可以通用于单精度型和双精度型数据。输入实型数据时，如果是双精度型，则必须使用%lf。

【例 6.6】 实型数据的输入与输出。

```
#include<stdio.h>
void main()
{
    float a;
    double b;
    scanf("%f%lf",&a,&b);     /* 变量 b 为双精度型，因此输入时 b 的格式控制必须使用%lf*/
    printf("%f+%f=%.2f\n",a,b,a+b);     /* 实型数据输出时格式控制%f 是通用的*/
}
```

运行情况：

输入： 3.4　6.66

3. 400000+6.660000=10.06

从结果中可以看出，实型数据在使用%f 输出时，默认输出小数点后的 6 位数，后面无意义的 0 也必须输出，而输出 a+b 的值时，输出小数点后的 2 位数，造成此区别的原因在输出格式控制上，后者使用了%.2f，表示输出结果保留 2 位小数。C 语言对实型数据提供了指定输出宽度和小数位数的机制，使用方法见表 6.7。

表 6.7　实型数据指定输出宽度和小数位数

符号	功　　能
%m.nf	输出数据占 m 列，其中有 n 位小数。 如果实际数据长度超过 m 位，则按实际输出 如果实际数据长度小于 m 位，则左端补空格(即输出结果右对齐)
%－m.nf	输出数据占 m 列，其中有 n 位小数。 如果实际数据长度超过 m 位，则按实际输出 如果实际数据长度小于 m 位，则右端补空格(即输出结果左对齐)
表中 m,n 均为正整数	

★注意：在输入实型数据时，可以指定输入宽度，但不能指定精度（小数的位数）。

例如：执行以下程序段：

```
float x;
scanf("%.3f",&x);
```

将无法为 x 输入正确的值。

【例 6.7】 指定小数的位数的方式，输出实型变量。

```
#include<stdio.h>
void main()
{
   float math=68,en=82,che=91,ave;
   ave=(math+en+che)/3;
   printf("The average is :%10.2f\n",ave);    /*保留两位小数*/
}
```

运行情况：

```
 The average is :        80.33
```

如果有多个输出结果，通过控制输出宽度和小数位数，可以让多个输出十分整齐。

【例 6.8】 指数形式输出实型变量。

```
#include<stdio.h>
void main()
{
   float x=101.23456;
   printf("%e|\n%12e|\n%12.2e|\n%.2e|\n%-12.2e|\n",x,x,x,x,x);
}
```

运行情况：

```
1.012346e+002|
1.012346e+002|
   1.01e+002|
1.01e+002|
1.01e+002   |
```

第一个输出使用%e，按指数形式的规范输出，默认小数点后 6 位，整数部分 1 位，小数点 1 位，e 占 1 位，e 后的整数部分占 3 位，总共输出占 13 位。

第二个输出使用%12e，按指数形式的规范输出，占 13 列，比限定的 12 列大，因此按实际输出，即全部输出 13 列。

第三个输出使用%12.2e，即输出占 12 列，其中，小数位占 2 位，于是结果为 1.01e+002，只有 9 列，不足 12 列，左端补 3 个空格，补足 12 列。

第四个输出使用%.2e，表示输出 2 个小数位，其他部分按实际输出。

第五个输出使用% - 12.2e，表示输出占 12 列，其中，小数位占 2 列，结果为 1.01e+002，不足 12 列，在“ - ”的作用下，右端补空格，补足 12 列。

6.2.3 字符型数据

1. 字符常量

C 语言的字符常量是用单引号括起来的一个字符。如'a'、'D'、'$'等均为字符常量。每个字符在内存中占用一个字节，用于存储它的 ASCII 码值。字符的 ASCII 码值对照一览表见附录Ⅳ。因此，字符常量可以像整数一样进行运算，此时就是对字符的 ASCII 码进行运算。

【例 6.9】 字符常量的运算。

```
#include<stdio.h>
void main()
{
    printf("%c---%d\n",'A','A');
    printf("%c---%d\n",'A'+1,'A'+1);            /* 将大写字母 A 转换为大写字母 B */
    printf("%c---%d\n",'A'+32,'A'+32);          /* 将大写字母 A 转换为小写字母 a */
    printf("%c---%d\n",'B'-'A'+ 'a', 'B'- 'A'+'a ');    /* 将大写字母 B 转换成小写字母 b */
}
```

运行情况：

```
A---65
B---66
a---97
b---98
```

这里通过字符常量的加减运算实现了字符的转换。

除了普通的“可见字符”以外，还有一部分字符是“不可见字符”，如回车换行、退格等，称之为“控制字符”，这些字符无法在程序中通过键盘输入，也无法用一个一般形式的字符表示，于是 C 语言提供以反斜杠（\）开头后跟一个字符或数字组成转义字符，其含意是把反斜杠之后的字符转换成另外的意义，如前面多次使用过的“\n”表示回车换行。常用转义字符见表 6.8。

表 6.8 常用转义字符

转义字符	转义字符的意义	ASCII 代码
\n	回车换行	10
\t	横向跳到下一制表位置	9
\b	退格	8
\r	回车	13
\f	走纸换页	12
\\	反斜线符"\"	92
\'	单引号符	39
\”	双引号符	34
\a	鸣铃	7
\ddd	1～3 位八进制数所代表的字符	
\xhh	1～2 位十六进制数所代表的字符	

表 6.8 中“\ddd”和“\xhh”是用 ASCII 码(\ddd 表示八进制，\xhh 表示十六进制)表示一个字符，如\101 表示 ASCII 码为八进制 101（十进制 65）的字符，即字符'A'，\x42 表示 ASCII 码为十六进制 42（十进制 66）的字符，即字符'B'。

2. 字符变量

字符变量用来存放一个字符，定义格式如下：

char a,b;

表示定义两个字符变量 a,b，每个变量均占一个字节，可以存储一个字符。与字符常量一样，字符变量也可以像整数一样进行运算。

【例 6.10】 字符变量与整型数据的运算。

```
#include<stdio.h>
void main()
{
    char a,b;
    int c;
    a='a';
    b=35;
    c=a+b;
    printf("%c+%c=%d\n",a,b,c);


}
```

运行情况：

a+#=132

对字符变量 a，赋值为字符'a'，字符变量 b 赋值为整数 35，即字符'#'，变量 a 与变量 b 相加，实际上是将字符'a'和'#'的 ASCII 码相加，即 97+35，结果为 132，将其赋值给整型变量

c。由此程序可见，在 0～255，整数与字符可以等同起来进行各种运算。

3. 字符变量的输入与输出

对于字符型数据，可以调用 getchar 函数或 scanf 函数来输入，调用 putchar 函数或 printf 函数来输出，如需调用这 4 个函数，均须在程序首使用文件包含命令：

```
#include<stdio.h>
```

putchar 函数的作用是输出一个字符，getchar 函数的功能是从键盘输入一个字符。

如果 c 是已经定义的字符变量或整型变量，这两个函数的调用格式如下：

```
putchar(c);
```

以字符的方式输出变量 c 的值。

```
c=getchar();
```

从输入设备输入字符并赋给变量 c。

【例 6.11】 从键盘输入一个字符，输出其后一个字符。

```
#include<stdio.h>
void main()
{
  char ch;
  ch=getchar();      /*从输入设备输入一个字符*/
  putchar(ch);
  putchar('\n');
  putchar(ch+1);   /*输出 ch 的后一个字符，即 ASCII 加 1*/
  putchar('\n');
}
```

运行情况：

<u>H</u>
H
I

★注意：putchar 函数既能输出普通字符，也能输出转义字符。

【例 6.12】 从键盘输入小写字母，输出对应的大写字母。

```
#include<stdio.h>
void main()
{
    char x;
    x=getchar();
    putchar(x-32);


}
```

运行情况：

<u>y</u>
Y

★注意：putchar 函数调用一次只能输出一个字符，getchar 函数调用一次只能输入一个字符。

scanf 函数与 printf 函数除了可以输入/输出数值以外，也可以用于字符的输入与输出，此时使用格式控制说明“%c”。

【例 6.13】 从键盘输入一个字符，输出对应的 ASCII 码。

```
#include<stdio.h>
void main()
{
  char c1;
  printf("Please input a character: ");
  scanf("%c",&c1);
  printf("%c ASCII: %d\n",c1,c1);
}
```

运行情况：

```
Please input a character:D
D ASCII: 68
```

练习 6-1　从键盘输入一行字母，将其中的小写字母转换成大写字母；大写字母转换成小写字母并输出，要求使用 getchar 和 putchar 函数实现输入与输出操作。

6.2.4　类型转换

基本数据类型中的整型（int、long、short）和实型（float、double）以及字符型（char）之间可以进行混合运算。例如：

27+'a' – 6.62+'?'*4

是一个合法的表达式。

1. 自动类型转换

在涉及多种类型的数据进行运算时，不同类型的数据会先转换成同一类型，然后再进行运算，转换的过程是编译系统自动进行的。转换的规则如图 6.4 所示。

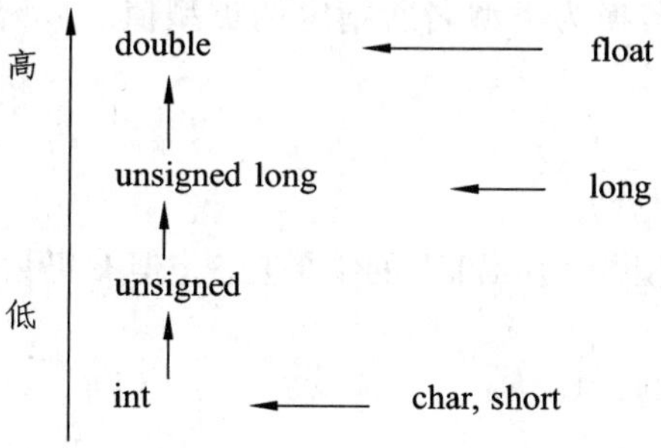

图 6.4　数据类型自动转换规则

当多种不同类型的数据进行运算时，这些数据自动转换成其中级别最高的类型，运算结果的数据类型为高级别的数据类型。图 6.4 中的横向箭头表示必需的转换，如 char 型必须转换成 int 型再运算，float 必须转换成 double 型再运算，也就是说，即使是两个 float 型数据运算，也需转换成 double 型后再运算，运算结果是 float 型。

纵向箭头表示当运算对象的类型不同时的转换方向，即由低级向高级转换。例如，int 型与 float 型数据进行运算，先将 int 型和 float 型的数据都转换成 double 型，然后在两个同类型（double 型）数据间进行运算，运算结果仍为 float 型。（在 TC2.0 的环境中，运算结果为 double 型。）

表达式 27+'a' – 6.62 的计算过程如下：

① 进行 27+'a'，先将'a'转换成 int 型，即 ASCII 码 97，然后与 27 相加，结果为 124；

② 进行 124 – 6.62，由于 6.62 为 double 型，因此，先将 124 转换成 double 型，再与 6.62 相减，结果为 double 型；

对于赋值运算，会将赋值号右侧表达式的类型自动转换成左侧变量的类型，此时的转换分为两种情况：

（1）如果赋值号右侧表达式的类型比左侧变量的类型级别低，则按如图 6.4 所示的级别自动将右侧表达式的类型转换成左侧变量的类型，例如：

```
float x;
x=1+2;
```

则 x 的结果为 3.000000。

（2）如果赋值号右侧表达式的类型比左侧变量的类型级别高，则按如图 6.4 所示的级别自动转换时会导致精度的丧失，例如：

```
int x;
x=3.6;
```

此时，先将 double 型的 3.6 转换成 int 型常量 3（舍弃小数部分），然后赋值给 x，因此，x 的值是 3，结果为整型。

2. 强制类型转换

有时，程序员会根据需要，将某些数据“强制”转换成所需的类型，此时需要使用强制类型转换符。一般形式为：

（类型名） 表达式

其作用是将表达式的值强制转换为类型名所指定的类型值。

例如：

```
double k=3.6;
(int) k;
```

将变量 k 的值强制转换成 int 型，“(int) k”的结果是 3，但 k 仍为 double 型，其值仍为 3.6。

```
(int) (a+b);
```

将表达式 a+b 的值转换成整型。

```
int x;
x=(int)6.6666666;
```

则 x 的值为 6。

【例 6.14】 强制类型转换运算。

```
#include<stdio.h>
void main()
```

```
{
    float i;
    int x1,x2,x3,x4;
    i=8.666;
    x1=i;              /*自动类型转换*/
    x2=(int)i%3;       /*强制类型转换后参与运算*/
    x3=(int)(i*3);     /*将 i*3 的结果强制转换为 int */
    x4=(int)i*3;
    printf("x1=%d,x2=%d,x3=%d,x4=%d,i=%f\n",x1,x2,x3,x4,i);
}
```

运行情况：

x1=8,x2=2,x3=25,x4=24,i=8.666000

由于强制转换的运算优先级较高（见附录Ⅱ），表达式“(int)i%3”先将 i 的值强制转换为 int 型后，再与 3 进行“%”运算。

★注意：对于变量 i，无论是自动类型转换，还是强制类型转换，都不会改变变量 i 的数据类型和值。

6.2.5　符号常量

除了直接通过数值的表现形式之外，C 语言还可以通过宏定义来表示常量，格式如下：

#define 标识符 A 字符串 B

其功能是用标识符 A 来代表字符串 B。

【例 6.15】 输入圆球半径，输出该球的表面积和体积。

源程序：

```
#include<stdio.h>
#define   PI   3.1415926   /*宏定义，用 PI 代表 3.1415926*/
void main()
{
  int r;
  double s,v;
  printf("请输入半径：");
  scanf("%d",&r);            /* 输入变量 r 的值，变量名 r 前面要加& */
  s=4*PI* r*r;
  v=(4.0/3)*PI*r*r*r;
  printf("圆球表面积为：%.2f,体积为：%.2f\n",s,v);       /*输出结果*/
}
```

运行情况：

请输入半径：<u>5</u>

圆球表面积为：314.16，体积为：523.60

程序的第 2 行：

#define　PI　3.1415926

该行称为宏定义，它的作用是在本程序中用指定的标识符 PI 来代替“3.1415926”，在编译预处理时，程序中出现该命令以后的所有的 PI 都用 3.1415926 来代替。如语句 s=4*PI* r*r 中的 PI 将在编译时被处理为：s=4*3.1415926* r*r，这种机制可以使程序员以一个简单、易记的“名字”来代替一个长的、经常使用的字符串，避免程序员重复地书写同样的内容，因此，对撰写程序的效率和程序的可读性都有很大帮助。例如，程序中多次出现 3.1415926，如果频繁地手工输入，不但输入速度慢，而且容易出错。而用宏名 PI 来代替，不但书写简单，而且不会出错，并且在维护程序的时候很容易知道它的含义。当需要进一步提高此值的精度时，如要精确到小数点后 20 位，则只需在程序的开头改动#define 命令行即可，而程序中无需改动。

6.3 运算符与表达式

C 语言的运算符十分丰富，各种类型的运算符的运算规则、优先级、结合方向不尽相同。C 语言提供的运算符有以下几种：

（1）下标运算符：[]。

（2）成员运算符：. ->。

（3）强制类型转换的运算符：(类型名)。

（4）长度运算符：sizeof()。

（5）指针运算符：* &。

（6）算术运算符：+ - * / % ++ --。

（7）关系运算符：> < == >= <= !=。

（8）位运算符：<< >> ~ | ^ &。

（9）逻辑运算符：! && ||。

（10）条件运算符：?:。

（11）赋值运算符：=及复合赋值运算符。

（12）逗号运算符：,。

以上列举的运算符中，一部分已经在前面章节中学习过，如算术运算、关系运算、逻辑运算等，一部分将在后续内容中逐渐学习。本节主要学习算术运算符、复合赋值运算符、条件运算符、逗号运算符、位运算符。

6.3.1 算术运算符

算术运算符除了通常意义下的+、-、*、/、%等外，还有自增运算符++、自减运算符--，而且自增与自减运算又可细分为前置自增与后置自增、前置自减与后置自减。

设 k 为整型变量，则

++k 与 k++: 两者都是将 k 的值增 1；

--k 与 k--: 两者都是将 k 的值减 1。

其中，++k 与--k 称为前置运算，k++与 k--称为后置运算。前置运算与后置运算都是将变量的值增 1 或减 1，但两者的运算顺序和表达式的值是不一样的。

前置运算++k 的计算过程是，先把变量 k 的值加 1，即 k=k+1，再将 k 的值作为表达式++k 的值，即先自增 1（对变量而言），再运算（对表达式而言）。

后置运算 k++的计算过程是，先把 k 的值作为表达式 k++的值，再将变量 k 的值加 1，即 k=k+1，即先运算（对表达式而言），后自增 1（对变量而言）。

同理，– – k 是先将 k 的值减 1，即 k=k – 1，然后把 k 的值作为表达式 – – k 的值，k – – 是先将 k 的值作为表达式 k – – 的值，再将 k 的值减 1。

例如，设 k 的值为 5，则表达式++k 的运算过程是：先将 k 的值自增 1(先自增)，于是 k 的值为 6，再将 k 的值作为表达式++k 的值（后运算），即表达式的值也是 6。同样地，设 k 的初始值为 5，则表达式 k++的值是 5（先运算），然后再将 k 的值增 1（后自增），即 k 的值变为 6。

【例 6.16】 自增自减运算。

```
#include<stdio.h>
void main()
{
    int a=0,b=0,c=0;
    a=c++;
    b=++c;
    printf("1. a=%d,b=%d,c=%d\n\n",a,b,c);
    a=b+++b++;
    printf("2. a=%d,b=%d\n\n",a,b);
    b=--a;
    c=a--;
    printf("3. a=%d,b=%d,c=%d\n\n",a,b,c);
    a=--b+--b;
    printf("4. a=%d,b=%d\n\n",a,b);
}
```

运行情况：

```
1. a=0,b=2,c=2
2. a=4,b=4
3. a=2,b=3,c=3
4. a=2,b=1
```

自增与自减运算符都是单目运算符，其运算的优先级高于其他的算术运算（+、–、*、/、%），“a=b+++b++”相当于“a=(b++)+(b++)”，“a= – – b+ – – b”相当于“a=(– – b)+(– – b)”。

需要特别说明的是，自增与自减运算符的结合方向是自右向左的，运算对象可以是整型变量，也可以是实型变量，但不能是常量或表达式，如 3++,(x+y)++都是不合法的表达式，而 – i++、 – i – – 是合法表达式，由于负号（单目运算）与自减运算的结合方向都是自右向左的，因此，-i--相当于-(i--)。

6.3.2 复合赋值运算符

赋值运算符“=”的作用是将右侧的数据赋给左侧的变量，如果赋值号左右两侧的数据类型不一致，编译系统自动将右侧数据转换成与左侧变量相同的类型。

在赋值表达式中，赋值运算符右侧的表达式也可以是一个赋值表达式，如：

x=y=5;

由于赋值运算符的结合方向是自右向左，因此，先计算表达式 y=5，然后将此表达式的值赋给 x。赋值表达式的值是该表达式最左侧变量的值，因此，表达式 y=5 的值为 5，赋给变量 x 后，x 的值也为 5。再如 a=(x=5)/(y=3)，其中 a 为整型，先计算括号内的表达式 x=5 和 y=3，其中变量 x 的值为 5，表达式 x=5 的值也是 5，变量 y 的值为 3，表达式 y=3 的值也是 3，因此 a 的值为 5/3，即 1。

赋值运算符可以与其他运算符组合构成复合赋值运算符，复合算术赋值运算符见表 6.9。

表 6.9　复合算术赋值运算符

运算符	名　称	示　例
+=	加赋值	a+=b 等价于 a=a+b
-=	减赋值	a-=b 等价于 a=a-b
*=	乘赋值	a*=b 等价于 a=a*b
/=	除赋值	a/=b 等价于 a=a/b
%=	求余赋值	a%=b 等价于 a=a%b

例如，a+=2 相当于先把 a 加 2，再赋值给 a，即等价于 a=a+2。如果复合赋值运算符的右侧是一个表达式，则在运算时将表达式看作一个整体，相当于有括号。

例如：a*=b+3 等价于 a=a*(b+3)，如果理解成 a=a*b+3，将得到错误的结果。同理，x%=y-1 等价于 x=x%(y-1)。

所有双目(二元)运算符均可以与赋值运算符组合成复合赋值运算符，如&=，|=，<<=，>>= 等。需要注意的是，复合赋值运算符的两个组合之间不能有空格。

6.3.3 条件运算符

条件运算符是 C 语言中唯一的一个三目运算符，其一般形式为：

表达式 1 ？表达式 2：表达式 3；

计算过程是：先计算表达式 1 的值，如果该值为真（即值为 1），则求解表达式 2 并将表达式 2 的值作为整个条件表达式的值；若表达式 1 的值为假(即值为 0)，则求解表达式 3 并将表达式 3 的值作为整个条件表达式的值。执行过程如图 6.5 所示。

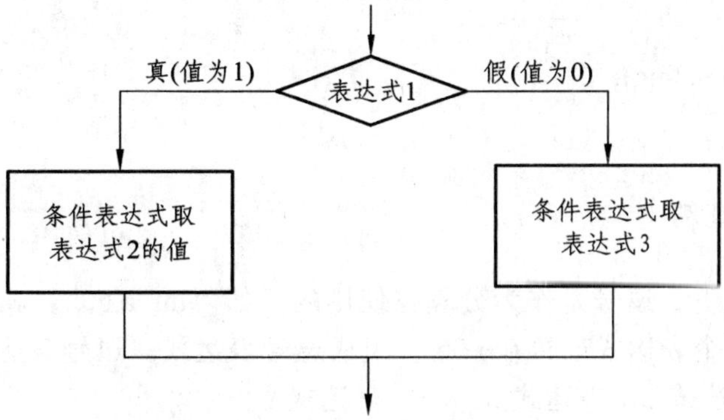

图 6.5　条件表达式求解示意图

可以看出，条件运算的执行过程与 if 语句很相似，实际上可以利用条件运算简化 if 语句，以提高程序的执行效率。

例如，求 a 与 b 的较大者，用 if 语句实现为：

```
if(a>b)
  max=a;
else
  max=b;
```

如果用条件运算，则为

```
max=a>b?a:b;
```

执行过程为：如果 a>b 成立，则将 a 赋值给 max，如果 a>b 不成立，将 b 赋值给 max。

条件运算符的优先级很低，仅高于赋值运算符。因此，表达式 max=a>b?a:b 与 max=(a>b?a:b)的运算过程与结果均相同，都是将 a 与 b 中的较大者赋值给 max。

【例 6.17】 大写字母转换成小写字母。

```
#include<stdio.h>
void main()
{
  char ch;
  ch=getchar();
  ch=(ch>='A' && ch<='Z')?(ch+32):ch;
  putchar(ch);
}
```

运行情况：

```
A
a
```

条件表达式语句“ch=(ch>='A' && ch<='Z')?(ch+32):ch;”的执行过程是，如果 ch>='A' && ch<='Z'成立，即 ch 为大写字母，则将 ch+32 赋值给 ch，即转换成小字字母。如果 ch>='A' && ch<='Z'不成立，则将 ch 赋值给 ch，即不做任何转换。

条件运算符的结合方向是自右向左的。例如，表达式：

max=a>b?a:b>c?b:c;

相当于

max=a>b?a:(b>c?b:c);

6.3.4 逗号运算符

在大部分情况下，逗号是作为分隔符使用的，如“int a,b,c;”。不过，逗号也可以作为一种运算符，将多个表达式连接在一起，组成逗号表达式。逗号表达式的一般形式为：

表达式 1，表达式 2，表达式 3，…，表达式 n

逗号表达式的结合方向是自左向右的，其计算过程是：先求解表达式 1 的值，然后计算表达式 2 的值，……，最后计算表达式 n 的值。

逗号表达式的值是所有表达式中最右边的表达式的值。例如，表达式“3+5, 3*5”的值是 15。在所有运算符中，逗号运算符的优先级最低。

例如，假设 a 是初值为 2 的整型变量，逗号表达式“(a=3*a, a*4),a+5”的计算过程是：由于逗号运算符的优先级是最低的，因此先计算括号内“a=3*a, a*4”，这也是一个逗号表达式，先计算赋值表达式“a=3*a”，由于算术运算符的优先级比赋值运算符的优先级高，先计算“3*a”，其值为 6，将 6 赋值给变量 a，即 a 的值为 6，再计算 a*4 得 24，此值为括号内的逗号表达式的值，最后计算 a+5 得 11，并且 a+5 的值为整个逗号表达式的值。

再如，以下两个表达式的值虽然都是 9，但 x 的值是不一样的：

（1）x=(a=3,a*3);

（2）x=a=3,a*3;

第（1）个式子是赋值表达式，将括号内的逗号表达式的值赋给 x，因此，x 的值是 9，整个赋值表达式的值也是 9。第（2）个式子是逗号表达式，先计算左侧的赋值表达式，a 与 x 的值都为 3，再计算右侧的 a*3 得 9，即为整个逗号表达式的值。

6.3.5 位运算符

位运算是指二进制位的运算。利用位运算，可以高效地完成许多只有汇编语言才能实现的功能，与其他高级语言相比，这是 C 语言很大的优越性。

C 语言提供的位运算符有 6 种，见表 6.10。

表 6.10 位运算符

运算符	含义	运算符	含义
&	按位与	~	取反
|	按位或	<<	左移
^	按位异或	>>	右移

其中，只有~是单目运算符，其他 5 个位运算符均为双目（二元）运算符，即要求运算对象是两个。

位运算的运算对象必须是整型或字符型数据，其运算规则是：先将两个运算对象转化为二进制，然后按位运算。

★注意：在进行位运算时，所有的数据都是以补码的形式进行运算。

1. 位逻辑运算符

位逻辑运算符有 4 种，位逻辑运算结果见 6.11。

表 6.11　位逻辑运算结果

a	b	~a	a&b	a|b	a^b
0	0	1	0	0	0
0	1	1	0	1	1
1	0	0	0	1	1
1	1	0	1	1	0

用语言可描述为：

按位非“~”运算符：按二进制位逐位取反，即 0 变 1，1 变 0；

按位与“&”运算符：按二进制位“与”运算，如果两个相对应的二进制位都为 1，则该位的运算结果为 1，否则为 0。

按位或“|”运算符：按二进制位“或”运算，两个相对应的二进制位中有一个为 1，则该位的运算结果为 1，否则为 0。

按位异或“^”运算符：若两个相对应的二进制位不同，则结果为 1，否则为 0。

例如：3&5 的计算过程为：

$(3)_{10}=(00000011)_2$(高位的 24 个 0 省略，以下同)，$(5)_{10}=(00000101)_2$，于是

```
   3      00000011
   5    & 00000101
-------------------
   1      00000001
```

因此，3&5 的运算结果是 1。

$(-3)_{10}=(11111101)_2$(高位的 24 个 1 省略，以下同)，$(-5)_{10}=(11111011)_2$，于是

```
  -3      11111101
  -5    & 11111011
-------------------
  -7      11111001
```

因此，－3&－5 的运算结果是－7。

3^5 的结果为 6：

```
   3      00000011
   5    ^ 00000101
-------------------
   6      00000110
```

利用位运算符，可以进行一些高效的运算，假如需要取出某数值的后 4 位，可以让该数据与 00001111 按位与。

例如，取出 00110110 的后四位的运算：

```
  00110110
& 00001111
----------
  00000110
```

将 10110110 的后四位全部改为 1 的运算 ——按位或：

```
  00110110
| 00001111
----------
  00111111
```

【例 6.18】 交换两个变量的值。

```
#include<stdio.h>
void main()
{
    int a=3,b=5;
    printf("a=%d,b=%d\n",a,b);
    a=a^b;
    b=b^a;
    a=a^b;
    printf("a=%d,b=%d\n",a,b);
}
```

运行情况：

```
a=3,b=5
a=5,b=3
```

本程序中最关键的语句是三个赋值语句。第一个赋值运算“a=a^b”使 a 的值发生了改变，第二个赋值运算“b=b^a”相当于“b=b^(a^b)”，而“b^(a^b)”等于“a^b^ b”，“b^ b”的值为 0，故“a^b^ b”相当于“a^0”，于是“b=b^a”等价于“b=a”，即 b 的值是原来的 a 的值。

由于经过第一个赋值语句后，a 的值是“a^b”。经过第二个赋值语句后，b 的值是“b^(a^b)”，其中的 a、b 的值都是原来的 a、b 的值(即分别是 3 和 5)。因此，第三个赋值运算“a=a^b”相当于“a=(a^b)^(b^(a^b))”，即“a=a^b^b^a^b”，等价于“a=b”，即 a 的值是原来的 b 的值。

由此运算过程可知，无需临时变量，直接利用按位异或运算，可轻松地实现两个数的交换。

这三个赋值语句“a=a^b;b=b^a;a=a^b;”在功能上相当于一个连续的赋值语句：“a^=b^=a^=b；”，请读者自行验证。

2. 位移运算符

位移运算符有两种：左移运算符“<<”与右移运算符“>>”。位移运算符是双目运算符，它们的作用是对运算数据以二进制位的方式进行左移或右移的操作。具体的运算规则如下：

a<<n：将 a 的每个二进制位向左移 n 位，从左边移出的高位部分被丢弃，右边空出的低

位部分补 0。

a>>n：将 a 的每个二进制位向右移 n 位，从右边移出的低位部分被丢弃，左边空出的高位如何补位，对于不同的数据和 C 语言编译器，其处理方式会所有不同。对于无符号数，左边空出的高位部分补 0。对于有符号数，有的编译器不管符号位是 0（即正数）还是 1（即负数），左边空出的高位都是补 0，称为逻辑右移；有的编译器，如果符号位是 0（即正数），则左边空出的高位补 0，如果符号位是 1（即负数），则左边空出的高位补 1，称为算术右移。Turbo C 和 VC++采用的是算术右移。

这里，a 和 n 都是整型数据，n 只能是正数，且不能超过机器字所表示的二进制位数。

例如：假设 a 是初值为 5 的整型变量，a<<2 表示将 a 的二进制位左移 2 位，右端补 0：

a：　00000101（十进制数 5）

a<<2：　00010100（十进制数 20）

假设 a 是初值为－5 的整型变量，a>>2 表示将 a 的二进制位右移 2 位，左端补 1：

a：　11111011（十进制数－5）

a>>2：　11111110（十进制数－2）

例如：假设 a 是初值为 32 的整型变量，a<<1 与 a<<2 的结果如下所示：

a：　00100000（十进制数 32）

a<<1：　01000000（十进制数 64）

a<<2：　10000000（十进制数 128）

可以看出，在高位为 0 的情况下，左移 1 位相当于乘以 2，左移 n 位相当于乘以 2^n。

右移运算与左移运算相似。

例如：假设 a 是初值为 58 的整型变量，a>>1 与 a>>2 的结果如下所示：

a：　00111010（十进制数 58）

a>>1：　00011101（十进制数 29）

a>>2：　00001110（十进制数 14）

在低位为 0 的情况下，右移一位相当于除以 2，右移 n 位相当于除以 2^n。

位运算可以与赋值运算组合成复合赋值运算。例如 a>>=2 相当于 a=a>>2，即将 a 右移两位后赋值给 a。

6.3.6　其他运算符

1. 长度运算符

长度运算符 sizeof 是一个单目运算符，其值是变量或数据类型所占的字节。

【例 6.19】 sizeof 的使用。

```
#include<stdio.h>
void main()
{
    int a;
    float f;
```

```
    printf("int-->%d\nlong-->%d\nfloat-->%d\ndouble-->%d\n\n",sizeof(a),sizeof(long),sizeof(f),size
of(double));
}
```

运行情况：

```
int-->4
long-->4
float-->4
double-->8
```

printf 语句中的 sizeof(a)、sizeof(f)是求变量 a、f 所占的字节数，输出结果均为 4，即变量 a、f 均占 4 个字节。sizeof(long)、sizeof(double)是求编译系统为 long 型和 double 型变量所分配的存储单元所占的字节数，输出结果分别是 4 和 8，即 long 型变量占 4 个字节，double 型变量占 8 个字节。

2. 特殊运算符

除以上介绍的运算符外，在后续章节中，将学习一些特殊的运算符，每个运算符都有其独特的功能，见表 6.12。

表 6.12　特殊运算符

运算符		功　能
()	括号运算符	改变运算顺序
[]	下标运算符	数组下标
*	指针运算符	指针变量所指向的地址的内容
—>	指向结构体成员运算符	结构体的成员
.	结构体成员运算符	

6.3.7　运算符的优先级

与数学中的运算符一样，C 语言的运算符也是有优先级的。C 语言中的运算符优先级共分为 15 级，1 级最高，15 级最低，参见附录Ⅱ。

一般来说，单目运算符优先级高于双目运算符，双目运算符（除赋值运算符外）优先级高于三目运算符，如逻辑非、按位取反、自增、自减等单目运算符高于乘、除、移位、按位与等双目运算符。

双目运算的运算优先次序是：算术运算符、关系运算符、逻辑运算符和赋值运算符。各种运算的优先级可参见附录Ⅱ。

对于同一优先级的运算符，运算次序由结合方向决定。C 语言中运算符的结合性有两类，左结合（自左向右）和右结合（自右向左）。单目运算符、三目运算符（条件运算符）和赋值运算符的结合方向都是自右向左的，其他运算符的结合方向是自左向右。例如，乘法与除法具有相同的优先级，且结合方向是自左向右，因此，2*3/4 的运算次序是先算乘法 2*3，得到的结果再除以 4。

习　　题

1. 将下表中的数据补充完整，其中每一行表示相同的数据用不同的进制表示。

二进制	10 进制	8 进制	16 进制
	10		
		032	
00000010110101			
			0x10af

2. 有以下程序

```
#include<stdio.h>
void main()
{
    int i ,j,m,n;
    i=6;
    j=10;
    m=i++;
    n=++j+i;
    printf("%d,%d,%d,%d\n",i,j,m,n);
}
```

程序进行后的输出结果是____________。

3. 分别写出经过下面赋值表达式运算后 a 的值，设 a 是整型变量且初始值为 10：

（1）a+=a

（2）a－=a

（3）a*=a+1

（4）a/=a+1

（5）a%=(a%=3)

（6）a+=a－=a*=a

4. 有以下程序

```
void main()
{
    int x=22;
    char z='a';
 printf("%d\n",(x&11)&&(z>'A'));
}
```

程序进行后的输出结果是____________。

5. 有以下程序

```
void main()
{
    int m=2,n=4,a=4,b=6,c=9,d=8;
    m=(m=a>b)&(n=n<d);
```

```
    n=m>b?c&d:c|d;
    printf("%d,%d",m,n);
}
```

程序进行后的输出结果是______________。

6. 编写一个程序实现两个数的四则运算。如输入 2+4，则输出 2+4=6，输入 4*5，则输出 4*5=20。

7. 编写两个函数，输入一个十六进制数，分别输出对应的十进制数和二进制数，在主函数中调用这两个函数。

8. 编写两个函数分别求出两个数的最大公约数和最小公倍数，在主函数中输入两个正整数，调用编写好的两个函数输出它们的最大公约数和最小公倍数。

第 7 章　数　组

前面几章介绍的数据类型有整型、实型和字符型，它们都属于基本数据类型。用基本数据类型定义的变量，也称为简单变量，其存储特点是：每个变量是单独存放。

例如：int a=12;

```
char b='x';
float c=5.6;
```

各变量单独存储，无任何联系。

在 C 语言中，数据类型除了前面已介绍的几种基本数据类型之外，还提供了一些更为复杂的数据类型，称为构造类型，它是由基本数据类型构造而成的。如数组、结构体、共用体、枚举等。

数组是最基本的构造类型，它是一组相同类型数据的有序集合。数组中的每个数组元素都属于同一种数据类型，用数组名和下标可以唯一地确定数组元素，其存储特点是：连续存放。

7.1　某门课程多名学生的成绩统计

7.1.1　程序分析

【例 7.1】从键盘输入某门课程 10 名学生的成绩（整数），求平均成绩，并找出最高分和最低分。

源代码：

```
#include <stdio.h>
void  main()
{
      int   score[10], i, sum, max, min;

      printf(" Please input 10 scores(departed by space):\n ");   /*输入 10 个成绩*/
      for( i = 0; i < 10; i++)
           scanf("%d", &score[i]);
      sum = max = min = score[0];           /*预置累加和、最高、最低分*/
      for(i = 1; i < 10;i++)
      {
          sum += score[i];                  /*累加求和*/
```

```
        if (score[i] > max)            /*求最高分*/
            max = score[i];
        if (score[i] < min)            /*求最低分*/
            min = score[i];
    }
    /*输出结果*/
    printf("\naverage=%4.1f, max=%d, min=%d\n", (float)sum / 10, max, min);
}
```

运行情况：

Please input 10 scores(departed by space):
<u>10 20 30 40 50 60 70 90 80 100</u>
average=55.0,max=100,min=10

程序的功能是输入 10 个成绩（整数），然后计算平均成绩，并找出最高分和最低分。这就要求保存输入的 10 个整数，然后再进行处理。程序中用一个整型数组，而不是 10 个整型变量来存放输入的 10 个整数。

定义了一个整型数组 score 后，在内存中连续分配 10 个单元，用数组元素 score[0]，…，score[9]表示，这些元素的类型都是整型，由数组名 score 和下标唯一地确定。当数组 score 接收输入数据后，相应内存单元的存储内容如图 7.1 所示。

score	10	20	30	40	50	60	70	90	80	100
	score[0]	score[1]	score[2]	score[3]	score[4]	score[5]	score[6]	score[7]	score[8]	score[9]

图 7.1　score 数组元素的存放

当一批数据的类型相同时，可用一个数组来存放，用下标来相互区分。它的优点是表达整洁，可读性好，便于使用循环结构，可以有效地处理大批量的数据，能提高工作效率，十分方便。

7.1.2　一维数组的定义

一维数组定义的一般形式为：

类型名 数组名[数组长度];

说明：

（1）类型名是任一种基本数据类型或构造类型，指定数组中每个元素的类型。

（2）数组名是数组变量（以下简称数组）的名称，是一个合法的标识符。

（3）方括号中的数组长度是一个整型常量表达式，表示数组元素的个数。

例如：

int a[10];　　　定义整型数组 a，有 10 个元素。

double b[20];　定义双精度实型数组 b，有 20 个元素。

char ch[100];　定义字符型数组 ch，有 100 个元素。

★注意：

（1）数组名的命名规则和简单变量名的命名规则相同，应符合标识符的书写规定。

（2）常量表达式的值确定了数组元素的个数，如 a[5]表示数组 a 有 5 个元素。

（3）数组名后只能用方括号括起来的常量表达式（常量或符号常量），不允许是 0、负数和浮点数，也不能包含变量，即 C 语言不允许对数组作动态定义。

以下定义数组的定义方式都是不正确的：

① int a(10);

② double b[6.5];

③ int n = 6;
double c[n];

（4）可以用符号常量对数组进行定义，例如：

```
#define N 10
void main()
{
    int score[N];
    ⋮
}
```

（5）数组的定义可以与普通变量的定义出现在同一个定义语句中。

例如：int a,b,x[20];

7.1.3　一维数组的存储

定义了一维数组后，在内存中用连续的内存单元存放各个元素，即数组元素在内存中是按下标递增的顺序连续存储的。如：

int a[5];

C 编译程序在内存中开辟了 5 个连续的内存单元，用于存放数组 a 的 5 个元素 a[0]，⋯，a[4]的值，相应内存存储单元如图 7.2 所示。

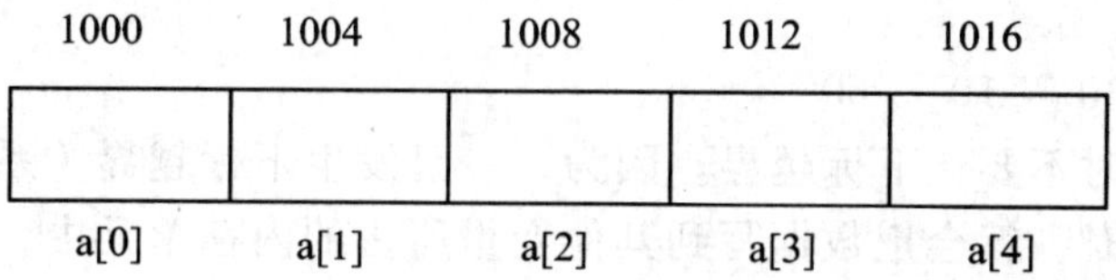

图 7.2　数组元素的存储

保存数组所需的存储空间与数组元素的基本类型、数组长度有关，其总的字节数为：

总字节数 = sizeof(基本类型) × 数组长度

如上例的数组 a，若在 VC++编译系统中进行编译，则在内存中分配的总字节数为：sizeof(int) × 5=4 × 5 = 20 字节（在 VC++编译系统中，int 类型一般分配 4 个字节，而在 TC 编译系统中，一般分配 2 个字节）。

7.1.4　一维数组元素的引用

数组必须先定义后引用。C 语言规定，只能逐个引用数组元素，而不能一次引用整个数组。

引用一维数组元素的一般形式：

数组名[下标]

下标可以是整型常量或整型表达式。它的合理取值范围是[0，数组长度 - 1]，前面定义的数组 a 就有 5 个元素 a[0]、a[1]、a[2]、a[3]、a[4]，注意没有 a[5]元素，因为下标不能越界。

例如：

```
int b[5],x=4;
b[0]=7;
b[1]=9;
b[x]=b[0]+b[x - 3];
```

以上数组元素的引用都是合法的。

通常情况下，使用 for 循环结构来操作数组，数组元素的下标用循环变量来控制。

【例 7.2】 通过键盘给数组输入 5 个整数，并在屏幕上逆序输出。

源代码：

```
#include <stdio.h>
void main( )
{
    int i,a[5];

    for(i=0;i<=4;i++)
        scanf("%d",&a[i]);
    for(i=4;i>=0;i--)
        printf("%5d",a[i]);
}
```

运行情况：

```
60 10  - 30 40 50
    50    40   - 30    10    60
```

★注意：在编程时不要让下标越界。因为，一旦发生下标越界（系统并不检验下标是否越界），在输入数据时，就会把数据写到其他变量所占的内存单元中，甚至写入程序代码段中，有可能造成不可预料的运行结果。

7.1.5　一维数组的初始化

和普通变量一样，为数组元素赋值，可以通过赋值语句或输入语句来完成，也可以在定义数组的同时完成。在定义数组的同时对其数组元素赋初值，称为数组的初始化，其一般形式如下：

类型名　数组名[数组长度] = {初值表}；

其中，在{ }中的初值表即为各元素的初值，各值之间用逗号分隔。

例如：

```
int a[5]={ 0,1,2,3,4 };
```

相当于 a[0]=0;a[1]=1;a[2]=2;a[3]=3;a[4]=4;

C 语言对数组的初始化还应该注意以下几点：

（1）可以只给部分数组元素赋初值。

当{ }中值的个数少于元素个数时，只给前面部分元素赋值。

例如：

int a[10]={0,1,2,3,4};

表示只给 a[0]，…，a[4]五个元素赋值，其余元素自动为 0。

（2）只能给数组元素逐个赋值，不能给数组整体赋值。

例如，给 5 个元素全部赋值 1，只能写为：

int a[5]={1,1,1,1,1};

而不能写为：

int a[5]=1;

（3）若对全部数组元素赋初值，则在数组定义中，可以省略数组长度。

例如：

int a[5]={1,2,3,4,5};

可写为：

int a[]={1,2,3,4,5};

★注意：如果只对部分元素初始化，数组长度是不能省略的。

在进行编程时，为了改善程序的可读性，尽量避免出错，建议读者在定义数组时，不管是否对全部元素赋值，都不要省略数组长度。

【例 7.3】 数组的初始化。

源代码：

```
#include <stdio.h>
void main( )
{
    int i;
    int a[5]={1,2,3,4,5};
    int b[5]={1,2,3};
    int c[ ]={1,2,3,4,5};

    for(i=0;i<5;i++)
        printf("%d",a[i]);
    printf("\n");
    for(i=0;i<5;i++)
        printf("%d",b[i]);
    printf("\n");
    for(i=0;i<5;i++)
        printf("%d",c[i]);
    printf("\n");
```

```
}
```

运行情况：

```
12345
12300
12345
```

7.1.6 应用一维数组编程

【例 7.4】从键盘输入 6 个成绩（整数），存入一个一维数组中，将其中的最小值与第一个数组元素交换，输出交换后的 6 个数组元素。

算法设计要点：

（1）从键盘输入 6 个整数并存放在一维数组 data 中。

（2）寻找最小值。

① 使用变量 index 记录数组中值最小的元素的下标，即 data[index]就是数组中的最小值。

② 假设数组中的第一个元素 data[0]就是最小值，则 index=0。

③ 将 data[index]与其他元素 data[i]（1<=i 且 i<=5）逐一比较，

　　如果 data[i]<data[index]，则

　　　　index = i;

（3）如果 index!=0，则将 data[0]与 data[index]交换。

（4）输出 data[0] ~ data[5]的值。

假设 data[6]={60,80,95,70,30,50}，则寻找最小值的比较过程如图 7.3 所示。

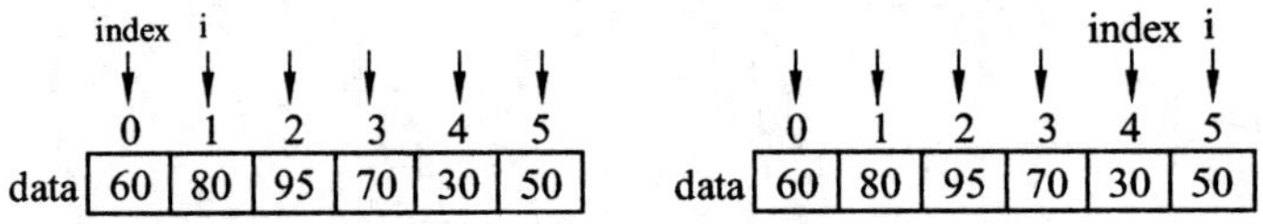

（a）　　　　（b）

图 7.3 寻找最小值的比较过程

具体过程描述为：

index=0

i=1 时，data[index]与 data[1]比较，index 的值仍为 0。

i=2 时，data[index]与 data[2]比较，index 的值仍为 0。

i=3 时，data[index]与 data[3]比较，index 的值仍为 0。

i=4 时，data[index]与 data[4]比较，index 的值为 4，发生变化。

i=5 时，data[index]与 data[5]比较，index 的值仍为 4。

源代码：

```
#include <stdio.h>
#define NUM 6                    /*定义符号常量（成绩个数）*/
void main( )
{
```

```
        int data[NUM];                 /*定义 1 个一维整型数组 data*/
        int i,temp,index;

        printf("Please input 6 numbers:\n");
        for(i=0; i<NUM; i++)
            scanf("%d", &data[i]);
        index=0;            /*假设 data [0]的值是最小的，即下标为 0 的元素最小*/
        for(i=1; i<NUM; i++)            /*在数组元素 data [1]，…，data [NUM-1]间找最小值下标*/
           if(data[i]<data[index])
                index=i;
        if(index!=0)           /*最小数下标不是 0，则 data[0]和 data[index]交换*/
           {
                temp=data[0];
                data[0]=data[index];
                data[index]=temp;
           }
        printf("\nthe result is \n");
        for(i=0; i<NUM; i++)
               printf("%d ",data[i]);
}
```

运行情况：

Please input 6 numbers:

60 80 95 70 30 50

the result is:

30 80 95 70 60 50

【例 7.5】 从键盘输入某门课程 6 名学生的成绩（整数），要求按从小到大的顺序在屏幕上显示出来。

算法设计要点：

（1）从键盘输入 6 个成绩并存放在一维数组 data 中。

（2）用选择法对 data[0]，…，data[5]进行排序。使数值按从小到大的顺序依次存放在 data[0]，…，data[5]中。

（3）输出 data[0]，…，data[5]的值。

排序的方法有很多，本题采用选择法。若有 n 个数存放在数组 data [n]中，则用选择法排序的过程可描述为：

（1）第一趟排序，在未排序的 n 个数（data[0]，…，data[n－1]）中找出最小数，将它与 data[0]交换。

（2）第二趟排序，在剩下的未排序的 n－1 个数（data[1]，…，data[n－1]）中找出最小数，将它与 data[1]交换。

（3）重复上述操作，共进行 n－1 趟排序后，排序结束。

算法用程序流程图描述如图 7.4 所示。

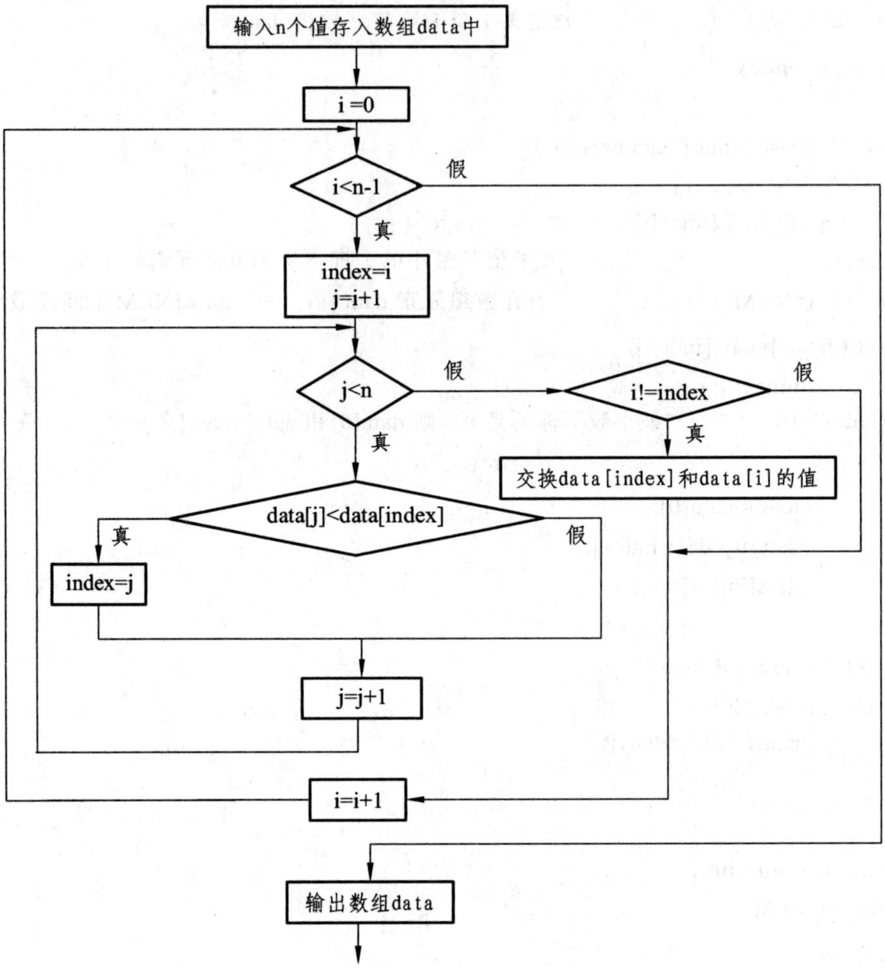

图 7.4 选择排序算法的程序流程图

data[6]={60，80，95，70，30，50}的排序情况如图 7.5 所示。

下标	0	1	2	3	4	5	
初始化	60	80	95	70	30	50	
第1趟	30	80	95	70	60	50	找出data[0],…,data[5]中最小值data[4]，data[0]与data[4]交换
第2趟	30	50	95	70	60	80	找出data[1],…,data[5]中最小值data[5]，data[1]与data[5]交换
第3趟	30	50	60	70	95	80	找出data[2],…,data[5]中最小值data[4]，data[2]与data[4]交换
第4趟	30	50	60	70	95	80	找出data[3],…,data[5]中最小值data[3]，data[3]不变
第5趟	30	50	60	70	80	95	找出data[4],…,data[5]中最小值data[5]，data[4]与data[5]交换

图 7.5 数组 data 的排序过程

具体过程描述为：

（1）第一趟排序，在 data[0]，…，data[5]之间找出最小的数，将它与 data[0]交换。

（2）第二趟排序，在余下的 data[1]，…，data[5] 之间找出最小的数，将它与 data[1]交换。重复进行 5 趟后，整个排序过程结束。

源代码：

```
#include <stdio.h>
#define NUM 6                           /*定义符号常量（成绩个数）*/
void main( )
{
    int data[NUM];                      /*定义 1 个一维整型数组 data*/
    int i,j,temp,index;

    printf("Please input 6 numbers:\n");
    for(i=0; i<NUM; i++)
        scanf("%d", &data[i]);
    /*选择法排序*/
    for(i=0; i<NUM-1; i++)                      /*外循环：控制排序趟数*/
    {
        index=i;
        for(j=i+1; j<NUM; j++)                  /*内循环：进行每趟比较，找最小数下标*/
            if(data[j]<data[index])
                index=j;
        if(i!=index)        /*每趟最小数下标不是 i，则 data[i]和 data[index]交换*/
            {
                temp=data[i];
                data[i]=data[index];
                data[index]=temp;
            }
    }
    /*输出排序后的数据*/
    printf("\nthe result of sort:\n");
    for(i=0; i<NUM; i++)
        printf("%d ",data[i]);
}
```

运行情况：

```
Please input 6 numbers:
60 80 95 70 30 50
the result of sort:
30 50 60 70 80 95
```

7.2 多门课程多名学生的成绩统计

7.2.1 程序分析

【例 7.6】 有 5 个学生，学习 3 门课程，已知每个学生的各科成绩，分别输出每个学生的各门课程成绩、个人平均成绩以及每门课程的平均成绩（数值保留 1 位小数）。

假如，学生的各科成绩表如图 7.6 所示。

姓名	课程1	课程2	课程3
学生1	78	85	83
学生2	88	91	89
学生3	72	65	54
学生4	86	88	75
学生5	69	60	50

图 7.6 学生成绩表

源代码：

```
#include <stdio.h>
void main( )
{
    int i,j;
    float std[5]={0},course[3]={0};       /*定义两个一维数组分别存放个人和课程的平均成绩*/
    float score[5][3]={{78,85,83},{88,91,89},{72,65,54},{86,88,75},{69,60,50}};

    for(i=0;i<5;i++)
    {
        for(j=0;j<3;j++)
            std[i] += score[i][j];        /*求第 i 个人的总成绩*/
        std[i]/= 3;                        /*求第 i 个人的平均成绩*/
    }
    for(j=0;j<3;j++)
    {
        for(i=0;i<5;i++)
            course[j] += score[i][j];     /*求第 j 门课程的总成绩*/
        course[j]/=5;                      /*求第 j 门课程的平均成绩*/
    }
    /*输出每个学生的各科成绩和个人平均成绩*/
    printf("姓名课程 1课程 2课程 3平均成绩\n");
    for(i=0;i<5;i++)
    {
        printf("学生%d\t",i+1);
        for(j=0;j<3;j++)
            printf("%6.1f\t",score[i][j]);
        printf("%6.1f",std[i]);
```

```
            printf("\n");
        }
        /*输出每门课程的平均成绩*/
        printf("课程平均");
        for(j=0;j<3;j++)
            printf("%6.1f\t",course[j]);
        printf("\n");
    }
```

运行情况：

姓名	课程 1	课程 2	课程 3	平均成绩
学生 1	78.0	85.0	83.0	82.0
学生 2	88.0	91.0	89.0	89.3
学生 3	72.0	65.0	54.0	63.7
学生 4	86.0	88.0	75.0	83.0
学生 5	69.0	60.0	50.0	59.7
课程平均	78.6	77.8	70.2	

本例中，定义了 1 个二维数组 score[5][3]分别存放 5 个学生的 3 门课程成绩；定义 1 个一维数组 std[5]存放每个学生的平均成绩即行平均值；定义 1 个一维数组 course[3]存放每门课程平均成绩即列平均值。二维数组元素的访问一般使用两层嵌套循环来实现：外层循环控制行，内层循环控制列。

7.2.2　二维数组的定义

C 语言允许定义和使用多维数组，本节以二维数组为例来介绍多维数组。二维数组主要用于处理矩阵和二维表。

二维数组定义的一般形式为：

类型名 数组名[行长度][列长度];

其中，行长度表示第一维下标的长度，指定二维数组的行数；列长度表示第二维下标的长度，指定了二维数组的列数。

例如：

```
float a[2][3];
```

说明了一个 2 行 3 列的二维数组 a，共有 6 个元素，每个元素的类型为单精度实型。6 个元素分别为：

```
a[0][0],a[0][1],a[0][2]
a[1][0],a[1][1],a[1][2]
```

7.2.3　二维数组的存储

二维数组从概念上可理解为行-列矩阵，但实际硬件存储器却是连续编址的，是一维的。

在 C 语言中，定义二维数组后，编译系统会为数组开辟一块连续的存储空间，二维数组是按行优先存放（即先放第 0 行的元素，之后是第 1 行……），其中每一行的元素再按照列的顺序存放。如数组 a 中各元素在内存中的存放形式如图 7.7 所示。

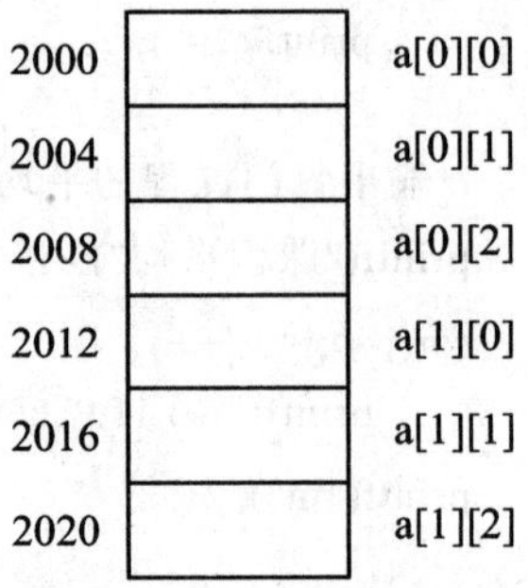

图 7.7　二维数组在内存中的存放形式

保存二维数组所需的存储空间与数组元素的基本类型、数组的行长度、列长度有关，其总的字节数为：

总字节数 = sizeof(基本类型) × 行长度 × 列长度

如上例的数组 a，在内存中分配的总字节数为：sizeof(float) × 2 × 3=4 × 6 = 24 字节。

7.2.4　二维数组的引用

二维数组元素的引用需要指定两个下标，即行下标和列下标，其表示的形式为：

数组名[行下标][列下标]

两个下标可以是整型常量或整型表达式。其中，行下标的合理取值范围是[0，行长度 – 1]，列下标的合理取值范围是[0，列长度 – 1]。注意下标的最大取值，不能越界。

例如：

```
float a[3][4],b[5][3];
int x=1,y=3;
a[x+1][y]=9;
b[0][y - 1]=a[2][3]*4;
```

以上数组元素的引用都是合法的。

【例 7.7】 二维数组的输入输出。

源代码：

```
#include <stdio.h>
void main( )
{
    int i,j;
    float x[3][3];

    for(i=0;i<3;i++)                /*从键盘输入二维数组元素的值*/
        for(j=0;j<3;j++)
            scanf("%f",&x[i][j]);
    for(i=0;i<3;i++)             /*在屏幕上按行输出二维数组元素的值*/
    {
        for(j=0;j<3;j++)
            printf("%5.2f",x[i][j]);
        printf("\n");
    }
}
```

运行情况：

```
1 2 3 4 5 6 7 8 9
 1.00 2.00 3.00
 4.00 5.00 6.00
 7.00 8.00 9.00
```

7.2.5 二维数组的初始化

定义二维数组并初始化的方法有以下几种：

（1）按存放顺序赋初值。

一般形式为：类型名 数组名[行长度][列长度] = {初值表}；

根据数组元素在内存中的存放顺序，把初值表中的数据依次赋给各个数组元素。

例如：int x[2][3]={1,2,3,4,5,6};

此时，x 数组中各元素为：x[0][0]=1，x[0][1]=2，x[0][2]=3,，x[1][0]=4，x[1][1]=5，x[1][2]=6。

（2）按行赋初值。

一般形式为：类型名 数组名[行长度][列长度] = {{初值表 0}，…，{初值表 k}，…}；

把初值表 k 中的数据依次赋给第 k 行的数组元素。

例如：int x[2][3]={{1,2,3},{4,5,6}};

此时，x 数组中各元素的值同上。

（3）部分元素赋初值，其余元素值自动为 0。

例如：int x[2][3]={1,2,3};

此时，x 数组中各元素为：x[0][0]=1，x[0][1]=2，x[0][2]=3，x[1][0]=0，x[1][1]=0，x[1][2]=0。

例如：int x[2][3]={{1,2},{0,4}};

此时，x 数组中各元素为：x[0][0]=1，x[0][1]=2，x[0][2]=0,，x[1][0]=0，x[1][1]=4，x[1][2]=0。

（4）如对全部元素赋初值，则可省略行长度，但无论何种情况，列长度都不能省略。

例如：int x[][3]={1,2,3,4,5,6};或 int x[][3]={{1,2,3},{4,5,6}};

此时，x 数组中各元素为：x[0][0]=1，x[0][1]=2，x[0][2]=3,，x[1][0]=4，x[1][1]=5，x[1][2]=6。

与一维数组的情况类似，建议读者在定义二维数组时，不要省略行长度。

7.2.6 应用二维数组编程

【例 7.8】有一个 3×4 的矩阵，找出其中最大值，以及它所在的行和列。

算法设计要点：定义一个二维数组 a[3][4]存放矩阵的值，用变量 row 和 col 分别记录最大值的行下标和列下标，则最大值就是 a[row][col]。

源代码：

```
#include <stdio.h>
void main( )
{
    int i,k,row=0,col=0,max;
    int a[3][4]={{5,2,1,4},{10,12,6,5},{0,7, - 2,3}};
```

```
        max=a[0][0];
        for (i=0;i<=2;i++)                  /*求最大的元素值以及所在行下标和列下标*/
            for (k=0;k<=3;k++)
                if (a[i][k]>max)
                {
                    max= a[i][k];
                    row=i;
                    col=k;
                }
        printf("max=%d,row=%d,col=%d\n",max,row+1,col+1); /*输出最大元素值以及所在的行和列*/
    }
```

运行情况：

```
max=12,row=2,col=2
```

程序中用两层嵌套循环遍历数组元素，找出最大值及其行下标和列下标，并输出最大值及其所在的行（行下标+1）和列（列下标+1）。

由于 C 语言中二维数组的行（列）下标从 0 开始，而数学里矩阵或二维表的行（列）从 1 开始，因此，在用二维数组表示二维表和矩阵时，二维数组的行（列）下标与矩阵或二维表的行（列）相差 1。

7.3 统计字符串中数字字符的个数

7.3.1 程序分析

【例 7.9】 输入一个以回车符结束的字符串（少于 80 个字符），统计其中的数字字符个数。

C 语言没有专门的字符串变量，字符串的存储必须通过字符数组来实现。一维字符数组用于存储 1 个字符串，每个元素存放 1 个字符。

源代码：

```
#include <stdio.h>
#include <string.h>
void main( )
{
    int count=0,i=0;
    char str[80];                    /*定义字符数组存放字符串*/
    printf("请输入一个字符串：\n");
    while((str[i]=getchar())!='\n')   /*输入字符串*/
        i++;
    str[i]='\0';
    for(i=0; str[i]!='\0';i++)        /*统计字符串中数字字符的个数*/
```

```
        if(str[i]>='0'&&str[i]<='9')
            count++;
    printf("count=%d\n",count);    /*输出字符串中数字字符的个数*/
}
```

运行情况：

请输入一个字符串：

There are 13245 computers

count=5

7.3.2　字符数组的定义

字符数组是用来存放字符型数据的数组，字符数组中的每一个元素存放一个字符，字符数组可以用于存放字符串。

一维字符数组的定义与普通数组类似，一般形式为：

char 数组名[数组长度];

例如：

char c[5];

定义了一个有 5 个元素的字符数组 c，可以存放 5 个字符，或者存放一个长度不大于 5 的字符串。

字符数组同样有二维的，例如：

char c[3][4];

定义一个有 12 个元素的二维字符数组 c，可存放 12 个字符。

7.3.3　字符数组的存储

同普通数组一样，系统在内存为字符数组分配若干（和数组元素个数相同）连续的存储单元，每个存储单元占 1 个字节。

例如：

char c[5];

则数组 c 中各元素在内存中的存放形式如图 7.8 所示，共分配 5 个字节。

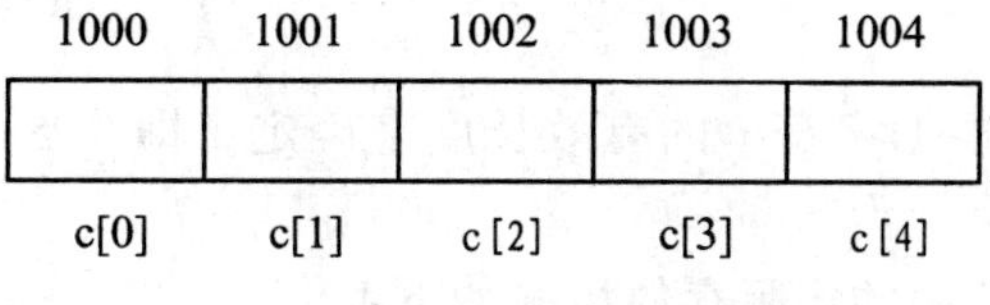

图 7.8　字符数组在内存中的存放形式

7.3.4　字符数组的初始化

在 C 语言中没有专门的字符串变量，字符串都是作为特殊的一维字符数组来处理的。

字符数组的初始化与数值型数组相似，可以逐个元素初始化，例如：

```
char c[5]={'c', 'h', 'i', 'n', 'a'};
```

说明：

（1）如果对全部元素进行初始化，则在定义时可省略数组长度，系统会根据初值的个数确定字符数组的长度。如：

```
char c[ ]={'c', 'h', 'i', 'n', 'a'};
```

但建议不要省略数组长度。

（2）当对部分元素进行赋初值时，则只将这些字符赋给数组中前面那些元素，其余元素自动定为空字符（即'\0'）。

7.3.5 字符串

字符串常量就是用一对双引号括起来的字符序列，如："china"。

C 语言规定以'\0'作为字符串的结束符，它占用存储空间，但不计入字符串的有效长度（即有效字符的个数）。例如，字符串"china"的有效长度是 5，而在内存中占用 6 个字节的存储空间。

★ 注意：字符串是由有效字符和字符串结束符'\0'组成的。

1. 字符串的存储

在 C 语言中，没有专门的字符串变量，字符串都是作为特殊的一维字符数组来处理，即可以使用字符数组来存储字符串。

例如：

```
char s[6]={'c', 'h', 'i', 'n', 'a', '\0'};
```

或者

```
char s[6]={"china"};
```

或者省略大括号

```
char s[6]="china";
```

将字符串存储到字符数组时，由于它有一个结束标志'\0'，则数组长度至少是字符串的有效长度+1。例如，字符串"china"有 5 个字符，在内存却要占用 6 个字节的存储空间，因为最后一个字节用于存放字符'\0'，则字符数组的长度至少是 6。

此外，也可以用以下形式进行定义：

```
char s[ ]="china";
```

此时，数组长度由系统根据字符串的有效长度来确定，即为 5+1 = 6。但建议不要省略数组长度。

上面的数组 s 在内存中的实际存储情况如下：

c	h	i	n	a	\0
s[0]	s[1]	s[2]	s[3]	s[4]	s[5]

2. 字符串的输入和输出

（1）使用 getchar 函数与 putchar 函数逐个输入与输出字符。例如，可以通过以下程序，实现将字符串中的字符逐个输入与输出。

```
#include<stdio.h>
void main( )
{
    char s[20];
    int i=0;
    while((s[i]=getchar())!='\n')    /*输入小于 20 个字符的字符串，并以回车作为输入的结束*/
        i++;
    s[i]='\0';
    for(i=0; s[i]!='\0';i++)         /*输出'\0'之前的所有有效字符*/
        putchar(s[i]);               /*注意此处使用数组元素*/
}
```

由于'\0'是字符串的结束符，因此，在对字符串的操作时，可通过'\0'判断字符串是否结束。

（2）使用格式控制说明%s 直接输入或输出字符串。例如，可以通过以下程序段，实现整个字符串一次输入与输出。

```
char   s[20];
scanf("%s",s);   /*注意此处用数组名 s，表示数组的首地址*/
printf("%s",s);  /*注意此处用数组名 s，表示数组的首地址*/
```

★ 注意：

（1）调用 printf 函数，以%s 的格式输出字符串时，输出参数列表为地址。

（2）C 语言规定，用 scanf 函数输入字符串时，遇空格或回车键便认为一个字符串结束，并自动将输入的数据和字符串结束符'\0'存入数组中。

（3）调用 printf 函数输出字符串时，输出第一个'\0'前的所有有效字符。

若输入的字符串中包含空格，将只把空格前的部分字符赋给数组。

在以上的代码段中，若输入：very good!

则输出：very

从输出结果可以看出，空格以后的字符都未能输出。若要完整的输入和输出上述字符串"very good! "，可类似于上例利用 getchar 函数与 putchar 函数将字符逐个输入与输出，也可以利用字符串的输入函数 gets 和输出函数 puts。关于 gets 函数和 puts 函数使用，将在第 8 章中进行介绍。

★ 注意：调用 scanf 函数和 printf 函数，并使用%s 作为格式控制说明输入和输出字符串，输入地址列表或输出参数列表都只需要使用数组名即可。

在 C 语言中，数组名即是数组的首地址，关于这部分内容将会在第 8 章中进行介绍。

练习 7-1　比较'a'与"a"的区别。

习　　题

1. 编程，从键盘上输入 n 个整数，按逆序输出这些数。

2. 编程，已知某同学某门课程的平时、实习、测验和期末成绩，求该同学该门课程的总评成绩。其中，平时、实习、测验和期末分别占10%、20%、20%、50%。

3. 编程，输入n个整数，将最小值与第一个数交换，最大值与最后一个数交换，然后输出交换后的n个数。

4. 编程，已有一个已排好序的数组（由小到大），今输入另一个数，要求仍然有序。

5. 编程，有一个3×4的矩阵，找出其中最小的那个元素，以及它所在的行和列。

6. 编程，输出一个3行4列（记作3×4）矩阵A的转置矩阵A^T（行列互换）。

7. 编程，求3×3矩阵的主对角线上元素之和。

8. 编程，求6×6矩阵下三角形元素之和。

9. 编程，输入一个字符串，然后以反序输出。

10. 编程，输出给定的字符串的长度。

11. 编程，输入一行字符，要求统计有多少个单词。

12. 编程，密码输入程序。设计要求：以星号‘*’代替密码字符的显示，6≤密码长度≤12。

第8章 指 针

指针是C语言相对其他计算机语言最有特色的部分。正确和灵活规范地运用指针，可使程序简单明了。利用指针可以有效地表示复杂的数据结构，能动态分配内存，能方便地使用字符串，能高效地处理数组，在函数调用中还可以获得多个返回值。可以说，掌握了指针就是掌握了C语言的灵魂。

指针是C语言的精华，是每个学习者都要理解和掌握的内容。同时，它也是C语言的难点内容之一。本章将从一个简单的例子开始，在程序中展现指针的奥妙，接着再介绍指针的概念和定义，最后分别介绍指针在数组、函数、字符串处理中的应用。

8.1 寻找考试座位号

8.1.1 程序分析

寻找考试座位号是大家经常遇到的事情。在一次四六级考试中，小王由于事情繁多，忘记了他的考试座位号，他需要去考务办公室查找座位号。在考务办公室中，他得知四级考试的座位安排表放在编号为1022的文件夹里。于是，他找到了1022文件夹，并在文件夹的目录里发现了他所在学校的座位安排被放在一个编号为0403的座位安排文件中。翻到0403座位安排文件，最终，他找到了考试座位号——15考场23号（简称1523）。

在此，简单分析一下小王寻找考试座位号的过程：

① 在考务办公室中找到存放四级考试座位安排表的1022文件夹；

② 在1022文件夹里找到他所在学校的0403座位安排文件；

③ 在0403座位安排文件中，找到了他所对应的考试座位号——1523。

从以上可知，小王寻找考试座位号的过程并不是一次直接的查找，而是一次间接的查找。他先是找到了存放四级考试座位安排表的文件夹，再从文件夹中找到座位安排文件，最终找到了考试座位号，此过程如图8.1所示。

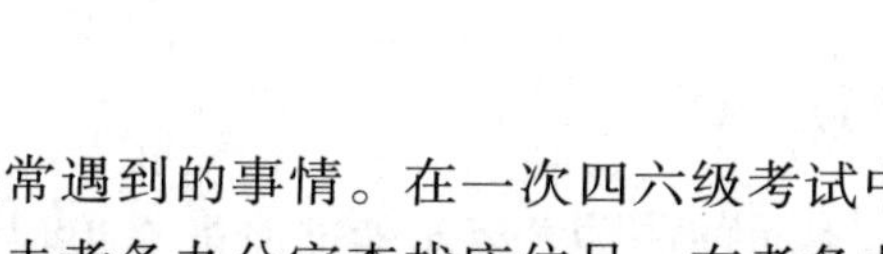

图8.1 寻找考试座位号示意图

在C程序设计中，可以利用指针来描述上述过程。

【例8.1】 利用指针来完成寻找考试座位号的过程。

源代码：

```
#include <stdio.h>
void main( )
{
    int seat=1523;       /* 定义变量 seat 存放考试座位号*/
    int *addr;           /* 定义指针变量 addr 存放地址*/

    addr=&seat;          /* 把变量 seat 的地址赋给指针变量 addr */

    printf("The seat number is:%d\n",seat);     /* 通过变量 seat 直接输出考试座位号*/
    printf("I can get the seat number by the address,it is :%d\n",*addr); /* 通过存放变量 seat 地址
的指针变量输出考试座位号*/
}
```

运行情况：

```
The seat number is:1523
I can get the seat number by the address,it is :1523
```

以上程序中定义了整型变量 seat 来存放考试座位号，同时定义了一个指针变量来存放变量 seat 的地址。从运行结果可知，既可直接利用变量 seat 来获得考试座位号，也可利用指针变量 addr 所存放的 seat 的地址来间接获得考试座位号。

8.1.2 指针的定义与声明

在 C 语言中，当定义一个变量后，系统在编译时就会根据其变量类型在内存中为它分配一定的存储空间。例如，一般为 char、int、float 型变量分别分配 1、4、4 个字节的存储空间（在 TC 中，int 型变量分配 2 个字节的空间）。计算机对内存数据的存取都是依靠其地址来完成的。每个字节的内存空间都由一个唯一的编号来标注，这个编号就是它的“地址”。计算机的存储器就好比学校的宿舍楼，宿舍楼的每间宿舍就像一个存储单元，宿舍的编号就是这个存储单元的“地址”。

假如，有如下 3 个变量的定义：

```
char c='a';
int x=125;
float y=62.8;
```

变量与其地址在内存中的关系如图 8.2 所示。

在图 8.2 中，因为变量 c 为字符型变量，获得的存储空间为一个字节，其地址为 2000；变量 x 为整型变量，获得 4 个字节的存储空间（VC++给 int 型变量分配 4 个字节，而 TC 给 int 型变量分配 2 个字节），其地址为 2001～2004；变量 y 为单精度浮点型变量，获得 4 个字节的存储空间，其地址为 2005～2008。在 C 语言中，变量的地址都是使用其所占用的存储空间的首地址来表示的，因此变量 c 的地址为 2000，变量 x 的地址为 2001，而变量 y 的地址为 2005。

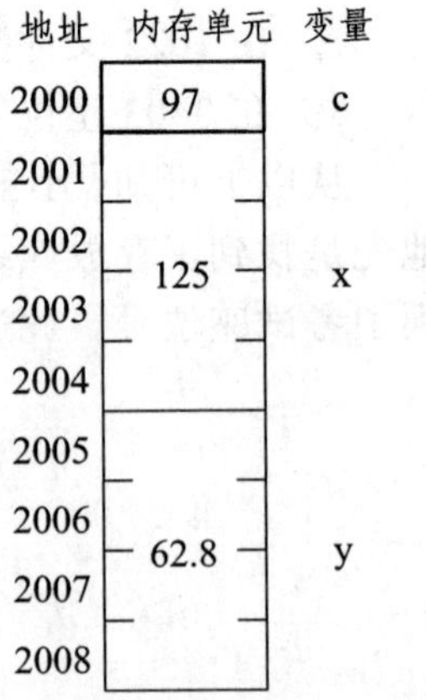

图 8.2 变量、内存单元和地址示意图

在例 8.1 中，当使用语句“printf("The seat number is:%d\n",seat);”来输出变量 seat 的值时，计算机首先找到变量 seat 的地址，再根据地址来读出变量的值并输出，这种根据变量的地址来取得变量值的方法称为“直接访问”。相对于“直接访问”，C 程序中还可以利用指针来实现变量值的“间接访问”，如例 8.1 中使用指针变量 addr 输出变量 seat 的值。该办法是：预先把变量 seat 的地址（假设为 4000）存在另一个变量 addr 中。此时，取出 addr 的值（4000），就可以访问相应的存储单元（4000），实现对 seat 的操作，也就是说，通过变量 addr，可以间接地访问变量 seat。

类似于 addr 一样，用于存放地址的变量称为指针变量。

这里需要特别说明的是：虽然严格地说指针和指针变量是两个不同的概念，但有时也可以将指针变量简称为指针。在 C 语言中，指针是一个地址，是计算机内存地址形象化的称谓，而指针变量就是一个变量，与一般变量不同的是，指针变量是用来存放地址（指针）的变量。在大多数情况下，并不强调它们的区别。因此，在本书中，如未加声明，将指针看作是指针变量的简称，都是指用于存放地址的指针变量。如后续章节中将学习到的指针作为函数参数、指向指针的指针等，这里的指针都是指指针变量。

★注意：简单地说，指针变量就是一个存放地址的变量。变量的指针就是变量的地址。如果指针变量存放的是另一个变量的地址，则称该指针变量指向那个变量。

在【例 8.1】中有如下 3 条语句：

```
int seat=1523;
int *addr;
addr=&seat;        /* “&” 为取地址符号，&seat 表示取得 seat 的地址*/
```

在此之后，seat 的值和*addr 的值一样，都为 1523。

它们的关系如图 8.3 所示。

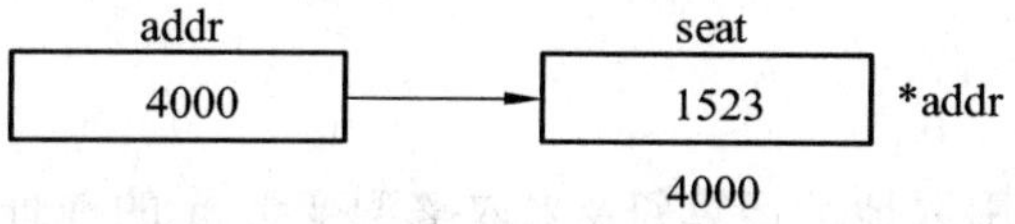

图 8.3 指针变量 addr 指向变量 seat 示意图

在 C 语言中，定义指针变量的一般形式为：

类型名 *指针变量名;

其中，“类型名”指的是该指针变量所指向的变量的类型（如 char、int、float 等）；指针变量定义中的“*”是指针声明符，表示该变量是一个指针变量；“指针变量名”是指针变量的名称，必须是一个合法的 C 语言标识符。

例如：

```
int  i;
int *pointer;
```

在上例中，定义 i 为一个 int 型变量；pointer 为一个指向 int 型变量的指针变量（只能指向 int 型变量，不能指向其他类型的变量）。

指针变量是一个存放地址的变量。当它指向某一个变量时，它的值就是那个变量的首地址。由于不同类型变量在内存中所占用的存储空间的大小不一样，为方便计算机通过指针变量间接访问变量，在定义指针变量时，必须指定指针变量的类型。如上面定义的指针变量 pointer，如果通过语句“pointer=&i; ”，可以让指针变量 pointer 指向变量 i，则当利用 pointer 访问 i 时，就不是仅仅访问指针变量 pointer 中的值所对应的那个存储单元，而是访问从该值开始的 4 个存储单元（int 型是 4 个字节）。也就是说，指针所指向的内存单元可能不仅仅是一个字节，而是一个以指针值为首地址的一个内存块。

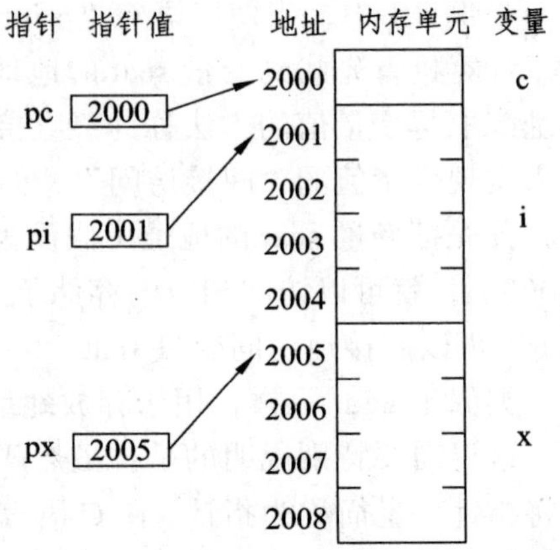

图 8.4 指针与其所指向的存储单元示意图

例如：

char c; int i; float x;

char *pc=&c; int *pi=&i; float *px=&x;

上例中，定义了指针变量 pc，指向 char 型变量；pi 指向 int 型变量；px 指向 float 型变量，如图 8.4 所示。

8.1.3 指针的基本运算

把某个变量的地址存放到一个指针变量里，就可以通过该指针变量来间接访问那个变量了，这些操作由取地址运算符“&”和间接访问运算符“*”来完成。另外，两个类型相同的指针变量间还能进行赋值、比较和算术运算（这两种运算在后面 8.2 小节中介绍）。

1. 取地址运算和间接访问运算

单目运算符&是取出变量在内存中的存储地址。例如：

```
int *p1,a=10;
p1=&a;
```

语句“p1=&a;”就是用取地址运算符&来取整型变量 a 的地址，并将这个地址赋给整型的指针变量 p1，使指针变量 p1 指向变量 a。

★注意：指针变量的类型与它所指向的变量的类型必须相同。

定义指针变量的“*”是指针声明符，而在程序中用于间接访问指针变量所指向变量的单目运算符“*”是间接访问运算符。例如，当指针变量 p1 指向变量 a 时，通过*p1 和 a 访问的是同一个存储单元，*p1 的值就是变量 a 的值，如图 8.5 所示。

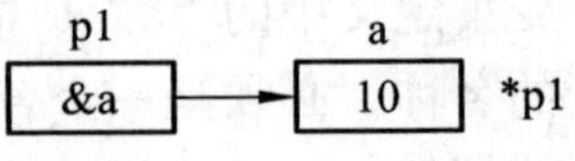

图 8.5 指针运算示意图

指针和地址的概念比较抽象，不容易理解。下面再通过一个例子来进一步介绍取地址运算和间接访问运算的使用，帮助读者更好地理解指针和地址的含义。

【例 8.2】 取地址运算和间接访问运算。

源代码：

```
/*取地址运算和使用指针间接访问变量*/
#include <stdio.h>
void main( )
```

```
{
    int a=0,*p;          /*定义整型变量 a，和指向整型变量的指针变量 p */
    p=&a;                /* 变量 a 的地址赋给指针变量 p，使得 p 指向 a */
    printf("a=%d;*p=%d\n",a,*p);  /* 输出变量 a 的值和指针变量 p 所指向变量的值 */
    a=a+10;
    printf("after add 10,a=%d;*p=%d\n",a,*p);  /* 在变量 a 加 10 后，输出变量 a 的值和指针变量
p 所指向变量的值 */
    (*p)++;              /* 指针变量 p 所指向变量的值加 1 */
    printf("after (*p)++,a=%d;*p=%d\n",a,*p);  /* 输出变量 a 的值和指针变量 p 所指向变量的值
*/
}
```

运行情况：

```
a=0;*p=0
after add 10,a=10;*p=10
after (*p)++,a=11;*p=11
```

在程序中，第四行“int a=0,*p;”和后面所有出现的“*p”，虽然形式相同，但两者的含义却完全不同。第四行的“*p”表示定义了一个指针变量 p，它前面的“*”是指针声明符，只是表示该变量是指针变量，而后面所有“*p”中的“*”是间接访问运算符，“*p”指的是指针变量 p 所指向的变量。本例中，由于 p 指向变量 a，因此，则*p 和 a 的值一样。

此外，表达式*&a 和*(&a)是等价的，因为间接访问运算符“*”和取地址运算符“&”都是单目运算符，在优先级相同的情况下，则按从右到左的结合方向开始运算。其运算过程为：先运算&a，取得 a 的地址，再进行*运算，取出&a 所指向的内存单元的值，实际上就是 a 的值，所以*&a 和 a 等价。综上有*&a 、*p 和 a 的值是一样的。

(*p)++、*p =*p+1 和++*p 这三个表达式都是使 p 所指向的变量 a 的值加 1。而 p 的值不变，还是指向变量 a。而表达式*p++中的两个单目运算符*和++优先级相同，则按从右到左的结合方向运算，所以该表达式相当于*（p++），先取*p 的值（即 a 的值）作为整个表达式的值，指针 p 的值再加 1 后，p 不再指向变量 a，但变量 a 的值不变。

从以上例子可以看到，要正确理解指针操作的意义。带有间接访问运算符*的变量的操作，在不同的情况下会有完全不同的含义，这既是 C 语言的灵活之处，也是初学者容易出错的地方。

2. 指针变量的赋值

指针变量存放的是变量地址，因此，给指针变量赋的值必须是地址，否则，可能发生意想不到的结果。给指针变量赋值有下面几种方式：

（1）直接取变量地址赋给指针变量。

如上例中 p=&a;

（2）两个类型相同的指针变量间的赋值。

例如:

```
int *p1, *p2， a=10;
p1=&a;
```

p2=p1；

p1 的值为变量 a 的地址，p1 指向 a。对 p2 赋值后，p2 的值和 p1 相同，它们都是指向变量 a，此时*p1、*p2 和 a 都表示同一个存储单元的值，如图 8.6 所示。

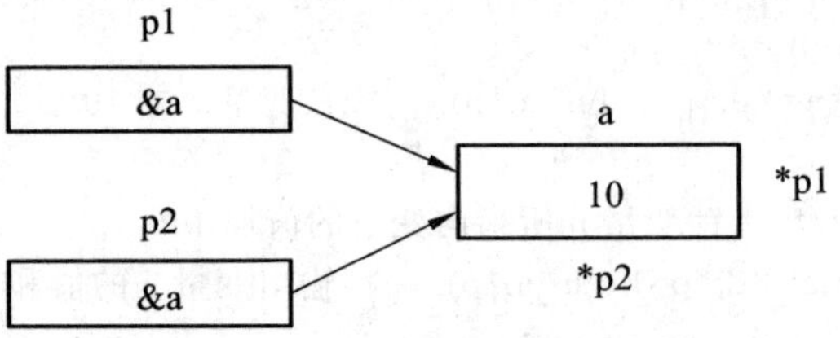

图 8.6 指针赋值示意图

★注意：两个类型相同的指针变量才能相互赋值。

（3）把一个物理地址直接赋给指针。

如：p1=(int *)2000；

这是将物理地址赋给 p1，(int *)为类型强制转换，避免编译错误，执行该语句后 p1 的值是 2000。即 p1 指向内存中地址为 2000 的存储单元。不提倡使用这类操作，因为一般不将物理地址直接赋给指针，但特殊值 NULL 除外。常量 NULL 在系统文件 stdio.h 中定义，其值为 0，将它赋给指针时，代表空指针即指针不指向内存的任何存储单元。

8.1.4 指针变量的初始化

C 语言中的变量在定义后必须先赋值才能被使用。同理，指针变量在使用前也要先定义并赋值。在定义指针变量时，可以同时对它进行赋初值即初始化。例如：

```
int x;
int *px=&x;  /* 定义指针变量 px 的同时，给它赋初值，使其指向 x */
int *py=px;  /* 定义指针变量 py 的同时，给它赋初值，使其和 px 的值相同 */
```

以上对指针变量 px 和 py 的赋初值都是在定义时进行的，使得 px 和 py 都指向变量 x。

【例 8.3】 指针变量初始化的示例。

源代码：

```
#include <stdio.h>
void main( )
{
    int a,b,*p1=&a,*p2=&b,*t;       / *定义指针变量 p1 和 p2 的同时对其赋初值*/
    printf("Enter 2 integer number : ");
    scanf("%d,%d",&a,&b);
    if(a>b)
      { t = p1;p1=p2;p2=t; }                  /*如果 a>b，交换 p1、p2 的指向*/
    printf("a=%d,b=%d\n",a,b);                /* 输出 a、b 的值 */
    printf("min=%d,max=%d\n",*p1,*p2);        /*输出两个指针变量 p1 和 p2 所指向变量的值*/
}
```

运行情况：

Enter 2 integer number : 9,6
a=9,b=6
min=6,max=9

该程序从键盘接收 2 个整型数据，分别赋给变量 a 和 b。经比较，如果 a>b，交换 p1 和 p2 的值。交换前后的数据情况如图 8.7 所示。

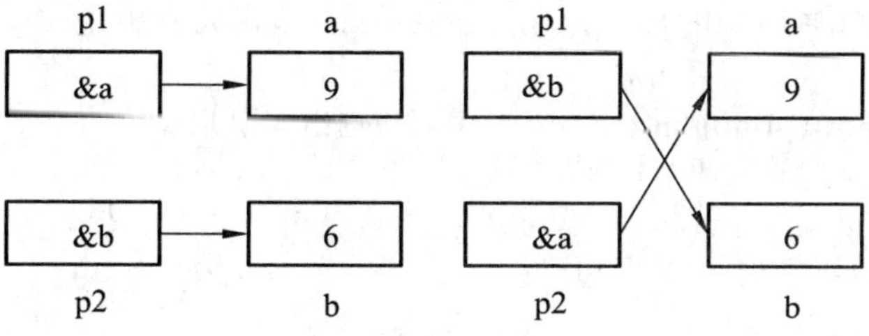

（a）交换前　　（b）交换后

图 8.7　交换前后的指针和数据情况

从图 8.7 可知，在交换后，p1 和 p2 的指向改变了，但是变量 a 和 b 的值并未改变。因此，在输出*p1 和*p2 的值时，实际上就是输出 b 和 a 的值。

这里需要再次强调的是，定义了指针变量后，一定要先赋值（或赋初值）再引用。因为指针变量也是变量，通过第 5 章的学习大家知道，对于未被赋值（或赋初值）的自动变量（auto，可省略），其值是不确定的，即它指向一个不确定的内存单元，这时如果对该指针变量所指向的内存单元进行操作，可能会出现一些意想不到的结果，甚至导致系统操作错误。

练习 8-1　分析“*”在定义指针和引用变量时的区别。

练习 8-2　指针变量和其他类型变量为什么不能相互赋值?

练习 8-3　输入 3 个整数，用指针实现按由小到大的顺序输出。

8.2　利用指针输出存放成绩的数组

8.2.1　程序分析

在对期末考试成绩归档时，常常需要把班级的某门课程成绩打印输出。以下例子将利用指针来实现成绩数组的输出。

【例 8.4】 利用指针来实现成绩数组的输出。

源代码：

```
#include <stdio.h>
void main( )
{
    int i,j,a[10];      /*假设班级里有 10 个同学，某门课程的成绩用数组 a 存放*/
    int *p,*q;
    j=0;
    p=a;                /*指针 p 指向数组 a 的第一个数组元素*/
```

```
    q=&a[9];        /*指针 q 指向数组 a 的最后一个数组元素*/
    printf("Input 10 个整数: ");
    for(;p<=q;p++) scanf("%d",p);        /*逐一给 p 指向的数组元素输入值*/
    p=&a[0];                             /*对指针 p 重新赋值，使得 p 指向第一个数组元素*/
    for(i=0;i<10;i++)
        {
            printf("a[%d]=%d   ",i,*(p+i));  /*利用指针输出成绩*/
            j++;
            if(j%4==0) printf("\n");         /*每行输出 4 个元素*/
        }
}
```

运行情况：

Input 10 个整数: <u>80 65 82 63 74 98 52 84 70 52</u>

a[0]=80　a[1]=65　a[2]=82　a[3]=63

a[4]=74　a[5]=98　a[6]=52　a[7]=84

a[8]=70　a[9]=52

程序中通过指向数组元素的指针的关系运算、算术运算和间接访问运算，实现了对数组 a 中数组元素的输入和输出。前面的章节中学习了指针的间接访问运算，下面详细介绍指针的关系运算和算术运算。

8.2.2　指针、数组和地址的关系

1. 指针、数组和地址的关系

C 编译系统必须给定义好的数组分配首地址和足够的连续存储单元，数组名就是这块连续存储单元的首地址。数组的首地址是存放数组的连续存储空间的起始地址，它也是下标为 0 的数组元素的地址。

指针和数组有很多相似之处，如指针的值和数组名都是内存地址，不同的是，指针是变量（该变量存放的内容是地址），而数组名是常量（该常量是地址）。也就是，指针变量里的地址可变，而数组被定义后，内存单元就被系统分配，数组名所代表的地址就固定了，不能改变。

在例 8.4 中，用

```
int a[10];
int *p;
```

定义数组 a 后，系统分别把内存单元地址编号为 2000，2004，…，2036 等作为数组元素 a[0]，a[1]，…，a[9]的地址。其中，内存单元地址编号 2000 是数组 a 的首地址，也是数组元素 a[0]的地址，则数组名 a 和&a[0]的值都是 2000，下面给指针变量 p 赋值的两条语句等价：

```
p=&a[0];
p=a;
```

它们都是把 2000 这个地址赋给了指针变量 p。

如果 p 指向数组的首地址，那么表达式 p+1、a+1 和&a[1]的值是相等的，都是数组元素

a[1]的地址，即 2004。因为指针变量 p 加 1 并不是简单地将指针变量 p 的值加 1，而是将指针变量 p 的值和数组元素占用的内存单元字节数（即 4）相加。

同理，如果 i 是一个整型值，则这三个表达式 p+i、a+i 和&a[i]的值也是相等的，都是数组元素 a[i]的地址，即 2000 + i × 4。图 8.8 给出了指针、数组和地址的关系。

通过间接访问运算“*”，*(p+i)和*(a+i)都是数组元素 a[i]的值。正如表达式*(a+i)和 a[i]等价一样，表达式*(p+i)和 p[i]也等价，即指向数组的指针变量也可以带下标。

因此，当 p 指向数组的首地址（i 是一个整型值），访问数组中第 i 个数组元素就有四种表达式：a[i]、p[i]、*(a+i)和*(p+i)，则&a[i]、&p[i]、a+i 和 p+i 都是表示数组中第 i 个数组元素的地址。

★注意：表达式 p=a+1 是合法的，但是 a=a+1，a=p 和 a++这样的表达式是非法的，因为 a 是数组名，表示的是数组的首地址，它是个常量。

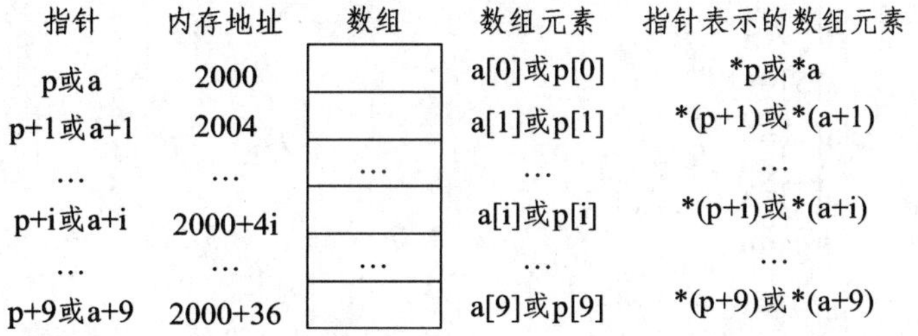

图 8.8　指向数组的指针、数组和地址的关系

2. 指针的算术运算

数值型变量可以进行加、减、乘和除等算术运算。而对于指针变量，由于存放的是内存单元的地址，因此只能进行指针与整型数据的加减及两个类型相同的指针相减的运算。一个指针变量与一个整数相加或相减并不是简单地将指针变量的值（地址值）加或减该整数值，而是将该指针变量的值和它所指向的变量占用的内存单元字节数（该整数值乘以指针变量类型占用的字节数）相加或相减。而两个相同类型的指针相减，得到一个 int 型的值，这类运算主要是用于数组，运算的结果（int 型的值）表示在两个指针之间数组元素的个数。

这里需要说明的是，普通指针变量加或减整数无实际的意义。指针加减一个整数一般用于指向数组元素的指针的移动，使其指向需要访问的数组元素。

【例 8.5】 指针加减一个整数示例。

源代码：

```
#include <stdio.h>
void main( )
{
    int i,j,a[10]={1,2,3,4,5,6,7,8,9,10};
    int *p=a,*q;
    q=&a[9];     /*指针 q 指向数组元素 a[9] */
    printf("数组元素的地址   数组元素的值 \n");
    for(i=0;i<10;i++)
        printf("%d\t\ta[%d]=%d\n",p+i,i,*(p+i));
```

```
    p=&a[4];                    /*指针 p 指向数组元素 a[4] */
    printf("指针 p 的值=%d\n",p);
    printf("p-3 的值=%d\n",p-3);
    printf("p+4 的值=%d\n", p+4 );
    printf("q-p=%d\n",q-p);
}
```

运算情况：

```
数组元素的地址    数组元素的值
1245008          a[0]=1
1245012          a[1]=2
1245016          a[2]=3
1245020          a[3]=4
1245024          a[4]=5
1245028          a[5]=6
1245032          a[6]=7
1245036          a[7]=8
1245040          a[8]=9
1245044          a[9]=10
指针 p 的值=1245024
p-3 的值=1245012
p+4 的值=1245040
q-p=5
```

从运算结果可以看出，当指针 p 指向数组元素 a[4]，指针 p 的值是 a[4]的首地址 1245024；表达式 p+4 是指向数组元素 a[8]，值为 1245040。

而两个相同类型的指针相减，如上面例子中的两个指针间做减法运算 q－p，得到一个 int 型的值为 5，该值表示在 p 和 q 之间数组元素的个数。

这里需要说明的是：系统在给变量分配内存单元时，是根据系统当时的系统资源使用情况进行的，运行该程序时，输出的数组起始地址的值取决于当时的运行情况，不同的机器其结果很可能不一样，而且重复运行也可能结果不同。

3. 指针的关系运算

因为指针存放的是内存单元的地址，在有意义的情况下，指针可以和某个地址进行比较运算，两个同类型指针也可以直接进行比较。两个同类型指针变量的比较和一般变量的比较一样，也是比较变量值的大小，即比较指针变量里地址值的大小。

【例 8.6】 两个同类型指针变量比较示例。

源代码：

```
#include <stdio.h>
void main( )
{
    int i,j,a[10]={1,2,3,4,5,6,7,8,9,10};
```

```
    int *p,*q;
    printf("数组元素的地址   数组元素的值 \n");
    i=0;
    for(p=a, q=&a[9];p<=q;p++)
        printf("%d\t\ta[%d]=%d\n",p,i++,*p);
}
```

上面程序的运行结果和上一个例子一样，也是输出数组元素的地址和数组元素的值。程序中指针变量 p 的初值是 a[0]的地址，即 1245008。而指针变量 q 的值是 a[9] 的地址，即 1245044。循环条件表达式 p<=q 成立（即是比较两个指针变量值的大小），表达式 p++使得指针变量 p 加 1 后又赋值给 p（p 的值从 1245008 改变为 1245012），表达式 p<=q 成立，继续循环，直到 p 的值大于 1245044 才结束。

8.2.3　指向数组元素的指针的应用

指针在数组中有着广泛的应用，下面通过 2 个例子来进行说明。

【例 8.7】 使用指针输出各个数组元素，并计算它们的和与乘积。

源代码：

```
#include <stdio.h>
void main( )
{
    int i,num,prod,a[10];
    int *p;
    num=0;        /* 初始化和变量 num 为 0 */
    prod=1;       /* 初始化乘积变量 prod 为 1 */
    p=&a[0];      /*给指针 p 赋值&a[0]，使其指向数组的首元素地址 */
    printf("Enter 10 integer:\n");
    for(i=0;i<10;i++) scanf("%d",&a[i]);
    for(i=0;i<10;i++) printf("a[%d]=%d;",i,a[i]);
    printf("\n");
    for(i=0;i<10;i++) num+=*(p+i);              /*数组各元素的累加*/
    printf("The num is : %d\n",num);
    for(i=0;i<10;i++) prod*=*(a+i);             /*数组各元素的累乘*/
    printf("The prod is : %d\n",prod);
}
```

运行情况：

```
Enter 10 integer:
1 2 3 4 5 6 7 8 9 10
a[0]=1;a[1]=2;a[2]=3;a[3]=4;a[4]=5;a[5]=6;a[6]=7;a[7]=8;a[8]=9;a[9]=10;
The num is : 55
The prod is : 3628800
```

在本例中，采用了三种方法来对数组元素进行操作。

（1）在输入和输出数组元素的循环中，采用了下标法：即通过改变数组元素的下标来达到对不同数组元素的访问。这是访问数组元素最基本的方法。

（2）在求数组元素的累乘积时，采用了数组名法：通过*(a+i)取出数组元素的值进行累乘积。

（3）在求数组元素累加的循环中，采用了指针法：先使指针指向第一个数组元素，然后通过对指针的算术运算，即指针加整数，使其逐一指向数组后面的数组元素，达到访问数组其他元素的目的。本例中，先使 p=&a[0]，使其指向数组 a 的首元素，经循环后，使用 i++和 p+i 指向数组的后续元素，取出*(p+i)的值进行累加。

这三种方法中，（1）和（2）的效率是一样的，因为 C 编译系统是将 a[i]转换为*(a+i)来处理的，即先计算数组元素的地址。（3）的效率相对前面两种方法要快。因为在用指针直接指向数组元素时，不必每次都计算地址，像 p++、p+i 这样的计算是比较快的。但是，下标法更加直观，可以直接知道目前访问的是第几个元素。

【例 8.8】 用冒泡法排序，将成绩按从小到大顺序排序并输出。

冒泡法排序是排序程序常用的一种经典算法。冒泡法的基本思想：通过相邻两个数之间的比较和交换，使数值较小的数逐渐从底部移向顶部，数值较大的数逐渐从顶部移向底部。就像水底的气泡一样逐渐向上冒，故而得名。

由 a[0]，…，a[5]组成的 6 个数据，进行冒泡法排序的过程描述如下：

（1）首先在 a[0]，…，a[5]这 6 个数间，依次比较相邻的两个数，将小数放在前面，大数放在后面。即 a[0]与 a[1]进行比较，如果 a[0]的值大于 a[1]的值，则交换两者的值，使较小的上浮，较大的下沉；接着比较 a[1]与 a[2]，同样使小的上浮，大的下沉，…，依此类推，直到比较完 a[4]和 a[5]后，a[5]中的值是最大数，经过 5 次比较后，第一趟排序结束，如图 8.9 所示。

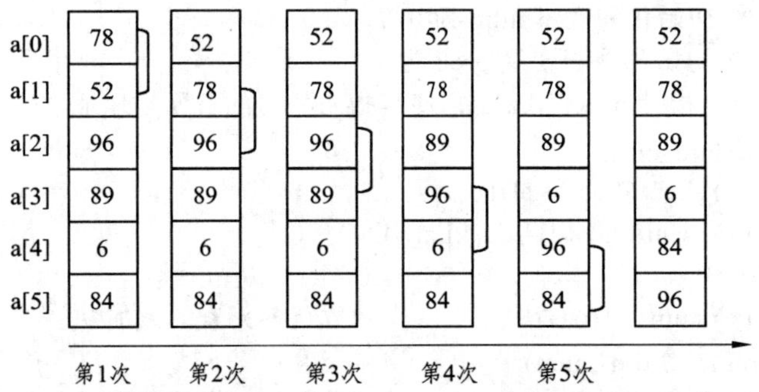

图 8.9 冒泡法排序第一趟比较示意图

（2）然后在 a[0]，…，a[4]这 5 个数间，如上进行第二趟排序，经过 4 次比较后，使次大的数下沉到 a[4]；

重复进行五趟后，整个排序过程结束。

冒泡法排序采用两重循环实现。外循环变量 i 控制循环趟数，内循环变量 j 控制每趟比较的次数。

① 对数组元素的操作用下标法编程。

源代码：

```
#include <stdio.h>
void main( )
```

```
{
    int i,j,n,temp,a[10];
    printf("Please input array element number to n(n<=10): ");
    scanf("%d",&n);
    printf("Enter %d integer:",n);
    for(i=0;i<n;i++) scanf("%d",&a[i]);

    /*冒泡法排序*/
    for(i=1;i<n;i++)        /* 外循环控制循环趟数 */
      {
        for(j=0;j<n-i;j++) /* 内循环控制每趟比较的次数 */
          {
            /*比较前后相邻的 2 个元素，前面的元素比后面的大，则交换 */
            if(a[j]>a[j+1]) {temp=a[j];a[j]=a[j+1];a[j+1]=temp;}
          }
      }
    printf("After sorted: ");
    for(j=0;j<n;j++) printf("%d ",a[j]);
}
```

运行情况：

Please input array element number to n(n<=10): <u>10</u>

Enter 10 integer scores:<u>78 52 63 89 96 84 75 73 91 84</u>

After sorted: 52 63 73 75 78 84 84 89 91 96

② 如果采用指针法，程序可改成如下形式：

源代码：

```
#include <stdio.h>
void main( )
{
    int i,j,n,temp,a[10],*p=a;
    printf("Please input array element number to n(n<=10): ");
    scanf("%d",&n);
    printf("Enter %d integer:",n);
    for(i=0;i<n;i++) scanf("%d",p+i);

    /*冒泡法排序*/
    for(i=1;i<n;i++)        /* 外循环控制循环趟数 */
      {
        for(j=0;j<n-i;j++) /* 内循环控制每趟比较的次数 */
          {
            /*比较前后相邻的 2 个元素，前面的元素比后面的大，则交换 */
            if(*(p+j)>*(p+j+1)) {temp=*(p+j);*(p+j)=*(p+j+1);*(p+j+1)=temp;}
          }
      }
```

```
    printf("After sorted: ");
    for(j=0;j<n;j++) printf("%d ",*(p+j));
}
```

运行情况：

Please input array element number to n(n<10): 8

Enter 8 integer scores:78 85 96 81 45 62 63 80

After sorted: 45 62 63 78 80 81 85 96

8.2.4 多维数组与指针

从前面的学习可知，用指针可以指向一维数组中的元素。同样，指针也可以指向多维数组中的元素。本小节主要学习指向二维数组的指针。

1. 二维数组元素的地址

假如有如下的二维数组的定义：

int a[3][4]={{1,2,3,4},{5,6,7,8},{9,10,11,12}};

a 为一个 3 行 4 列的二维数组。假设 C 语言编译系统给二维数组 a 分配的一块连续内存单元的首地址为 2000，各数组元素的地址及其值如图 8.10 所示。

而在 C 语言中，允许把一个二维数组分解为多个一维数组来处理。因此，二维数组 a 可分解为 3 个一维数组，即 a[0]、a[1]、a[2]，每一个一维数组又含有 4 个元素。例如，a[0]这个一维数组，含有 a[0][0]，a[0][1]，a[0][2]，a[0][3]这四个元素。

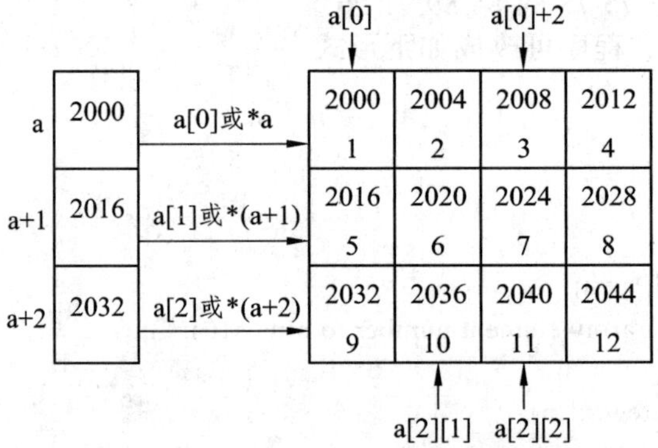

图 8.10 二维数组与地址示意图

由前面内容可知，数组名代表数组的首地址。而对于二维数组 a，数组名 a 代表整个二维数组的首地址，也代表二维数组的首行（第 0 行）的首地址，等于 2000。a+1 代表第 1 行的首地址，等于 2016。a+i 则代表第 i 行的首地址，其实际地址为：

a+n×d×i;

其中，n 为每行的元素个数，d 为每个二维数组元素所占的字节数。如前面定义所示，a 为 3 行 4 列的 int 型的二维数组，a=2000，n=4，d=4，则 a+2 的实际地址为:2000+4×4×2=2032，如图 8.10 所示。

a[0]是第一个一维数组的数组名和首地址，因此也为 2000。*(a+0)或*a 是与 a[0]等效的，它表示一维数组 a[0]的 0 号元素的首地址，也为 2000。&a[0][0]是二维数组 a 的 0 行 0 列元素首地址，同样是 2000。因此，a、&a[0]、a[0]、*(a+0)、*a、&a[0][0]的值是相等的，但 a、&a[0]表示的是第 0 行的首地址，是个行地址，而 a[0]、*(a+0)、*a、&a[0][0]表示的是第 0 行第 0 列的地址，是个列地址。

同理，a+1 是二维数组 a 的第 1 行的首地址，等于 2016。a[1]是第二个一维数组的数组名和首地址，因此也为 2016。&a[1][0]是二维数组 a 的第 1 行第 0 列元素地址，也是 2016。因此 a+1、&a[1]、a[1]、*(a+1)、&a[1][0]的值是等同的。

a[0]、a[1]、a[2]为各行一维数组的数组名，因此，它们代表了对应一维数组的首元素的地址。如 a[0]代表了第 0 行的一维数组 a[0]的首元素 a[0][0]（第 0 行第 0 列元素）的地址，即&a[0][0]（2000）；同样的，a[1]代表第 1 行首元素 a[1][0]的地址（第 1 行第 0 列元素的地址），即为&a[1][0]；a[2]的值为&a[2][0]。

*(a+0)或*a 是与 a[0]等效的，它表示一维数组 a[0]的第 0 号元素的地址 2000。同时由上述知道二维数组名 a 的地址值是 2000，一维数组名 a[0]的地址值也是 2000。

前面描述了二维数组名 a 和其各一维数组名 a[0]、a[1]、a[2]所代表的意义，它们都是代表着一个地址。那么对于第 i 行第 j 列元素的地址又是如何描述呢？在此做如下分析：

（1）第 i 行第 j 列元素处在第 i 行，对应的一维数组为 a[i]。该数组的数组名 a[i]即为其首元素的地址。

（2）在一维数组 a[i]里，第 i 行第 j 列元素是该一维数组的第 j 号元素，因此其地址应该为该数组的首元素地址加上偏移量 j，即为 a[i]+j，则第 i 行第 j 列元素即是*(a[i]+j)。

在这里需要特别注意的一点：从形式上来看，“a[i]”是数组 a 的第 i 号元素。如果 a 是一维数组，则 a[i]代表数组 a 的第 i 号元素的值；如果 a 是二维数组，则 a[i]是该二维数组下面的一个一维数组名，这时它只代表这个一维数组的首元素的地址，不代表一个实际的元素。

如上节内容所述，a[0]与*(a+0)等价，a[1]与*(a+1)等价，同理 a[i]与*(a+i)等价。元素 a[i][j]的地址&a[i][j]可用 a[i]+j、*(a+i)+j 来表示。如 a[1][2]的地址可表示为 a[1]+2、*(a+1)+2，它们都是&a[1][2]。

知道了元素的地址，那么利用元素的地址来表示元素就变得简单了。如元素 a[0][1]的值可表示为*(a[0]+1)、*(*a+1)；a[2][1]的值可表示为*(a[2]+1)、*(*(a+2)+1)；a[i][j]的值可表示为*(a[i]+j)、*(*(a+i)+j)。

通过以上分析可知，a、a+i、&a[i]、a[i]、*(a+i)、*(a+i)+j、a[i]+j 都是地址；而*(a[i]+j)和*(*(a+i)+j)都是二维数组元素 a[i][j]的值，见表 8.1。

表 8.1 地址表示

表示形式	含 义	等值式子
a	二维数组名，代表首行地址	a[0]、*(a+0)、*a、&a[0][0]
a[0]	第 0 行数组名，代表第 0 行首元素 a[0][0]的地址，即&a[0][0]	a、*(a+0)，*a、&a[0][0]
a+1、&a[1]	第 1 行首地址	a[1]、*(a+1)、&a[1]
*(a+1)、a[1]	第 1 行第 0 列元素的地址，即&a[1][0]	a+1、&a[1]
a[1]+2，　*(a+1)+2，	第 1 行第 2 列元素的地址	& a[1][2]
*(*(a+1)+2)	第 1 行第 2 列元素的值	*(a[1]+2)、a[1][2]

2. 指向多维数组元素的指针变量

有了上面的概念后，可以用指针指向多维数组的元素了。

（1）指向数组元素的指针。

【例 8.9】用指针输出二维数组元素的值。

源代码：

```
#include <stdio.h>
void main( )
{
    int i,a[3][4]={{1,2,3,4},{5,6,7,8},{9,10,11,12}};
    int *p;
    p=&a[0][0];            /* 将数组的第 0 行第 0 列的地址赋值给指针变量 p*/
    for(i=0;i<12;i++,p++)
    {
        printf("%d ",*p);
    }
    printf("\n");
}
```

运行情况：

1 2 3 4 5 6 7 8 9 10 11 12

程序的第 5 行“int *p;”定义了一个指向 int 型变量的指针变量 p；第 6 行“p=&a[0][0];”将第 0 行第 0 列元素的地址赋值给 p，使 p 指向 a[0][0]。这里不能把第 6 行“p=&a[0][0];”改为“p=a;”，否则，程序在编译时将会有警告，因为对于数组 a，尽管“a”和“&a[0][0]”的值是相同的，但数组名“a”表示的是数组的首行（第 0 行）的首地址，“&a[0][0]”表示的则是第 0 行第 0 列的地址。

在例中，指针变量 p 的指向在不断地改变，如不想改变指针变量 p 的指向，程序可改为：

```
#include <stdio.h>
void main( )
{
    int i,a[3][4]={{1,2,3,4},{5,6,7,8},{9,10,11,12}};
    int *p;
    p=&a[0][0];            /* 将数组的第 0 行第 0 列的地址赋值给指针变量 p*/
    for(i=0;i<12;i++)
    {
        printf("%d ",*(p+i));
    }
    printf("\n");
}
```

从程序不难看出，利用指针变量 p 指向二维数组 a 的第 0 行第 0 列的元素，则对于二维数组 a 的元素，可以利指针变量 p 以一维的方式进行操作。

如果想按行输出二维数组元素的值，程序可改为：

```
#include <stdio.h>
```

```
void main( )
{
    int i,j,a[3][4]={{1,2,3,4},{5,6,7,8},{9,10,11,12}};
    int *p;
    for(i=0;i<3;i++)
    {
        printf("The %d line: ",i);
        /* 按行输出，p指向第i行的首元素地址 */
        for(p=a[i],j=0;j<4;j++,p++)printf("%d ",*p);
        printf("\n");
    }
}
```

运行情况：

```
The 0 line: 1 2 3 4
The 1 line: 5 6 7 8
The 2 line: 9 10 11 12
```

本程序中，先定义 p 为指向 int 型变量的指针变量；然后在循环的初始条件里，用 p=a[i] 给 p 赋值，使 p 指向一维数组 a[i]的首元素，即 p 指向 a[i][0]。

如要输出数组中指定的第 i 行第 j 列元素的值，程序可改为：

```
#include <stdio.h>
void main( )
{
    int i,j,a[3][4]={{1,2,3,4},{5,6,7,8},{9,10,11,12}};
    int *p;
    p=&a[0][0];
    printf("please enter i and j (i<=2;j<=3): ");
    scanf("%d%d",&i,&j);
    printf("a[%d][%d]=%d",i,j,*(p+4*i+j));
    printf("\n");
}
```

运行情况：

```
please enter i and j (i<=2;j<=3): 1 3
a[1][3]=8
```

在本程序中，因为指针变量 p 指向的是元素 a[0][0]，所以要利用 p 输出 a[i][j]的值，需要先计算出元素 a[i][j]在数组中的相对位置，计算公式为：

$$i \times m+j$$

其中，m 为二维数组的列数（假设二维数组的大小为 $n \times m$）。a[i][j]在数组中的相对位置是 i*4+j，然后 p 再加上这个位移量（即 p+i*4+j）就是元素 a[i][j]的地址，则*(p+i*4+j)是 a[i][j]的值。如将语句“printf("a[%d][%d]=%d",i,j,*(p+4*i+j)); ”中的“*(p+4*i+j)”改为“*(*(p+i)+j)”，程序在编译时将提示错误。如要使用“*(*(p+i)+j)”表示二维数组元素的值，则需要将指针变量 p 定义为指向由 m 个元素组成的一维数组的指针变量。

（2）指向由 m 个元素组成的一维数组的指针变量。

在上例中，指针变量用“int *p；”语句来定义，它是指向整型变量的指针变量，p+1 或 p++是指向同一数组的下一个元素。

当定义 p 为指向由 m 个元素组成的一维数组的指针变量时，p+1 则指向下一个一维数组，而不是指向下一个元素了。例如：初始时，p 指向二维数组的第 0 行的一维数组 a[0]，而 p+1 则指向 a 的第 1 行数组 a[1]。

指向由 m 个元素组成的一维数组的指针变量的定义为：

类型 （*指针变量名）[m];

如：int （*p）[4];

定义了一个指向一个具有 4 个整型元素的一维数组的指针变量 p。

【例 8.10】 下面两个程序都是输出二维数组中指定的第 i 行第 j 列元素的值，比较它们的不同之处。

源代码：

程序 1

```
/* 指向一个具有 4 个整型元素的一维数组的指针变量 p */
    #include <stdio.h>
    void main( )
    {
        int
i,j,a[3][4]={{1,2,3,4},{5,6,7,8},{9,10,11,12}};
        int (*p)[4];
        p=a;/* 将数组的首行（第 0 行）的首地址赋值给指针变量 p*/
        printf("please enter i and j (i<=2;j<=3):");
        scanf("%d%d",&i,&j);

        printf("a[%d][%d]=%d",i,j,*(*(p+i)+j));
        printf("\n");

    }
```

运行情况：

```
please enter i and j (i<=2;j<=3): 1   3
a[1][3]=8
```

程序 2

```
/* 指向整型元素的指针变量 p */
    #include <stdio.h>
    void main( )
    {
        int
i,j,a[3][4]={{1,2,3,4},{5,6,7,8},{9,10,11,12}};
        int *p;
        p=&a[0][0];/* 将数组的第 0 行第 0 列的地址赋值给指针变量 p*/
        printf("please enter i and j (i<=2;j<=3):");
        scanf("%d%d",&i,&j);

        printf("a[%d][%d]=%d",i,j,*(p+4*i+j));
        printf("\n");
    }
```

运行情况：

```
please enter i and j (i<=2;j<=3): 1   3
a[1][3]=8
```

比较程序 1 和程序 2，它们都定义了指针变量 p，但这两个指针变量的使用方式是不同的。

（1）在程序 2 中定义的是一个普通的指针变量 p，可用它指向数组中的元素，即“p=&a[0][0];”。如改为“p=a;”，则程序在编译时将会有警告，因为对于数组 a，尽管“a”和“&a[0][0]”的值是相同的，但数组名“a”表示的是数组的首行（第 0 行）的首地址，“&a[0][0]”表示的则是第 0 行第 0 列的地址。要输出 a[i][j]的值，必须先确定 a[i][j]在数组中的相对位置，即*(p+4*i+j)是 a[i][j]的值。

（2）在程序 1 中定义的是一个指向具有 4 个整型元素的一维数组的指针变量 p，如将程序 1 中的“p=a;”改为“p=&a[0][0];”，程序在编译时也会有警告。*(*(p+i)+j)就是 a[i][j]的值。

对于数组 a 中的元素 a[i][j]，与一维数组类似，*(p+i)+j 与*(a+i)+j、a[i]+j、&a[i][j]、p[i]+j 等价，都表示元素 a[i][j]的地址；a[i][j]的值可表示为*(*(p+i)+j) 、*(*(a+i)+j)、*(a[i]+j)、*(p[i]+j)、p[i][j]。

具体的程序调试，读者可自行完成。

练习 8-4 请举例说明指针变量可以进行哪些运算。

练习 8-5 为什么采用指针处理数组效率会比较高？

练习 8-6 如果指针 p0 指向一维整型数组，指针 p1 指向二维整型数组，那么 p0+1 和 p1+1 有何区别？

8.3 交换管理密码

8.3.1 程序分析

【例 8.11】 利用指针来完成密码的交换。

源代码：

```c
#include <stdio.h>
void main( )
{
    void swap(int *q1,int *q2);
    int m1,m2;
    int *p1,*p2;
    p1=&m1;
    p2=&m2;

    printf("Please enter the Digital password to m1 and m2 : ");
    scanf("%d%d",&m1,&m2);
    printf("Exchange before: m1=%d,m2=%d;*p1=%d,*p2=%d\n",m1,m2,*p1,*p2);
    swap(p1,p2);
    printf("Exchange after: m1=%d,m2=%d;*p1=%d,*p2=%d\n",m1,m2,*p1,*p2);
}

void swap(int *q1,int *q2)
{
    int temp;
    temp=*q1;*q1=*q2;*q2=temp;
}
```

运行情况：

Please enter the Digital password to m1 and m2 : 110　911

Exchange before: m1=110,m2=911;*p1=110,*p2=911

Exchange after: m1=911,m2=110;*p1=911,*p2=110

程序中定义了 swap 函数作为交换密码的函数，其中两个形参 q1、q2 都是指向整型变量的指针变量。程序运行时，先要求用户分别输入两个密码，并存入变量 m1 和 m2 中；然后调用函数 swap 进行两个密码的交换，交换前后的情况如图 8.11 所示。

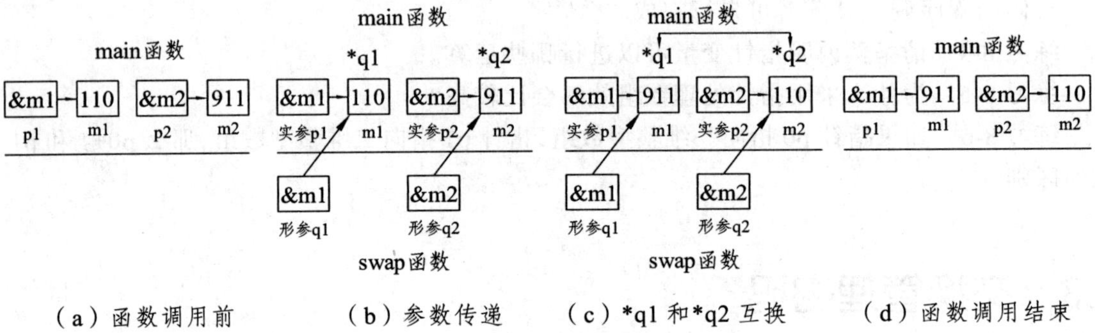

图 8.11　交换管理密码示意图

在调用 swap 函数时，调用语句“swap(p1,p2);”使用指针作为函数的实参，最终实现了两个变量值的交换。这两个变量值的改变不是通过函数返回值来实现的（swap 函数是 void 型），也不是通过把形参的值传送给实参来实现的（函数参数值的传递是单向的，只能把实参传给形参，而不能把形参传回实参），而是通过使实参指针和形参指针共同指向某一内存单元，并通过改变形参指针所指向的内存单元的值，达到了同时改变实参指针所指向内存单元的值的目的。

如果把 swap 函数改成如下形式：

（1）实参和形参都是 int 型变量。

```
void swap(int x,int y)
{
    int temp;
    temp=x;x=y;y=temp;
}
```

在 main 函数中调用 swap 函数：

```
swap(m1,m2);
```

得到如下结果：

Please enter the Digital password to m1 and m2 : 110　911

Exchange before: m1=110,m2=911;*p1=110,*p2=911

Exchange after: m1=110,m2=911;*p1=110,*p2=911

从运行结果可知，m1 和 m2 的值并未交换。这种情况和例 5.2 一样。因为实参和形参的值传递是单向的，函数中形参的值不能反向传给实参。

（2）实参和形参都是指针，在函数里交换指针。

```
void swap(int *q1,int *q2)
{
```

```
    int *temp;
    temp=q1;q1=q2;p2=temp;
}
```

在 main 函数中调用 swap 函数：

```
swap(p1,p2);
```

运行结果：

```
Please enter the Digital password to m1 and m2 : 110  911
Exchange before: m1=110,m2=911;*p1=110,*p2=911
Exchange after: m1=110,m2=911;*p1=110,*p2=911
```

从运行结果可知，m1 和 m2 的值同样也未交换，连指针 p1 和 p2 所指向的内存单元的值也没改变。请读者思考，为什么这种改变的 swap 函数不能实现变量值的交换呢？

8.3.2　指针作为函数参数

在 C 语言中，函数的参数不仅可以是整型、浮点型、字符型等变量，数组名也可以作为函数的参数。同样地，指针变量也可以作为函数的参数，如例 8.11。

C 语言中的函数间的参数传递有两种：一种是传数值的值传递（即传递基本类型的数据，结构体类型数据等，而非地址数据）；另一种是传地址的地址传递（即传递存储单元的地址）。若采用传数值的值传递方式，被调用函数执行中，对形参变量的任何改变都不会改变实参的值，也就是说，被调函数是无法改变主调函数中的变量值。如果被调用函数中要修改主调函数中的变量值，函数调用时必须采用传地址的地址传递的方式。

传地址的地址传递方式，实参值是指针类型的数据。实参可以是常量、变量或表达式，但实参值必须是存储单元的地址，而不能是基本数据类型数据。当函数调用时，实参地址传给形参变量。由于形参变量获得的是主调函数中变量的地址，则在函数体中可以通过地址访问相应的主调函数中变量，从而达到改变主调函数中变量值的目的。

如果想通过函数调用得到 n 个要改变的值，可以通过如下步骤实现：

① 在主调函数中设 n 个变量，并用 n 个指针变量指向它们；

② 通过将指针变量作为实参，将这 n 个变量的地址传递给被调函数的形参；

③ 通过形参指针变量，改变该 n 个变量的值；

④ 主调函数中就可以使用这些改变了值的变量了。

1. 形参为指针，实参为变量的地址、指针或值为地址的表达式

【例 8.12】 指针作为函数参数，求平方值。

源代码：

```
#include <stdio.h>
void main( )
{
    void squ(int *p1); /*函数声明*/

    int i,x,y,a[5]={1,2,3,4,5};
```

```
    int *p;
    p=&y; /*指针 p 指向 y*/

    printf("Enter x and y: "); /*输入 x 和 y 的值*/
    scanf("%d%d",&x,&y);

    squ(&x); /*实参为变量地址*/
    squ(p);   /*实参为指向变量的指针*/

    for(i=0;i<5;i++) squ(&a[i]); /*实参为数组元素的地址*/

    printf("x^2=%d,y^2=%d\n",x,y); /*输出平方值*/
        printf("a[i]^2: ");
    for(i=0;i<5;i++) printf("%4d",a[i]);
}

void squ(int *p1)   /*形参为指针*/
{
    *p1=(*p1)*(*p1);
}
```

运行情况：

```
Enter x and y: 6 8
x^2=36,y^2=64
a[i]^2:    1    4    9   16   25
```

上例程序中，求平方值函数 squ 的形参为指针变量。当分别用变量地址、指向变量的指针变量和数组元素地址作为实参调用函数时，都可实现修改主调函数中变量值或者数组元素值的目的。

2. 形参为数组，实参为数组名或指针

在函数定义中，被声明为数组的形参在编译时是作为指针变量来处理的。如有如下函数定义：

```
void inv(int a[],int n)
{
    …
}
```

则在编译时，是将数组名按指针变量处理的，相当于把函数 inv 的首部写成：

```
void inv(int *a,int n);
```

当该函数被调用时，系统会建立一个指针变量 a，用来存放从主调函数传递过来的实参数组的首元素的地址。当 a 接收了实参数组的首元素的地址后，a 就指向实参数组首元素，此时形参与实参共同指向同一数组，此后就可以通过改变形参所指向的内存单元的值来达到改变实参数组的目的，如下例所示。

【例 8.13】 数组元素的逆序存放。

源代码：

```
#include <stdio.h>
void main( )
{
    void exchange(int a1[],int n);          /* 函数声明 */

    int i,a[10]={0,1,2,3,4,5,6,7,8,9};

    printf("The original array:   ");
    for(i=0;i<10;i++)printf("%3d",a[i]);  /* 输出原数组各元素的值 */
    printf("\n");

    exchange(a,10);                          /* 实参是数组名*/

    printf("The inverted array:    ");     /* 输出逆序存放后数组各元素的值 */

    for(i=0;i<10;i++)printf("%3d",a[i]);
    printf("\n");
}

void exchange(int a1[],int n)               /*形参是数组*/
{
    int i,temp;
    /* a1[i]和 a1[n-1-i]交换 */
    for(i=0;i<n/2;i++) {temp=a1[i];a1[i]=a1[n-1-i];a1[n-1-i]=temp;}
}
```

运行情况：

```
The original array:    0  1  2  3  4  5  6  7  8  9
The inverted array:    9  8  7  6  5  4  3  2  1  0
```

在上例中，函数 exchange 有两个形参，一个是数组 a1，用于接受实参数组元素的地址；另一个是形参 n，用于确定需要操作的元素的个数。在程序中，实参是数组名 a，指定对数组中的 10 个元素进行操作。在调用函数时，实参数组名 a 代表的地址（数组 a 的首元素地址）传递给了在编译时由形参数组形成的指针变量 a1，此时 a1 就指向了实参数组的首元素，即 a[0]。改变 a1 所指向的内存单元的值*(a1+i)，也就是改变实参数组元素的值 a[i]。

★注意：实参数组名代表一个固定的地址，或者说代表一个指针常量。而在函数定义中，被声明为数组的形参实际上是一个指针变量。在函数调用时，实参数组名传递给形参数组的是实参数组的首地址，而实参数组元素本身不被复制，事实上实参数组和形参数组是共用内存空间。

既然形参数组在编译时被当作指针来处理，那么在调用形参为数组的函数时，实参可采用指针变量。

把上例程序改成如下形式，也可实现数组元素的逆序存放。

源代码：

```
#include <stdio.h>
void main( )
{
    void exchange(int a1[],int n);          /* 函数声明 */

    int i,a[10]={0,1,2,3,4,5,6,7,8,9};
    int *p;
    p=a;                                    /* 指针指向数组 a */

    printf("The original array:  ");
    for(i=0;i<10;i++)printf("%3d",a[i]);   /* 输出原数组各元素的值 */
    printf("\n");

    exchange(p,10);                         /* 实参是指针 */

    printf("The inverted array:  ");       /* 输出逆序存放后数组各元素的值 */
    for(i=0;i<10;i++)printf("%3d",a[i]);
    printf("\n");
}

void exchange(int a1[],int n)              /*形参是数组*/
{
    int i,temp;
    for(i=0;i<n/2;i++) {temp=a1[i];a1[i]=a1[n-1-i];a1[n-1-i]=temp;} /* a[i]和 a[n-1-i]交换 */
}
```

运行情况：

```
The original array:   0  1  2  3  4  5  6  7  8  9
The inverted array:   9  8  7  6  5  4  3  2  1  0
```

程序中，定义了指向整型变量的指针变量 p，并使之指向了数组 a 的首元素。然后把它作为函数的实参，调用 exchange 函数，通过值传递把实参 p 的地址传给形参的数组，实参数组和形参数组共用内存空间，在 exchange 函数中实现形参数组元素的逆序存放即是实现实参数组元素的逆序存放。

归纳起来，如果要想在调用函数中改变实参数组元素的值，实参与形参的对应关系有以下四种：

（1）实参和形参都是数组名。

```
void main( )                      void h(int x[], int n)   {…}
{   int a[10];
    …
  h(a,10);
```

```
}
```

（2）实参用数组名，形参用指针变量。

```
void main( )                    void h(int *p, int n)   {…}
{   int a[10];
    …

  h(a,10);
}
```

（3）实参、形参都用指针变量。

```
void main( )                    void h(int *x, int n)   {…}
{   int a[10];
    int *p=a;
    …

    h(p,10);
}
```

（4）实参为指针变量，形参为数组名。

```
void main( )                    void h(int x[], int n)   {…}
{   int a[10];
    int *p=a;
    …

    h(p,10);
}
```

练习 8-7　指针变量作为函数参数与其他类型变量作为函数参数在参数传递上有何区别？

练习 8-8　在通过数组名传递函数参数时，为什么说实参数组和形参数组是共用内存空间？

练习 8-9　编写程序，输入两个整数，用指针变量作为函数参数，将参数传递给子程序，完成数据从小到大输出。

8.4　统计句子中关键字符的个数

8.4.1　程序分析

在 C 语言中，字符串是按数组的形式进行存取的，即每个字符串都可看作是一个 char 型的一维数组，数组名代表其首字符的地址，可利用访问数组元素的方法访问字符串内的每个字符，也可像数组指针一样，定义一个指向字符串的指针，并用指针来对字符串内的各字符进行访问，如下例。

【例 8.14】 已有一字符串句子，统计该句子中关键字符的个数。

源代码：

```
#include <stdio.h>
void main( )
```

```
{
    int num=0;
    char c,*p;
    char string[]="I am a boy!";   /*定义查找字符串对象*/

    printf("Please input the key char: ");
    scanf("%c",&c);                /*输入要查找的关键字符*/

    for(p=string;*p!='\0';p++)
    {
        if(*p==c)  num++;          /*在字符串中查找关键字符，并记录个数*/
    }
    if(num==0) printf("The string haven't the key char!\n");
    else printf("The string have %d key char of %c !\n",num,c); /* 输出字符串中关键字符的个数*/
}
```

运行情况：

Please input the key char: a

The string have 2 key char of a !

在程序中，字符数组 string 用于存放要查询的字符串句子。要查找的关键字符放在字符变量 c 中。在 for 语句的循环初始条件里利用“p=string;”语句对字符指针变量 p 进行赋值，使其指向字符串 string 的首字符，然后在循环体内利用*p 逐一取出字符串内的字符与关键字符进行比较，并统计关键字符的个数。

8.4.2 字符串的表示形式

在 C 语言中，字符串的表示形式主要有以下两种：

1. 数组形式

字符串的数组形式如下例所示：

char string[]="I am a boy!";

string 是数组名，它代表字符串的首字符的地址，在内存中的存放形式如图 8.12 所示。图中的 string[5]代表数组中序号为 5 的元素，它的值就是字符串中的第 6 个字符'a'。实际上，string[5]是按*(string+5)来处理的，string+5 是一个地址，它指向字符'a'。图中的 string[6]代表数组中序号为 6 的元素，它的值就是字符串中的第 7 个字符' '；实际上，string[6]是按*(string+6)来处理的，string+6 是一个地址，它指向字符' '。

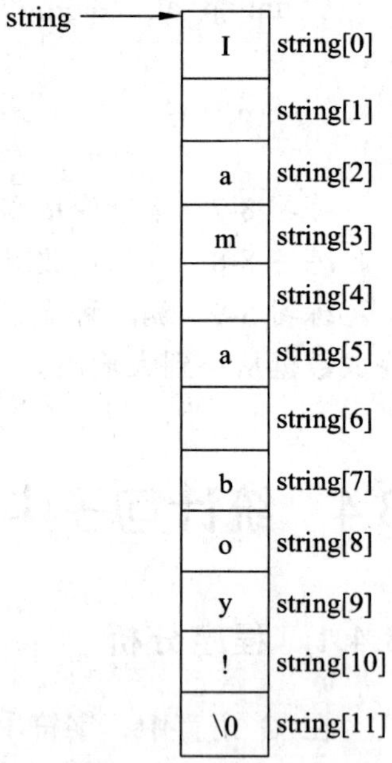

图 8.12 字符串数组在内存中的存放形式

2. 指针形式

字符串的指针形式就是在表示字符串时，不是定义字符数组，而是定义一个指向字符串的字符指针。

例如：

```
char *string="I am a boy!";
```

语句中 string 是一个字符型的指针变量，它指向一个字符变量或者其他类型的字符数据，用字符串"I am a boy!"给它赋值，实际上是把字符串的首字符的地址赋给了指针 string，而不是把字符串的内容赋给它。

因为 C 语言对字符串常量是按数组来处理的，并在内存中开辟一块连续的存储空间来存放该字符串常量。因此，用字符串给字符指针变量赋值，实际上就是把这块连续的存储空间的首地址赋给指针变量，它的值就是字符串中首个元素的地址。

在定义字符指针时，如果没有给它赋值，指针的值是不确定的，不能明确它所指向的内存单元。因此，如果引用未赋值的字符指针，可能会出现意外的结果。如：

```
char *string;
printf(" %s",string);
```

为尽量避免引用未赋值的指针所造成的混乱，在定义指针时，可先将它的初值赋为空，如：char *string=NULL;

虽然字符数组和字符指针都可以处理字符串，但两者也是有区别的。

例如：

```
char string[]="I am a boy!";
char *string="I am a boy!";
```

字符数组 string 在内存中占用了一块连续的存储空间，有确定的地址，数组名代表数组的首字符的地址，是一个地址常量，每个数组元素存放字符串中的一个字符。而对于字符指针 string，它是一个指针变量，在内存中只占用一个内存单元，存放字符串的首字符地址，可以对它另行赋值，使它指向别的字符或字符串。

8.4.3 字符串常用处理函数

在 C 语言的 stdio.h 头文件中，包含了许多有关字符的输入、输出函数，而在 string.h 头文件中，则有各种字符串的处理函数，下面分别列出几个常用的函数。

1. 字符串的输入输出函数

函数 scanf 和 gets 可用于字符串的输入，而函数 puts 和 printf 可用于字符串的输出。

（1）scanf 函数。

函数原型为 int scanf(char * format,args,…)，其功能是从标准输入设备按 format 所指向的格式字符串所规定的格式，输入数据给 args 所指向的单元。此处 args 为指针。函数在遇到回车符或空格符时结束输入，并自动把输入的数据和字符串的结束标志'\0'存入指针所指向的内存单元中。

例如：

```
char *p,string[100];
p=string;
scanf("%s",p);    /*也可用 scanf("%s",string);*/
```

p 为指向具体内存单元的字符指针，或者使用字符数组名代替。需要注意的是，在输入前必须给指针 p 赋值，使它指向具体的内存单元地址，否则，可能出现意想不到的错误。

（2）printf 函数。

函数原型为 int printf(char *format,args,…)，其功能是按 format 所指向的格式字符串所规定的格式，将输出列表 args 的值输出到标准输出设备中。

例如：对上例采用 scanf 函数输入的字符串，可用以下两种方式输出。

```
printf("%s\n",p);
```

或

```
printf("%s\n",string);
```

当然也可以用 printf 直接输出一个字符串常量，如：

```
printf("I am a ,boy");
printf("%s ","I am a ,boy");
```

（3）gets 函数。

函数原型为 char *gets(char *)，其功能是从标准输入设备中输入一个字符串，并存入参数指针所指向的内存单元中。函数的返回值为指针，即返回输入字符串的首字符地址。遇回车符时结束输入，并自动把输入的字符串和字符串结束标志'\0'存入参数指针所指向的内存单元中。

例如：

```
char *p,string[100];
p=string;
gets(p);   /*或者用 gets(string)*/
```

（4）puts 函数。

函数原型为 int puts(char *str)，其功能是把 str 指向的字符串输出到标准输出设备中，将'\0'转换为回车符。

如：对上例采用 gets 函数输入的字符串，可用以下两种方式输出：

```
puts(p);
puts(string);
```

下面通过一个具体的例子来说明字符串的这几个输入、输出函数。

【例 8.15】 字符串的输入、输出函数的使用。

（1）采用 scanf 函数输入，printf 函数输出。

源代码：

```
#include <stdio.h>
void main( )
{
    char *p,string[100];
    p=string;

    scanf("%s",p);
    printf("%s",p);
    printf("--First input!");
}
```

运行情况：

I am a boy!

I--First input!

（2）采用 gets 函数输入，puts 函数输出，数组名作实参。

源代码：

```
#include <stdio.h>
void main( )
{
    char string[100];
    gets(string);
    puts(string);
    printf("--The second input!");
}
```

运行情况：

I am a boy!

I am a boy!

--The second input!

对比以上两个程序的运行结果可知：

在程序中，scanf 函数以空格和回车符作为结束输入的标志，当遇到第一个空格时，就认为输入结束了，在程序（1）输入的字符串只有字符“I”获得保存。scanf 函数适合输入没有空格的数据。而 gets 函数以回车符作为结束输入的标志，因此程序（2）输入的字符串都获得了保存。

从运行结果也可看出 printf 函数和 puts 函数的区别。printf 函数输出字符串时，不能把字符串的结束符'\0'转换为回车符，因此在调用 printf 函数后，不能自动换行。而 puts 函数可以把结束符'\0'转换为回车符，在调用函数后能自动换行。

2. 字符串的复制、连接和比较及字符串的长度测量

字符串的复制、连接和比较及字符串的长度测量函数都在系统自带的“string.h”头文件中，使用时须注意把它包含在程序中。

（1）字符串的复制函数 strcpy。

函数的原型为：char *strcpy(char *str1,char *str2)，其功能是把 str2 指向的字符串复制到 str1 中去，同时返回指针 str1。

例如：

```
char str1[100],str2[100],init[]="goodbye!";
strcpy(str1,init); /*把初始化数组 init 内的字符串复制到 str1 中*/
strcpy(str2,str1); /*把字符串数组 str1 复制到 str2 */
```

这时字符数组 str1 和 str2 中存放的字符串都为："goodbye!"。

（2）字符串的连接函数 strcat。

函数的原型为：char *strcat(char *str1,char *str2)，其功能是把字符串 str2 连接到 str1 的后面，str1 原来的结束符'\0'被取消，返回指针 str1。函数中，str1 必须是数组名或指向字符

数组的指针，而 str2 除了可用数组名或者指向字符数组的指针外，还可以是一个字符串常量。数组 str1 的长度要足够大，以便能够存放连接后的新字符串。如下例：

```
char str1[100],str2[100],init[]="goodbye!";
strcpy(str1,init);
strcat(str1,"----"); /*字符串常量"----"连接到 str1 后面。*/
strcpy(str2,str1); /*str1 复制到 str2。*/
strcat(str1,str2); /*str2 连接到 str1 后面。*/
```

最后数组 str1 中存放的字符串为："goodbye!----goodbye!----"，数组 str2 中存放的字符串为："goodbye!----"。

（3）字符串比较函数 strcmp。

函数的原型为：int strcmp(char *str1,char *str2)，其功能是比较两个字符串 str1、str2。当 str1 小于 str2，返回负数；当 str1 等于 str2 时，返回 0；当 str1 大于 str2 时，返回正数。

这里需要强调的是：str1 和 str2 都是数组名或者指向字符数组的字符指针。它们之间的直接比较，如 str1>str1、str1==str2，则是在比较它们的地址，这样的比较没有实际意义。在实际编程中，更多是对两个字符串内容的比较，需要调用 strcmp 函数，如 strcmp(str1,str2) 则是比较它们对应的字符串的内容。

字符串的比较原则是：从两个字符串的首字符开始，依次比较相对应的字符（实际是比较字符的 ASCII 码），直到出现不同的字符或遇到'\0'。如果两个字符串的内容都相同，则返回 0。否则，以第一个不相同字符的比较结果为准。例如：

```
a=strcmp("aaz","aab");
b=strcmp("ABC","ABC");
c=strcmp("ABC","AbC");
printf("a=%d,b=%d,c=%d",a,b,c);
```

运行的结果为：

```
a=1,b=0,c=-1
```

第一行的比较中，“aaz”和“aab”的前 2 个字符相同，而第 3 个字符中'z'大于'b'，故结果为正；第二行比较的两个字符完全相同，故结果为 0；第三行的比较中，只有中间的字符不相同；对于同一个字母来讲，大写时的 ASCII 码要比小写时的 ASCII 码小，故比较的结果为负。

（4）字符串长度测量函数 strlen。

函数的原型为：unsigned int strlen(char *str)，其功能是统计字符串 str 中有效字符的个数，不包括字符串结束符'\0'，返回字符个数。str 可为字符串数组名或者指向字符数组的字符指针，也可以为字符串常量。

【例 8.16】 测量字符串的长度。

源代码：

```
#include <stdio.h>
#include <string.h>
void main( )
{
```

```
        int a,b,c;
        char str[]="C program design!";
        char *p=str;

        a=strlen("I am a boy !");
        b=strlen(p);
        c=strlen(str+10);              /*计算从第 10 号元素 str[10]开始的字符的个数*/

        printf("a=%d,b=%d,c=%d\n",a,b,c);
        printf("%s\n",str+10);         /*输出第 10 号元素 str[10]开始的字符串的内容*/
    }
```

运行情况：

```
a=12,b=17,c=7
design!
```

在 string.h 头文件里，还有很多字符串的处理函数，读者可进一步了解。

下面通过一个例子来体现字符串处理的一些技巧。

【例 8.17】 输入两个字符串，测量它们的长度，并比较它们的大小，最后把它们连接后复制另外两个字符串中。

源代码：

```
#include <stdio.h>
#include <string.h>
void main( )
{
    int i,a,b,c;
    char str1[80],str2[40],str3[40],str4[80];
    char *p1=str1,*p2=str2;

    printf("Input the first string:");
    gets(str1);            /*采用 gets 函数输入第一个字符串。*/
    printf("Input the second string:");
    scanf("%s",str2);      /*采用 scanf 函数输入第二个字符串，注意不要包括空格。*/
    a=strlen(str1);        /*测量 str1 中字符串的长度，数组名作参数。*/
    b=strlen(p2);          /*测量 str2 中字符串的长度，指针作参数。*/
    c=strcmp(str1,str2);   /*比较两个字符串*/
    printf("The length of the str1、str2:%d,%d\n",a,b);          /*输出两个字符串的长度*/
    printf("Str1 and str2 of the comparison results for:%d\n",c);   /*数组 str1 和 str2 中的字符串的
比较结果*/
    strcat(str1,str2);   /*利用 strcat 函数，将 str2 中的字符串连接到 str1 中的字符串的后面；*/
    strcpy(str3,str1);   /*利用 strcpy 函数，把 str1 中的字符串复制到 str3 中*/
    for(i=0;*(p1+i)!='\0';i++)   *(str4+i)=*(p1+i);   /*采用循环方式，把 str1 中的字符串中的字符
（不含'\0'），逐个复制到 str4 中*/
    *(str4+i)='\0';     /*连同字符串结束符'\0'一同复制*/

    puts(str3);         /*采用 puts 函数输出 str3 中的字符串*/
```

```
    printf("****************************\n");
    for(i=0;str4[i]!='\0';i++)  printf("%c",str4[i]);   /*采用循环方式，逐个字符地输出 str4 中的字
符串中的字符。*/
    printf("\n");

}
```

运行情况：

Input the first string:<u>The Great Wall is the miracle of the</u>

Input the second string:<u>world!</u>

The length of the str1、str2:37,6

Str1 and str2 of the comparison results for:-1

The Great Wall is the miracle of the world!

****

The Great Wall is the miracle of the world!

程序综合利用了本节内容所讲述的函数，请读者仔细体会。

在进行字符串的复制时，本程序采用了两种方法，第一种是采用 strcpy 函数；另一种是采用循环的方式，把字符串内的字符逐一复制。在循环方式中，要特别注意的是，把字符串的结束符在循环结束后也一同复制。

字符串的输出同样也采用了两种方法：一种是采用 puts 函数；另一种是采用循环方式，把字符串的每个字符在每一次循环中逐一输出。

练习 8-10　举例说明用字符数组和字符指针处理字符串有何区别。

练习 8-11　编写程序验证 strlen 函数与 sizeof 函数对同一对象的统计结果。

练习 8-12　有一字符串，包含 a 个字符。写一函数，将此字符串中第 b 个字符开始的全部字符复制成为另一个字符串。

8.5 中英文星期名称的转换

8.5.1 程序分析

【例 8.18】根据提示输入中文星期名称对应的数字后输出该中文星期名称对应的英文名称。例如，输入 3，输出星期三对应的英文名称是 Wednesday，输入 7，输出星期天对应的英文名称是 Sunday。

源代码：

```
/*中英文星期名称的转换(用指针数组实现)*/
#include<stdio.h>
#include<string.h>
#include<stdlib.h>
void main( )
{    int i;
```

```
    char *week1[7]={"Monday","Tuesday","Wednesday","Thursday","Friday","Saturday","Sunday"};
    char *week2[7]={"星期一","星期二","星期三","星期四","星期五","星期六","星期天"};
    do{
        system("cls");          /*运行前清屏*/
        printf("****中文星期名称对应的数字****\n");
        for(i=0;i<=6;i++)
            printf("    %s  %d\n",week2[i],i+1);
        printf("****************************\n");
        printf("\n 请输入上面中文星期名称对应的数字:");
        scanf("%d",&i);         /*读入用户选择*/
    }while(i<1||i>7);      /*如果用户选择不在星期一至星期天对应的数字范围，则重新读入*/
    printf("\n%s 对应的英文名称是%s\n",week2[i-1],week1[i-1]);
}
```

运行情况：

```
****中文星期名称对应的数字****
星期一    1
星期二    2
星期三    3
星期四    4
星期五    5
星期六    6
星期天    7
****************************
请输入上面中文星期名称对应的数字: 3
星期三对应的英文名称是 Wednesday
```

为了简化输入，源代码中用数字代表对应的中文星期名称。week1 和 week2 是指针数组，其数组元素分别指向中、英文星期名称的字符串。

8.5.2 指针数组

在 C 语言中，数组中的各个元素可以存放任何类型相同的数据，如果存放的数据都是内存地址，那么这个数组就是指针数组。

一维指针数组的定义形式为：

类型名 *数组名[数组长度];

其中，类型名用于指定数组元素所指向变量的类型。例如：

```
double a[5];
char *week1[7];
```

其中，分别定义了双精度浮点型数组 a 和字符指针数组 week1。双精度浮点型数组 a 有 5 个元素，可以存放 5 个双精度浮点型数据；指针数组 week1 有 7 个元素，元素的类型是字符指针，用于存放字符型数据在内存中的首地址。

在例 8.18 中，指针数组 week1 的每个元素 week1[i]指向一个英文星期名称的字符串，同理指针数组 week2 的每个元素 week2[i]指向一个中文星期名称的字符串，如图 8.13 所示，因为 week1[i]和 week2[i]中存放的是字符串的首地址，因此，程序的最后一行代码：

printf("%s 对应的英文名称是%s\n",week2[i - 1],week1[i - 1]);

就是将 week2[i - 1]和 week1[i - 1]所指向的字符串输出。

对读者来说，要掌握通过指针数组中的数组元素访问它所指向的内存单元。

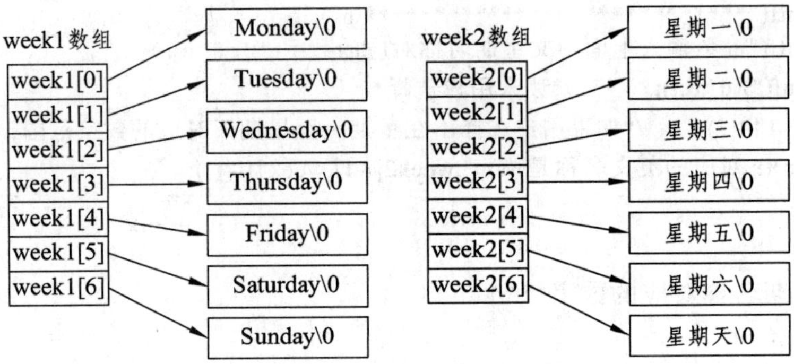

图 8.13 指针数组示意图

【例 8.19】 使用指针数组输出英文星期名称。

源代码：

```
/*用指针数组输出英文星期名称*/
#include<stdio.h>
#include<string.h>
#include<stdlib.h>
void main( )
{   int i;
  char *week1[7]={"Monday","Tuesday","Wednesday","Thursday","Friday","Saturday","Sunday"},*temp;
   /*输出字符串的在内存中的起始地址和内容*/
  printf("数组元素的值\t\t 字符串内容\n");                /*数组元素内容换成数组元素的值*/
  printf("(即字符串起始地址)    \n");
  for(i=0;i<=6;i++)
      printf("week1[%d] %x\t\t%s\n",i,week1[i], week1[i]);
  temp= week1[0];
  week1[0]= week1[6];
  week1[6]= temp;
  printf("\n\n 数组元素的值\t\t 字符串内容\n");          /*数组元素内容换成数组元素的值*/
  printf("(即字符串起始地址)    \n");
  for(i=0;i<=6;i++)
      printf("week1[%d] %x\t\t%s\n",i,week1[i], week1[i]);
}
```

运行情况：

数组元素的值　　　　　　字符串内容

(即字符串起始地址)

week1[0] 4200d4　　Monday
week1[1] 4200c8　　Tuesday
week1[2] 4200bc　　Wednesday
week1[3] 4200b0　　Thursday
week1[4] 4200a8　　Friday
week1[5] 42009c　　Saturday
week1[6] 420094　　Sunday

数组元素的值　　字符串内容
(即字符串起始地址)

week1[0] 420094　　Sunday
week1[1] 4200c8　　Tuesday
week1[2] 4200bc　　Wednesday
week1[3] 4200b0　　Thursday
week1[4] 4200a8　　Friday
week1[5] 42009c　　Saturday
week1[6] 4200d4　　Monday

首先按顺序输出指针数组每个元素所指向的英文星期名称字符串在内存中的起始地址和内容，然后交换 week1[0]和 week1[6]后再输出。从运行情况看到英文星期名称发生了交换，实际上，所有英文星期名称字符串在内存中的起始地址并没变，只是存放起始地址的指针数组元素 week1[0]和 week1[6]里的地址互换，交换了指向，如图 8.14 所示。

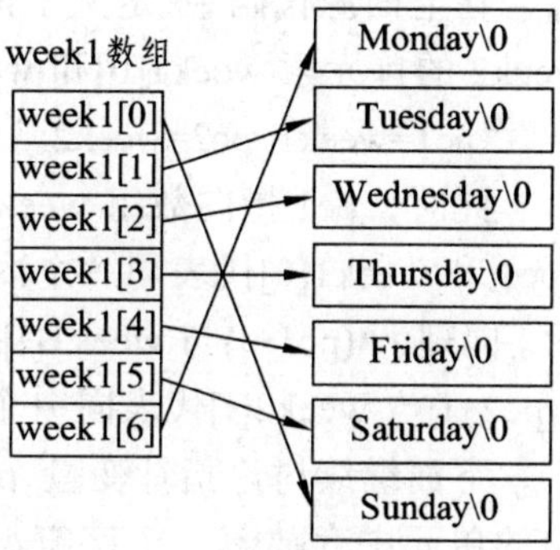

图 8.14　week1[0]与 week1[6]交换后的情况

从上例可见，对指针数组元素的操作和对同类型指针变量的操作相同。可以对数组元素赋值，以及引用数组元素的值；还可以间接访问它所指向的内存单元，改变或引用该单元的内容。

系统在给变量分配内存单元时是根据系统当时的系统资源使用情况进行的，运行该程序时，输出的字符串起始地址的值取决于当时的运行情况，不同的机器其结果很可能不一样，而且重复运行也可能结果不同。字符指针数组中数组元素存放的内容是各个字符串的首地址，该地址具体是什么不重要，关键是要掌握通过指针数组元素访问它所指向的字符串。

8.5.3　指向指针的指针

前面的 8.2 节讨论了用指针完成数组下标能完成的操作，指针数组同样如此。

【例 8.20】 使用指向指针的指针改写例 8.18。

源代码：

```
/*中英文星期名称的转换(用指向指针的指针实现)*/
#include<stdio.h>
#include<string.h>
#include<stdlib.h>
void main( )
{
    int i;
    char
    *week1[7]={"Monday","Tuesday","Wednesday","Thursday","Friday","Saturday","Sunday"};
    char *week2[7]={"星期一","星期二","星期三","星期四","星期五","星期六","星期天"};
    char **pc1,**pc2;
    do{
        system("cls");              /*运行前清屏*/
        printf("****中文星期名称对应的数字****\n\n");
        for(i=0;i<=6;i++)
            { pc2=week2+i;printf("\t%s    %d\n",*pc2 ,i+1); }
        printf("\n****************************\n");
        printf("\n 请输入上面中文星期名称对应的数字:");
        scanf("%d",&i);             /*读入用户选择*/
    }while(i<1||i>7);/*如果用户选择不在星期一至星期天对应的数字范围，则重新读入*/
    pc1=week1; pc2=week2;       /*  等价于 pc1=& week1[0]，pc2=& week2[0]*/
    printf("\n%s 对应的英文名称是%s\n",*(pc2+i-1), *(pc1+i-1));
}
```

在上面源代码中,定义了两个新的指针变量 pc1 和 pc2,并用它们接受两个数组 week1 和 week2 的首元素 week1[0]和 week2[0]地址，即：

“pc1=week1; pc2=week2;” 等价于 “pc1=&week1[0]; pc2=&week2[0];”

此时，pc1 指向数组 week1 的首元素 week1[0]，*pc1 和 week1[0]代表同一个内存单元，如图 8.15 所示。同理，*(pc1+i)与 week1[i]代表同一个内存单元，*(pc2+i)与 week2[i]代表同一个存储单元。

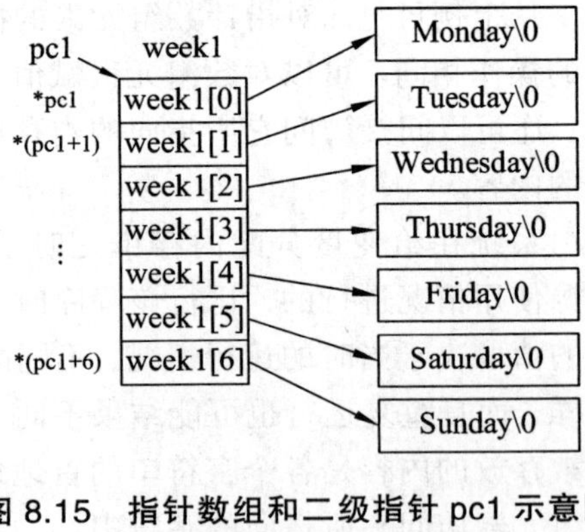

图 8.15 指针数组和二级指针 pc1 示意图

下面继续讨论指针变量 pc1 的类型，在它所指向的单元中存放着一个字符型数据的地址，即 pc1 所指向单元的数据类型是字符指针。换句话说，pc1 指向一个字符指针变量，是一个指向指针的指针。

C 语言中，指向指针的指针的定义形式为：

类型名 **变量名；

指向指针的指针也称为二级指针。与一级指针相比，二级指针的概念较难理解，运算也更为复杂。例如下面定义的 3 个变量并初始化：

```
int b=6;
int *p=&b;
```

int **pp=&p;

一级指针变量 p 里的存放的数据是&b（即变量 b 在内存中的地址），一级指针变量 p 指向整型变量 b，如图 8.16 所示，这样对一级指针变量 p 的间接访问*p 就是访问变量 b（即变量 b 和*p 代表同一个单元）。同理对二级指针变量 pp 的间接访问*pp 就是访问一级指针变量 p（即一级指针变量 p 和*pp 代表同一个单元）。由此可知&&b、&p 和 pp 等价，&b、p 和*pp 等价，b、*p 和**pp 等价。

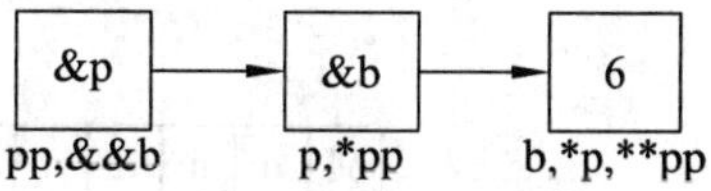

图 8.16　二级指针示意

在指针数组中，指针数组元素的值是地址，指针数组名本身也是地址，但它们指向不同类型的存储单元，指针数组名是二级指针，指针数组元素是一级指针。例如：

```
char *week1[7]={"Monday","Tuesday","Wednesday","Thursday","Friday","Saturday","Sunday"};
```

数组名 week1 的类型是二级指针（char **），它的值是数组首元素 week1[0]的地址，即 week1 指向 week1[0]。同理 week1+n 就是指向 week1[n](0≤n≤6)，则*(week1+n)和 week1[n]等价。例如图 8.17 中*(week1+1)和 week1[1]等价。

指针数组元素 week1[n]的类型是一级指针（char *），它指向一个字符串的首字符，则 week1[n]+k(k 是一个大于等于 0 的整数)就是指向首字符后的第 k 个字符，*(week1[n]+k）和该字符等价。例如图 8.17 中 week1[3]+4 指向字符串"Thursday"的首字符 T 后的第 4 个字符 s，*(week1[3]+4)和字符 s 等价。

把二级指针 week1 赋给 pc1 二级指针，如图 8.17(a)所示。*(week1+n)、*(pc1+n)和 week1[n]等价，都代表字符串首地址，如图 8.17(b)所示。*(*(week1+n)+k)、*(*(pc1+n)+k)和*(week1[n]+k)等价，都代表字符。

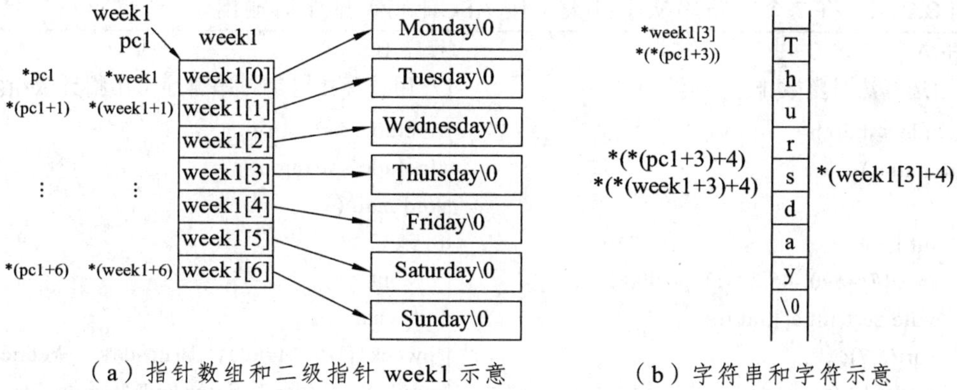

图 8.17　指针数组和字符串示意

★注意：week1[n]是字符指针，它指向一个字符串的首字符，而*(week1[n])是字符，就是该字符串的首字符。

8.5.4　指针数组作函数的参数

在前面 8.4 节中我们已经知道可以使用一维字符数组和字符指针来处理字符串。同理要处理多个字符串就可以使用二维字符数组和字符指针数组。例如：

```
char cweek1[][10]={"Monday","Tuesday","Wednesday","Thursday","Friday","Saturday","Sunday"};
```

char *week1[]={"Monday","Tuesday","Wednesday","Thursday","Friday","Saturday","Sunday"};

定义了两个数组。cweek1 是二维字符数组，7 行 10 列共 70 个元素，每一行存放一个字符串，如图 8.18（a）所示，每个元素的类型是字符型。week1 是指针数组，有 7 个元素，占有 7 个存储单元，每个元素的类型是字符指针，指向一个字符串，如图 8.18（b）所示。

M	o	n	d	a	y	\0			
T	u	e	s	d	a	y	\0		
W	e	d	n	e	s	d	a	y	\0
T	h	u	r	s	d	a	y	\0	
F	r	i	d	a	y	\0			
S	a	t	u	r	d	a	y	\0	
S	u	n	d	a	y	\0			

（a）二维字符数组

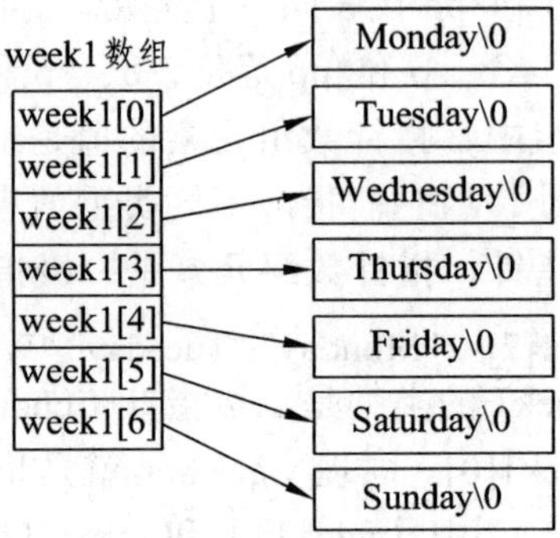

（b）指针数组

图 8.18　用二维字符数组和指针数组表示多个字符串示意图

定义二维字符数组时必须指定列长度，该长度要大于最长的字符串的有效长度，由于各个字符串的长度一般并不相同，就会造成内存单元的浪费。而指针数组并不存放字符串，只是存放字符串的首地址，就没有类似的问题。

1. 指针数组作函数的参数

【例 8.21】 将 7 个字符串从小到大（按 ASCII 码）排序后输出。

程序 A

```
/* 用选择法对整数排序 */
#include <stdio.h>
void main( )
{
    int i;
    int a[7]={90,-45,321,34,-100,8,10};
    void sort(int a[],int n);
    sort(a,7);
    printf("After sorted: " );
    for(i = 0; i < 7; i++)
        printf("%d ", a[i]);
    printf("\n");
}

void sort(int a[],int n)
{
    int i,index,k,temp;
    for(k = 0; k < n-1; k++){
        index = k;
```

程序 B

```
/* 用选择法对字符串排序（用指针数组实现）*/
#include <stdio.h>
#include <string.h>
void main( )
{
    int i;
    char
*pweek1[]={"Monday","Tuesday","Wednesday","Thursday","Friday","Saturday","Sunday"};
    void sort(char *week1[],int n);
    sort(pweek1,7);
    printf("After sorted: " );
    for(i = 0; i < 7; i++)
        printf("%s ", pweek1[i]);
    printf("\n");
}

void sort(char *week1[],int n)
{
```

<table>
<tr>
<td>

```
        for(i = k + 1; i < n; i++)
            if(a[i] < a[index])
                index = i;
            if(k!=index)
            {
                temp = a[index];
                a[index] = a[k];
                a[k] = temp;
            }
    }
}
```

运行情况：

After sorted: -100 -45 8 10 34 90 321

</td>
<td>

```
    int i,index,k;
    char *temp;
    for(k = 0; k < n-1; k++){
        index = k;
        for(i = k + 1; i < n; i++)
            if(strcmp(week1[i],week1[index])<0)
                index = i;
            if(k!=index)
            {
                temp = week1[index];
                week1[index] = week1[k];
                week1[k] = temp;
            }
    }
}
```

运行情况：

After sorted:Friday Monday Saturday Sunday Thursday Tuesday Wednesday

</td>
</tr>
</table>

上面两个程序的算法都是用选择法进行排序，为了让读者更好地理解指针数组作函数的参数的应用特点，用对比的方法编写程序。显然这两个程序要处理的数据类型不同，程序 A 中的整数可以直接比较大小，而程序 B 中的字符串的比较需要调用库函数 strcmp。其次，程序 A 要比较的 7 个整数存放在整型数组 a 中，而程序 B 要比较的 7 个字符串的首地址存放在指针数组 pweek1 的数组元素中，每个数组元素指向一个字符串。此外，数组名作为函数的实参时，相应地形参也写成数组的形式。

在程序 B 中，进行大小比较的是指针数组元素所指向的字符串，需要交换的是指针数组元素的值，即改变它们的指向，而所有字符串在内存中的起始地址并没有变，只是存放字符串起始地址的指针数组元素里的值改变了。排序前指针数组元素的指向如图 8.18（b）所示，排序后指针数组元素的指向如图 8.19 所示。

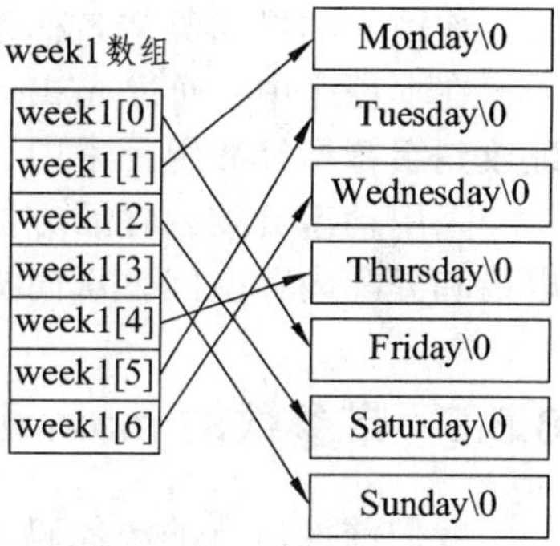

图 8.19　排序完成后指针数组 week1 的指向

2. 输入多个长短不一的字符串

在前面的程序中，都是定义字符指针数组的同时进行初始化赋值，然后用字符指针数组来对长短不一的多个字符串进行操作。为了增加程序的通用性和方便性，采用动态分配内存的方法来输入多个长短不一的字符串。

【例 8.22】 输入星期的英文名称，以#作为输入结束标志，再输出这些星期的英文名称。

源代码：

```
/* 用动态分配内存的方法输入多个长短不一的字符串 */
#include <stdio.h>
#include<stdlib.h>
#include<string.h>
```

```
void main( )
{
    int i, k = 0;
    char * week1 [7], str[10]; /* 星期英文名称只有 7 个且最长的星期英文名称是 9 个字符 */
    printf("请输入星期英文名称，每行一个，#结束输入：\n");
    scanf("%s", str);
    while(str[0] != '#') {
        week1 [k] = (char *)malloc(sizeof(char)*(strlen(str)+1));
        strcpy(week1[k], str);
        k++;
        scanf("%s", str);
    }
    printf("你输入的星期英文名称是：");
    for(i = 0; i < k; i++)
        printf("%s    ", week1 [i]);
}
```

运行情况：

请输入星期英文名称，每行一个，#结束输入：

Monday

Tuesday

Wednesday

#

你输入的星期英文名称是：Monday Tuesday Wednesday

在本程序中，通过 malloc 函数动态分配与各个字符串长短相应的内存单元，同时把首地址放到字符指针数组元素中，从而提高了内存的使用率。

采用动态分配内存的方法处理多个字符串输入的优点在于：能够根据输入数据的长度来申请和分配内存空间，从而提高了内存的使用率。

8.5.5 带参数的 main 函数

我们前面所有的源代码经编译和连接后，生成了扩展名为.exe 的可执行文件。这些可执行文件可以直接在许多操作系统（如 Dos 和 Unix）环境下以命令方式运行。

命令行的一般定义如下：

可执行文件名　参数 1 参数 2…参数 n

可执行文件名和各个参数直接用空格分隔，也可以没有参数。

带参数的 main 函数的一般定义如下：

```
void main(int argc,char *argv[])
{
    …
}
```

其中：argc 存储命令行的个数（包括可执行文件名和各个参数），argv 是指针数组，数组元素接收以字符串常量形式存放的命令行，其中，argv[0]指向命令，argv[1]指向参数 1，argv[2]指向参数 2，…，argv[arc-1]指向最后一个参数。

【例 8.23】 编写 C 程序 test，它的功能是将命令行个数和所有命令行参数输出。

```
/* 显示命令行个数和所有的命令行参数   */
#include <stdio.h>
void main(int argc, char *argv[ ])
{
    int k;
    printf("argc=%d \n", argc);
    for(k = 1; k < argc; k++)        /* 从参数 1 开始 */
        printf("%s\n ",argv[k]);   /* 按数组方式打印命令行参数 */
}
```

经编译和连接后生成 test.exe 可执行文件，用命令行方式运行：

<u>test 1234 abc A1Bv+</u>

输出：

```
argc=4
1234
abc
A1Bv+
```

此时，argc 的值是 4，argv 的四个元素分别指向"test"、"1234"、"abc"和"A1Bv+"字符串常量，如图 8.20 所示。

使用带参数的 main 函数，在程序运行时可以实现与操作系统的通信。

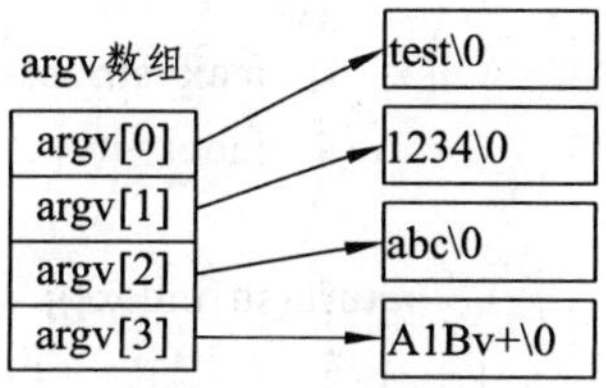

图 8.20　命令行参数示意图

练习 8-13　设有定义：int　n=0,*p=&n ,**q=&p ;,则在表达式：q=&p;**q=2; q=p; *p=5;中那一个是不正确的？

练习 8-14　用指针数组的方式处理字符数组，在内存空间使用上有什么优势？

练习 8-15　程序：

```
main(int   argc,   char   *argv[])
{int        i;
    if(argc<=0)   return;
    for(i=1;i<argc;i++)   printf("%c",*argv[i]);
}
```

经编译连接后生成的可执行文件是 test.exe，若运行时输入以下带参数的命令行：

Test　good　luck

执行后输出结果什么？

8.6　找最长字符串

8.6.1　程序分析

【例 8.24】将 7 个星期英文名称字符串中长度最大的字符串找出来，并输出这个字符串。

源代码：

```
/*找出长度最大的字符串(用指针函数实现)*/
#include<stdio.h>
#include<string.h>
void main( )
{
    char *week1[7]={"Monday","Tuesday","Wednesday","Thursday","Friday","Saturday","Sunday"};
    char *lenth_max(char *str[],int n);
    char *p;
    p=lenth_max(week1,7);
    printf("最长的字符串是%s\n",p);
}

char *lenth_max(char *str[],int n)
{
    int i,index=0,max;
    max=strlen(str[0]);
    for(i=1;i<n;i++)
        if(strlen(str[i])>max)
        {
          max=strlen(str[i]);
          index=i;
        }
    return(str[index]);
}
```

运行情况：

最长的字符串是 Wednesday

在程序中，函数 lenth_max 实现求最长字符串的功能。调用函数时，实参指针数组 week1 传给形参指针数组 str，使 str 指向 week1 指针数组。lenth_max 函数通过 str 访问各个字符串，str[i]是第 i 个字符串的首地址，strlen(str[i])求得第 i 个字符串的长度，index 记录最长字符串的序号，return 返回该序号对应的字符串的首地址。

8.6.2 返回值是指针的函数

前面第 5 章讨论了函数返回值的类型可以是整型、字符型和浮点型，从例 8.24 可知，函数也可以返回地址，即函数返回值是指针。函数返回值是指针类型的函数称为指针函数。指针函数的定义和调用与其他函数类似。

【例 8.25】 所谓藏尾诗，特指那些将某些需要表达的内容依次赋于每句诗的最后一字。编写一个程序，输入一首藏尾诗（假设只有 4 句），输出其真实含义。

源代码：

```
/* 解密藏尾诗（指针作为函数的返回值示例） */
#include <stdio.h>
char *change(char s[ ][20], char t[ ]); /* 函数返回值的类型是字符指针 */
```

```
void main( )
{
    int i;
    char s[4][20], t[10], *p;
    printf("请输入藏尾诗：\n");
    for(i = 0; i < 4; i++)
        scanf("%s", s[i]);
    p = change(s, t); /* 返回用于保存解密内容的一维字符数组的地址 */
    printf("\n%s\n", p);
}
char * change(char s[ ][20], char t[ ])
{
    int i;

    for(i= 0; i < 4; i++) {
        t[2*i] = s[i][12];/* 每句诗的最后一个字（一个字占两个 ASCII 码）在 s[i][12]和 s[i][13]
这两个数组元素里*/
        t[2*i+1] = s[i][13];
    }
    t[2*i] = '\0';
    return t;
}
```

运行情况：

请输入藏尾诗：

良辰美景碧云天

台胞定居桑梓下

中华自古家为大

四海归一龙脉吉

天下大吉

在程序中，函数 change 实现对藏尾诗的解密功能。在 main 函数中，实参 s 和 t 分别保存藏尾诗字符串和解密字符串，通过循环将藏尾诗每一句的最后一个字按顺序存放在 t 中，再加上字符串结束符'\0'，t 就是一个字符串，然后返回 t 的地址。

8.6.3 指向函数的指针

在定义一个函数之后，编译系统为每个函数确定一个入口地址，当调用该函数时，系统就从这个入口地址开始执行该函数。可以定义一个用来存放函数入口地址的指针变量，这就是指向函数的指针，也称为函数指针。

1. 函数指针的定义

函数指针的一般定义形式是：

数据类型名 (*指针变量名)( );

数据类型名是函数返回值的类型。例如：

int (*pf)( );

定义一个函数指针 pf，它可以指向返回值类型是整型的函数。

2. 用函数指针调用函数

与变量的指针一样，函数的指针也必须赋初值后才能指向具体的函数。由于函数名代表了该函数的入口地址，因此，通常直接用函数名为函数指针赋值。

假设函数 int max(int x,int y,int z)已定义，则

pf=max;

将函数 max 的入口地址赋给 pf，pf 就指向函数 max。

调用函数有两种方法，直接用函数名与通过函数指针。例如，调用上述函数 max，可以是：

max(3,6,－9)

或

(*pf) (3,6,－9);

通过函数指针调用函数的一般形式为：

(*函数指针名) (参数表);

【例 8.26】 用函数指针来调用函数，实现从三个数中输出最大值。

源代码：

```
/*使用函数指针调用函数*/
#include <stdio.h>
void main( )
{
      int max(int x,int y,int z);
      int (*pf)( );
      int a,b,c,d;
      pf=max;
      scanf("%d%d%d",&a,&b,&c);
      d=(*pf)(a,b,c);
      printf("a=%d,b=%d,c=%d,max=%d\n",a,b,c,d);
}

int max(int x,int y,int z)
{
      int t;
      if (x<y)
            { t=x;x=y;y=t; }
      if (x<z)
            { t=x;x=z;z=t; }
      return x;
}
```

运行情况：

<u>8 36 5</u>

a=8,b=36,c=5,max=36

练习 8-16 请说明语句“int (*mt)[10];”中，标识符 mt 代表什么意思？

习 题

1. 输入 8 个整数，按由小到大的顺序输出。

2. 指向数组的指针和指向数组元素的指针有何区别?数组名和指针变量名有何区别?

3. 输入 8 个整数，将其中最小的数与第一个数对换，把最大的数与最后一个数对换。写三个函数：① 输入 8 个数；② 进行处理；③ 输出 8 个数。

4. 输入 6 个字符串，按由小到大的顺序输出。

5. 输入一行含有大写字母、小写字母、空格、数字的字符，并统计它们的个数？

6. 编写一个函数，将一个 4×4 整型矩阵转置。

7. 有 m 个人围成一圈，顺序排号。从第一个人开始报数（从 1 到 4 报数），凡报到 4 的人退出圈子，则最后留下的是原来的哪位？

8. 将一个 3×3 的矩阵中值最大的元素放在中心，4 个角分别放置第二、第三、第四、第五大的元素（顺序从左到右，从上到下顺序依次从大到小存放），编写一个函数实现此要求。

9. 在主函数中输入 8 个等长的字符串，用另一个函数对它们排序。然后在主函数输出这 8 个已排好序的字符串。

10. 输入一个字符串，内有数字和非数字字符，例如：

n947r752　　　　68351@e54　　　　4645dfyh78

将其中连续的数字作为一个整数，依次存放到一数组 u 中。例如，947 放在 u[0],752 放在 u[1]…统计共有多少个整数，并输出这些数。

11. 编写一程序输入 0 到 9 之中的任意一个数字，输出该数字的英文名。例如：输入“1”，则输出“one”，要求用指针数组处理。

12. 请阅读以下程序，并说明执行之后，输出结果分别是什么？

（1）__________。（2）__________。（3）__________。

（1）

```
#include <string.h>
void main( )
{
    char str1[20]="test",str2[20]="pass";
    char *p1,*p2;
    p1=str1;p2=str2;
    puts(strcat(p2,p1));
}
```

（2）

```
int *f(int *x,int *y)
{   if(*x<*y)
      return   x;
```

```
    else
      return    y;
}
void main( )
{     int a=7,b=8,*p,*q,*r ;
      p=&a;
      q=&b;
      r=f(p,q);
      printf("%d,%d,%d\n",*p,*q,*r);
}
```

（3）

```
void main( )
{   int    a[3][3]={{2},{4},{6}};
    int    k,*q=&a[0][0];
    for(k=0;k<2;k++){
           if(k==0)
                  a[k][k+1]=*q+1;
           else
                  ++q;
           printf("%d",*q);
       }
}
```

13. 认真阅读下面的程序，并说明执行之后，其输出结果各是什么？

（1）____________。（2）____________。（3）____________。

（1）

```
void fun(char    *s)
{
      if(*s) fun(s+1);
      printf("%c",*s);
}
void main( )
{
      char *a="abcdefghi";
      fun(a);
```

（2）

```
fun(int x, int    *y)
{     int z;
      x-=2; (*y)++;
      z= x % (*y);
      return z;
}
void main( )
{     int g=15,h=8,k=1;
```

```
    k=fun(g, &h);
    printf("%d,%d,%d",g,h,k);
}
```

（3）

```
char  fun(char *s[])
{
   int  i;char  ch,*p;
   ch=s[0][0];
   for(i=0;i<3;i++)
   {
       p=s[i];
       for(;*p;p++) if(*p>ch)  ch=*p;
   }
   return   ch;
}
void main( )
{
    char *string[]={"happy","new","year"},c;
    c=fun(string);
    printf("%c",c);
}
```

第9章　结构体与共用体

在前面章节中，大家学习了基本数据类型：整型、实型、字符型等，也学习了一种构造类型：数组。数组中各元素属于同一种数据类型。但是只有这些基本数据类型是不够的。有时需要将不同类型的数据组合成一个有机的整体，以便于使用。C语言允许程序员自己指定这样一种包含不同类型数据的组合结构，它称为结构体（Structure）。一个结构体中包含的每种数据类型变量都有自己的名字，这些数据类型变量称为结构体成员（Member），结构体成员可以是C语言中的各种类型变量。结构体和数组的区别在于数组的所有元素必须是相同的数据类型，而结构体成员可以是不同的数据类型。

9.1　设计学生成绩记录系统

在本节中，我们通过设计学生成绩记录系统的程序实例来讨论和学习结构体。

9.1.1　程序分析

学生成绩记录系统用于管理学生成绩相关的基本信息，基本功能包括对学生成绩相关的基本信息的新建、修改、删除、查询显示、统计、导出等。在下面的程序实例中，我们只给出了新建和查询显示功能，学生成绩信息只包括学号、姓名、三门单科成绩、三门成绩的平均分，该成绩记录系统最多容纳80名学生的成绩信息。

【例9.1】 学生成绩记录系统。

源代码：

```
/************* 学生成绩记录系统*************/
#include<stdio.h>          /*引用库函数*/
#include<stdlib.h>         /*包含 system，exit 等函数的库函数*/
#include<string.h>
struct student             /*定义结构体*/
{
    char num[10];          /*存储学生学号*/
    char name[20];         /*存储学生姓名*/
    float chinese;         /*存储语文成绩*/
    float math;            /*存储数学成绩*/
    float english;         /*存储英语成绩*/
    float average;         /*存储平均成绩*/
```

```
};
struct student stu[80]; /*定义有 80 个元素的结构体数组*/

/*************显示系统主菜单函数*************/
int menu_select( )      /*菜单函数*/
{
    char c;
    do{
        system("cls");                    /*显示主菜单前先执行 DOS 清屏指令：cls*/
        printf("学生成绩记录系统\n"); /*菜单选择*/
        printf("1. 输入学生记录   \n");
        printf("2. 查询显示记录   \n");
        printf("0. 退出信息系统   \n");
        printf("输入你的选择(0-2):");
        c=getchar();                    /*读入用户选择*/
    }while(c<'0'||c>'2');               /*判断读入用户选择*/
    return(c-'0');                      /*返回选择参数到主函数*/
}

/*************1.新建学生信息记录***************/
int input(struct student stud[],int n)        /*输入学生信息记录*/
{
    int i=0;                            /*用于保存读入新增记录的条数*/
    char sign;                          /*用于保存用户选择（Y/N)*/
    while(sign!='n'&&sign!='N')         /*只要 sign 变量值不是 n 或 N，就开始读取用户输入*/
    {
        printf("学号:");
        scanf("%s",stud[n+i].num);          /*读入学号*/
        printf("姓名:");
        scanf("%s",stud[n+i].name);         /*读入姓名*/
        printf("语文:");
        scanf("%f",&stud[n+i].chinese);    /*读入语文成绩*/
        printf("数学:");
        scanf("%f",&stud[n+i].math);       /*读入数学成绩*/
        printf("英语:");
        scanf("%f",&stud[n+i].english);    /*读入英语成绩*/
    stud[n+i].average=(stud[n+i].chinese+stud[n+i].math+stud[n+i].english)/3;   /*三门课程成绩平
均分*/
        printf("是否继续输入记录?(Y/N)");
        getchar();                      /*接收上一 scanf 的回车符*/
        scanf("%c",&sign);              /*读入用户选择的 sign 变量*/
        i++;                            /*用于保存读入新增记录的条数*/
    }
```

```
    return(n+i);                              /*返回总记录条数*/
}

/************2.查找显示一条记录***************/
void search(struct student stud[],int n)      /*查找显示一条记录*/
{
    char s[20];
    int i=0;
    printf("姓名: ");
    scanf("%s",s);                            /*读入用户查找学生姓名*/
    while(strcmp(stud[i].name,s)!=0&&i<n)  /*查找姓名为该学生在结构体数组的位置*/
        i++;
    if(i==n)
    {
        printf("对不起，没有该记录!\n");  /*输出失败信息*/
        return;
    }
    printf("学号: %s\n",stud[i].num);         /*输出该学生信息*/
    printf("语文: %5.2f\n",stud[i].chinese);
    printf("数学: %5.2f\n",stud[i].math);
    printf("英语: %5.2f\n",stud[i].english);
    printf("平均分: %5.2f\n",stud[i].average);
}

/*******************主函数**************************/
void main( )              /*主函数*/
{
    int n=0;              /*总记录条数 n*/
    for(;;)
    {
        switch(menu_select())  /*选择判断*/
        {
        case 1:
            printf("输入学生记录\n");            /*1.输入若干条记录*/
            n=input(stu,n);
            break;
        case 2:
            printf("查询显示记录\n");
            search (stu,n);                        /*2.查找显示一条记录*/
            system("pause");
            break;
        case 0:
            printf("感谢你的使用，再见!\n");  /*0.结束程序*/
```

```
            system("pause");                /* DOS 暂停指令：pause */
            exit(0);
        }
    }
}
```

运行以上程序，按提示信息执行学生成绩记录系统的功能。

例 9.1 程序代码结构清晰，简单明了，main 函数完成系统的整体控制工作。显示系统主菜单功能由子函数 select 来完成。新建学生信息功能由子函数 input 来完成。查询学生信息功能由子函数 search 来完成。通过 main 函数中简洁的代码分别调用功能函数就可以完成显示菜单、循环接收用户输入的功能选项。此程序只完成了信息管理的部分功能，读者可以在此基础上增加排序、删除、修改、统计、导出等功能子函数。

在程序的最开始部分定义了一个结构体 struct student，其中的成员分别代表学生的基本信息量。还定义了一个结构体数组 stu，每一个结构体数组元素都是一个结构体变量，对应着一个学生。main 函数中变量 n 用于统计学生的总数。在实现程序功能的过程中，把结构体数组名用作子函数 input、search 的实参。结构体数组名作为函数实参也就是将结构体数组首地址传递给函数形参，与普通数组作为函数的实参是一样的。

9.1.2　结构体的概念与定义

在例 9.1 中用如下代码定义了一个结构体来表示学生基本信息：

```
struct student/*定义结构体*/
{
    char num[10];         /*存储学生学号*/
    char name[20];        /*存储学生姓名*/
    float chinese;        /*存储语文成绩*/
    float math;           /*存储数学成绩*/
    float english;        /*存储英语成绩*/
    float average;        /*存储平均成绩*/
};
```

这里定义了一个新的结构体类型 struct student。它向编译系统声明这是一个“结构体类型”,大括号内以变量定义的形式列出了学生基本信息中所有的相关项,它包括了 num、name、chinese、math、english、average 等不同类型的数据项，所有这些数据项又被组合在一起，构成了一个名为 struct student 的结构体数据类型。这几项数据是共同属于某个学生的相关信息，它们之间是有内在联系的，如果单独地为每一项内容定义一个变量或数组，就会分裂它们之间特有的联系。当要访问某个学生的信息时，就要分别访问这些变量和数组，这就会给程序功能的实现增加一定的难度。

结构体是 C 语言中的一种新的构造数据类型，它能够把有内在联系的不同类型的数据组合成一个整体，让数据之间相互关联；结构体同时又是一个变量成员的集合体，我们可以按基本数据类型的处理方法单独使用结构体变量成员。

由上面的例子大家可以得出结构体类型一般的定义形式如下：

```
struct 结构体名
```

```
{
    类型名 结构体成员名 1;
    类型名 结构体成员名 2;
    ⋮
    类型名 结构体成员名 n;
};
```

其中，“struct”是关键字，“结构体名”是结构体类型标识符，它必须是一个合法的C语言标识符。在类型定义和使用时，“struct 结构体名”作为一个整体。如上例中，student是结构体名，struct student是结构体类型名。大括号内的内容是结构体类型所包含的结构体成员，也称为结构体分量，结构体成员可以有多个。这样，大括号中定义的成员被聚合为一个整体并形成一种新的数据类型。如上例中的num、name、chinese等结构体成员就组成一个新的构造数据类型，即struct student结构体类型。

C语言中的结构体成员的数据类型既可以是基本数据类型，也可以是结构体类型。当结构体成员又是结构体类型时，就构成了结构体嵌套。

在前面的学生成绩记录系统中，学生基本信息还可以增加一个成员——“出生日期”（年、月、日），因此，构成学生基本信息的嵌套结构，如图9.1所示。

<table>
<tr><td rowspan="2">学号</td><td rowspan="2">姓名</td><td colspan="3">出生日期</td><td rowspan="2">语文</td><td rowspan="2">数学</td><td rowspan="2">英语</td><td rowspan="2">平均</td></tr>
<tr><td>年</td><td>月</td><td>日</td></tr>
</table>

图9.1 学生基本信息的嵌套结构

重新定义其结构体类型：

```
struct birthday                    /*定义结构体*/
{
    int year;
    int month;
    int day;
};
struct student                     /*定义结构体*/
{
    char num[10];
    char name[20];
    struct birthday born;    /*成员变量 born 被定义成 struct birthday 类型*/
    float chinese;
    float math;
    float english;
    float average;
}stu;
```

结构体类型struct student的成员变量born被定义成结构体类型struct birthday，而此结构体类型又包含3个成员，也就是一个结构体类型的成员被定义成另一个结构体类型，从而形成嵌套定义的结构体类型。在定义嵌套的结构体类型时，必须先定义成员的结构体类型，然后再定义主结构体类型。

练习 9-1　上机运行例 9.1 的程序。

练习 9-2　定义一个能够表示通信录的结构体类型，其成员包括姓名、年龄、电话号码。

9.2　结构体变量

当定义了一个结构体类型之后，相当于确立了一个模型，但其中并没有数据，系统并不给其分配实际的内存单元。因此就像 C 语言中基本数据类型一样，定义了结构体类型后还需要定义结构体变量，然后才能够通过结构体变量来处理结构体的数据。

9.2.1　结构体变量的定义

在 C 语言中有三种定义结构体变量的方法。

（1）先单独定义结构体类型，再定义这种结构体类型的变量。

例如，在例 9.1 学生成绩记录系统中，对学生基本信息定义了结构体类型 struct student 后，就可以定义结构体变量：

struct student　stu,stu1;

这种定义方法的一般形式为：

结构体类型名　　结构体变量名表;

这里定义了两个结构体变量 stu 和 stu1，它们都是 struct student 类型的变量，具有 struct student 类型的结构。结构体变量 stu、stu1 分别代表了两个不同学生的数据项信息，如图 9.2 所示。

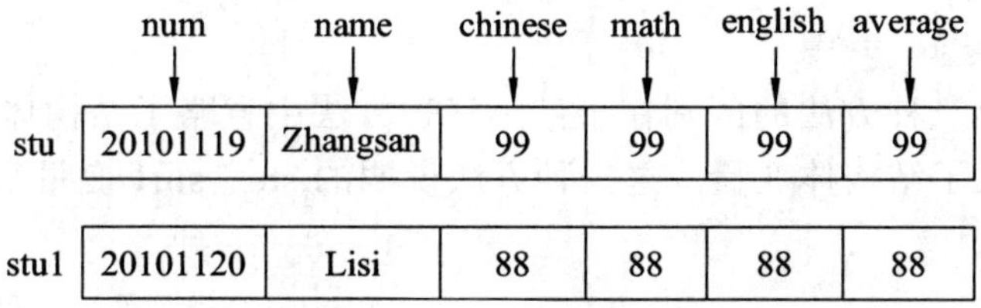

图 9.2　结构体变量示意图

一个结构体变量在系统内存中所占的空间是各个成员所占内存空间之和。可以用 sizeof 计算它所占的空间大小。sizeof 的运算对象可以是结构体类型名，也可以是结构体变量名，计算结果以字节为单位。如 sizeof(struct student)，sizeof(stu1)。

（2）在定义结构体类型的同时，定义结构体变量。

例如：

```
struct student              /*定义结构体*/
{
    char num[10];           /*存储学生学号*/
    char name[20];          /*存储学生姓名*/
    float chinese;          /*存储语文成绩*/
```

```
        float math;             /*存储数学成绩*/
        float english;          /*存储英语成绩*/
        float average;          /*存储平均成绩*/
    } stu，stu1;
```

在定义了结构体类型 struct student 的同时，定义了两个 struct student 结构体变量 stu、stu1。这种定义方法的一般形式为：

```
struct 结构体名
    {
        成员表列
    }变量名表列;
```

（3）省略结构体名，直接在定义结构体类型时定义结构体变量。

例如：

```
struct                  /*定义结构体*/
{
    char num[10];       /*存储学生学号*/
    char name[20];      /*存储学生姓名*/
    float chinese;      /*存储语文成绩*/
    float math;         /*存储数学成绩*/
    float english;      /*存储英语成绩*/
    float average;      /*存储平均成绩*/
} stu，stu1;
```

这种定义方法一般形式为：

```
struct
    {
        成员表列
    }变量名表列;
```

第三种方法与第二种方法的区别在于：第三种方法中省略了结构体名，在定义结构体类型的同时，直接定义了结构体变量。这三种方法说明的 stu、stu1 变量都具有如图 9.2 所示的结构。

9.2.2　结构体变量的初始化

同其他类型的变量一样，对于结构体变量也可以在定义时赋初值。结构体变量的初始化方式与数组类似，分别给结构体的成员变量赋以初始值，而结构体的成员变量的初始化遵循简单变量或数组的初始化方法。具体形式如下：

struct 结构体名 变量名={初始值 1，初始值 2，…，初始值 n };

例如：

struct student stu1={"2010117"，"zhangsan"，90,90,90，};

对结构体变量 stu1 进行初始化。结构体变量的初始化采用初始化表的方法，大括号内各数据项间用逗号隔开，将大括号内的数据项对应地赋值给结构体变量的各个成员，要求数据类型一致。

9.2.3　结构体变量的引用

1. 结构体变量的引用

在程序中使用结构体变量时，常常需要引用结构体变量中的成员。一般对结构体变量的使用，包括赋值、输入、输出、运算等都是通过结构体变量的成员来实现的。在 C 语言中，使用结构体变量的成员运算符“ . ”来引用结构体成员。

引用结构体变量的成员的一般形式为：

结构体变量名.成员名

在例 9.1 学生成绩记录系统中，定义了结构体变量 stu，stu.num、stu.chinese 分别用于存储学生的学号和语文成绩。可以对结构体变量的成员赋值：

strcpy(stu.num, "2010117")；stu.chinese=90；

如果结构体的成员又是结构体变量，这时就要使用若干个成员运算符，逐级找到最低一级成员，并且只能对最低一级的成员进行赋值或存取及运算。

例如：

stu.born.month

结构体变量的成员可以像普通变量一样参与运算。例如：

stu.average=(stu.chinese+stu.math+stu.english)/3;

“ . ”是成员运算符，它在所有运算符（除（ ）、[]和 - >外）中优先级最高，因此，可以把“stu.chinese”作为一个整体。

2. 结构体变量的整体赋值

具有相同类型的结构体变量之间可以相互赋值。赋值时，将赋值符号右边的结构体变量的每一个成员值都赋给左边结构体变量中对应的成员。

例如,stu=stu1；

等价于：

```
strcpy(stu.num,stu1.num);
strcpy(stu.name,stu1.name);
stu.chinese=stu1.chinese;
stu.math=stu1.math;
stu.english= stu1.english;
stu.average=stu1.average;
```

3. 结构体变量作为函数参数

在实际应用中，结构体变量可以作为函数参数或返回值，以便在函数间传递数据。

【例 9.2】 输入一个学生的成绩，计算该学生的平均分，并与成绩一起输出。

源代码：

```
#include<stdio.h>        /*引用库函数*/
struct student           /*定义结构体*/
{
```

```
    char num[10];        /*存储学生学号*/
    char name[20];       /*存储学生姓名*/
    float chinese;       /*存储语文成绩*/
    float math;          /*存储数学成绩*/
    float english;       /*存储英语成绩*/
    float average;       /*存储平均成绩*/
};

float aver(struct student stu)
{
    return stu.average=(stu.chinese+stu.math+stu.english)/3; /*三门课程成绩平均分计算函数*/
}

void main() /*输入学生信息记录*/
{
    struct student stud;
    printf("学号:");
    scanf("%s",stud.num);            /*读入学号*/
    printf("姓名:");
    scanf("%s",stud.name);           /*读入姓名*/
    printf("语文:");
    scanf("%f",&stud.chinese);       /*读入语文成绩*/
    printf("数学:");
    scanf("%f",&stud.math);          /*读入数学成绩*/
    printf("英语:");
    scanf("%f",&stud.english);       /*读入英语成绩*/
    stud.average=aver(stud);
    printf (" 语 文 :%.2f  数 学 :%.2f  英 语 :%.2f  平 均 分 ： %.2f\n", stud.chinese, stud.math,
stud.english, stud.average);
}
```

运行情况：

```
学号:001
姓名:Lisi
语文:99
数学:88
英语:85
语文:99.00 数学:88.00 英语:85.00 平均分：90.67
```

本例中，main 函数中的结构体变量 stud 作为实参传递给函数 aver 的形参 stu，两个参数的类型一致，都是 struct student 类型。这种参数的传递方式属于“值传递”。此外，结构体变量成员也可以作为函数参数，与普通变量作为函数参数一样。

练习 9-3　定义居民收入情况的结构体类型，包括工资、奖金、补贴。输入一组数据，然后输出所有录入的信息。

练习 9-4　定义一个学生的基本信息的结构体类型，包括学号、姓名、两门成绩，输入 1 个学生的基本信息，求平均成绩。

9.3　结构体数组

一个结构体变量可以存放一组数据（如例 9.1 中一个学生的学号、姓名、成绩等数据）。如果有多组相同类型的学生数据需要参与运算，就要使用结构体数组。结构体数组是结构体与数组的组合，它与基本数据类型数组不同之处在于它的每一个数组元素均为结构体类型，包括多个数据项。

9.3.1　结构体数组的定义

结构体数组的定义方法与结构体变量的定义方法类似，只需说明其为数组就可以了。例如：

```
struct student              /*定义结构体*/
{
    char num[10];           /*存储学生学号*/
    char name[20];          /*存储学生姓名*/
    float chinese;          /*存储语文成绩*/
    float math;             /*存储数学成绩*/
    float english;          /*存储英语成绩*/
    float average;          /*存储平均成绩*/
};
struct student stu[3];      /*定义结构体数组*/
```

定义了一个结构体数组 stu，该数组有 3 个元素，均为 struct student 结构体类型，分别是 stu[0]、stu[1]和 stu[2]，表示系统中的 3 个学生的记录信息。也可以在定义结构体的同时直接定义一个结构体数组：

```
struct student
{
    char num[10];       /*存储学生学号*/
    char name[20];      /*存储学生姓名*/
    float chinese;      /*存储语文成绩*/
    float math;         /*存储数学成绩*/
    float english;      /*存储英语成绩*/
    float average;      /*存储平均成绩*//
} stu[3]; /*定义结构体数组*/
```

与基本数据类型的数组一样，定义了结构体数组，C 语言编译系统就必须给数组分配足够的连续存储单元和首地址，数组名就是这块连续内存单元的首地址。

9.3.2　结构体数组的初始化

同其他基本数据类型的数组一样，可以对结构体数组进行初始化，其格式与二维数组的初始化类似：

struct student stu[3]={{"20101119", "zhangsan", 99,99, 99, 99},{"20101120", "lisi", 88, 88, 88, 88},{"20101121", "wangwu", 98, 98, 98, 98}};

编译时，系统会对给定的所有结构体数组元素（包括未赋值元素）分配全部存储单元，所有结构体数组元素在内存中按顺序连续存放。其结构如图 9.3 所示。

stu[0]	20101119	zhangsan	99	99	99	99
stu[1]	20101120	lisi	88	88	88	88
stu[2]	20101121	wangwu	98	98	98	98

图 9.3 结构体数组示意图

结构体数组元素类型都是结构体类型，其使用方法与同类型的结构体变量一样。对结构体数组元素成员的引用是通过使用数组下标与结构体成员运算符“.”相结合来完成的，一般形式为：

结构体数组名[下标].结构体成员名

例如：

```
strcpy(stu[0].num, "20101119");
stu[0].chinese=99;
stu[n+i].average=(stu[n+i].chinese+stu[n+i].math+stu[n+i].english)/3;
```

结构体数组元素都属于同一种结构体类型，和具有相同类型的结构体变量之间可以相互整体赋值一样，结构体数组的元素之间也可以直接赋值。如：

```
stu[0]=stu[1];
```

【例 9.3】 输出学生的成绩表。

源代码

```
#include<stdio.h>           /*引用库函数*/
struct student              /*定义结构体*/
{
    char num[10];           /*存储学生学号*/
    char name[20];          /*存储学生姓名*/
    float chinese;          /*存储语文成绩*/
    float math;             /*存储数学成绩*/
    float english;          /*存储英语成绩*/
    float average;          /*存储平均成绩*/
};

void main()
{
    int i;
    struct student stu[3]={{"20101119","zhangsan",99,99,99, }, {"20101120", "lisi",88,88,88, },
{"20101121","wangwu",98,98,98, }};
    for (i=0;i<3;i++)
```

```
        stu[i].average=(stu[i].chinese+stu[i].math+stu[i].english)/3;
    for (i=0;i<3;i++)
        printf (" 学 号 :%-10s  姓 名 :%-10s  语 文 :%.2f  数 学 :%.2f  英 语 :%.2f  平 均 分 :
%.2f\n",stu[i].num,stu[i].name,stu[i].chinese,stu[i].math,stu[i].english,stu[i].average);
  }
```

运行情况：

```
学号:20101119    姓名:zhangsan    语文:99.00 数学:99.00 英语:99.00 平均分：99.00
学号:20101120    姓名:lisi        语文:88.00 数学:88.00 英语:88.00 平均分：88.00
学号:20101121    姓名:wangwu      语文:98.00 数学:98.00 英语:98.00 平均分：98.00
```

练习 9-5　定义一个包含 3 条通信录信息的结构体数组，并对其进行初始化。

练习 9-6　定义一个包含 3 条通信录信息的结构体数组，并对其进行初始化后输出显示。

9.4　指向结构体类型数据的指针

指针可以指向任何一种变量，而结构体变量也是一种变量，指针也可以指向结构体变量。指向结构体变量的指针变量，称为结构体变量指针。一个指向结构体变量的指针，其值就是该结构体变量在内存中的起始地址。

9.4.1　指向结构体变量的指针

在例 9.1 中，定义了一种结构体类型 struct student，当编写以下语句：

```
struct student stu1={"201003", "zhangsan", 90, 90, 93, 91},*p;
p=&stu1;
```

其中，第一行定义了 struct student 类型的变量 stu1 并初始化，同时定义了一个指针变量 p，它指向一个 struct student 类型的数据。第二行使指针 p 指向结构体类型变量 stu1，如图 9.4 所示。

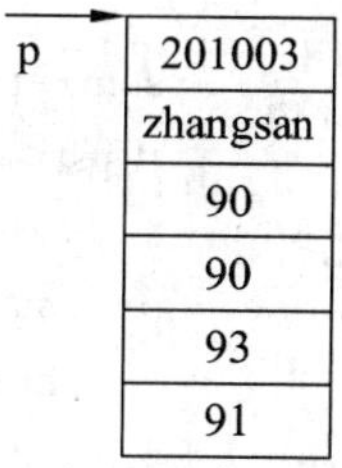

图 9.4　指针指向结构体变量示意图

因为结构体变量由多个成员组成，指针指向结构体类型数据和指针指向普通数组一样，结构体指针实际上就是指向结构体变量中第一个成员。我们可以通过结构体变量 stu1 直接访问结构体变量成员：stu1.chinese="90"；，也可以通过指向结构体变量的指针 p 来间接地访问 p 所指向的结构体变量中的各个成员：

```
(*p).chinese="90" ;
```

*p 表示 p 所指向的结构体变量。

为了使用方便，可以把(*p).chinese 改写成 p－>chinese，它表示 p 所指向的结构体变量中的成员 chinese。以上三种表示方法的格式为：

① 结构体变量.成员名

② (*p).成员名

③ p－>成员名

在前面有关指针章节中，我们已经知道，可以使用指向数组和数组元素的指针变量。同样，对结构体数组及其元素也可以用指针变量来指向，其定义、使用方式与指向基本数据类型的指针变量基本一致。

9.4.2 结构体指针作函数参数

前面 9.2 学习了结构体变量作为函数参数的值传递，这里将学习结构体指针作为函数参数的地址传递，即是指向结构体变量（或数组）的地址作实参，结构体变量（或数组）的地址作形参。

【例 9.4】输入 5 名学生的学号、姓名和语文成绩，输出语文成绩最高分和最低分的学生的学号、姓名和语文成绩。

源代码：

```
#include <stdio.h>
struct student
{
    char num[10];
    char name[20];
    float chinese;
};

void statistic(struct student *pst,int n)
{
    int i;
    struct student *h=pst,*s=pst;
    float aver=0,sum=0,max=pst->chinese,min=pst->chinese;
    for(i=0;i<n;i++,pst++)
    {
        sum+=pst->chinese;
        if(pst->chinese>max)
        {
            max=pst->chinese;
            h=pst;
        }
        if(pst->chinese<min)
        {
            min=pst->chinese;
            s=pst;
        }
    }
    aver=sum/n;
    printf("语文成绩共有%d 条记录.\n",n);
    printf("最低分: \n");
```

```
    printf("学号:%-5s姓名:%-5s成绩: %.2f\n",s->num,s->name,s->chinese);
    printf("最高分: \n");
    printf("学号: %-5s姓名:%-5s成绩: %.2f\n",h->num,h->name,h->chinese);
    printf("平均分: %5.2f\n",aver);
}

void main( )
{
    struct student stu[5], *p;
    int i;
    p=stu;
    for(i = 0; i < 5; i++)
    {
        printf("学号:");
        scanf("%s",stu[i].num);
        printf("姓名:");
        scanf("%s",stu[i].name);
        printf("语文:");
        scanf("%f",&stu[i].chinese);
        printf("\n");
    }
    statistic(p,5);
}
```

在 main 函数中，定义了结构体数组 stu 和结构体指针 p，并使 p 指向数组 stu。然后通过 for 语句完成数据录入，再调用 statistic 函数，实参分别是结构体指针 p 和整数 5。在 statistic 函数中，实参传递给形参 pst 和变量 n，利用 pst 的移动和操作来完成对结构体数组元素的统计。

练习 9-7　在例 9.1 中增加一个子函数 void modify（struct student stud[],int n），修改学生基本信息。

练习 9-8　在例 9.1 中增加一个子函数 void find(struct student stud[],int n)，查找并显示语文成绩大于 60 分的学生基本信息。

9.5　单向链表

9.5.1　学生成绩记录系统的链表实现

【例 9.5】根据例 9.1 中要求，使用链表的方式来构建学生成绩记录系统，学生基本信息按学号顺序递增顺序存储，实现新建、插入、删除、显示等操作。

源代码：

```
/***学生成绩记录系统的链表实现***/
```

```
#include<stdio.h>               /*引用库函数*/
#include<stdlib.h>              /*system() ,exit(),malloc()*/
#include<string.h>              /*使用字符串函数时要包含 string.h*/
struct stu{
            int num;            /*存储学生学号*/
            char name[20];      /*存储学生姓名*/
            int score;          /*存储成绩*/
            struct stu *next;   /*存储指向 struct stu 类型数据的指针*/
};

/*************显示系统主菜单函数*************/
int menu( )                     /*菜单函数*/
{
    char c;
    do{
        system("cls");          /*显示主菜单前先执行 DOS 清屏指令：cls*/
        printf("****学生成绩记录系统****\n");   /*菜单选择*/
        printf("1. 输入学生记录   \n");
        printf("2. 插入学生记录   \n");
        printf("3. 删除学生记录   \n");
        printf("4. 显示学生记录   \n");
        printf("0. 退出信息系统   \n");
        printf("输入你的选择(0-4):");
        c=getchar();            /*读入用户选择*/
    }while(c<'0'||c>'4');       /*判断读入用户选择*/
    return(c-'0');              /*返回选择参数到主函数*/
}

/*****************新建链表*****************/
struct stu * create()
{
    struct stu *head,*t,*p;
    char sign;
    int size = sizeof(struct stu);          /*获取结构体字节长度*/
    head=t=NULL;
    do{
        p = (struct stu *) malloc(size);    /*申请一个新单元*/
        printf("学号:");
        scanf("%d", &p->num);               /*读入学号*/
        printf("姓名:");                    /*读入姓名*/
        scanf("%s",p->name);
        printf("分数:");                    /*读入分数*/
```

```
        scanf("%d",&p->score);
        p->next=NULL;                  /*新增结点 next 域置成 NULL*/
        if(head==NULL)                 /*如果原来整个链表是空的*/
            head=p;                    /*则将第一个结点的 p 值赋给 h*/
        else
            t->next=p;                 /*否则新增结点的 p 值赋给原来链表尾结点的 next 域*/
        t=p;
        printf("是否继续输入记录?(Y/N)");
        getchar();                     /*读取上一个 scanf 的输入结束符号*/
        scanf("%c",&sign);             /*读入用户选择的 sign 变量*/
      }while(sign!='n'&&sign!='N')     /*只要 sign 变量值不是 n 或 N，就开始读取用户输入*/
    return head;
}

/***************** 插入操作 *****************/
struct stu * insert(struct stu *head, struct stu *stud)
{
    struct stu *p ,*p1, *p2;
    p2 = head;                         /* p2 指向头结点 */
    p = stud;                          /* p 指向待插入的新的学生记录结点 */
    if(head == NULL)                   /* 原链表为空时直接插入 */
    {
        head = p;                      /* 新插入结点成为头结点 */
        head->next = NULL;             /* 结点末尾为空 */
    }
    else                               /* 原链表不为空时的插入 */
    {
         while((p->num > p2->num) && (p2->next != NULL))  /* 链表是按学号的升序排序，新
结点插入后不改变升序排序 */
         {
             p1 = p2;                  /* p1, p2 各后移一个结点 */
             p2 = p2->next;
         }
         if(p->num <= p2->num)         /* 在 p1 与 p2 之间插入新结点 */
         {
             if(head==p2)   head = p;  /* 结点 p 在第一个结点之前插入*/
             else p1->next = p;        /* p 的前一个结点为 p1*/
             p->next = p2;             /* p 的后一个结点为 p2*/
         }
        else                           /* 结点 p 插入在尾结点之后 */
        {
             p2->next =p;              /*新插入记录的头结点成为前一记录的尾结点 */
```

```
            p->next = NULL;          /*新插入记录的尾结点置空 */
        }
    }
    return head;
}

/***************** 删除操作 *****************/
struct stu * delete(struct stu * head, int num)     /* 删除指定学号的结点，就是将结点从链表中断开，释放它所占的空间 */
{
    struct stu *p1, *p2;
    while(head!=NULL && head->num == num)     /* 被删除结点为表头结点 */
    {
        p2 = head;                    /* p2 指向表头结点（被删除结点） */
        head = head->next;            /* 第二个结点成为新的表头结点 */
        free(p2);                     /* 释放被删除结点 p2 */
    }
    if(head == NULL)                  /*空链表不能做删除操作 */
        return NULL;
    p1 = head;                        /* 被删除结点不是表头结点 */
    p2 = head->next;                  /* 从表头的下一个结点搜索所有符合删除要求的结点 */
    while(p2!=NULL)
    {
        if(p2->num == num)            /* p2 就是要删除结点 */
        {
            p1->next = p2->next;      /* 将结点 p2 从链表中断开*/
            free(p2);                 /* 释放 p2 结点*/
        }
        else
            p1 = p2;                  /* p1 后移一个结点 */
        p2 = p1->next;                /* p2 指向 p1 的后一个结点 */
    }
    return head;
}

/*****************输出显示操作*****************/
void print(struct stu * head)
{
    struct stu * p;
    if(head == NULL)                  /*链表为空 */
    {
        printf("没有记录\n");
```

```
        return;
    }
    printf("\n 所有学生信息: \n");          /*链表不为空，可以输出 */
    printf("      学号姓名      分数\n");
    for(p = head; p; p = p->next)           /*指针 p 从表头开始不断后移，直到 p 值为空*/
        printf("%8d%20s%6d \n", p->num, p->name, p->score);
    system("pause");
}

/****************主函数****************/
void main( )
{
    struct stu *head,*p;
    int num;
    int size = sizeof(struct stu);          /*获取结点长度*/
    for (;;)
    {
        switch(menu( ))
        {
        case 1:
            printf("请输入要插入的学生信息:\n");
            head=create();
            break;
        case 2:
            p = (struct stu *) malloc(size);     /*申请一个新单元*/
            printf("请输入学生信息:\n");
            printf("学号:");
            scanf("%d", &p->num);               /*读入学号*/
            printf("姓名:");                    /*读入姓名*/
            scanf("%s",p->name);
            printf("分数:");                    /*读入分数*/
            scanf("%d",&p->score);
            head=insert(head, p);
            break;
        case 3:
           printf("请输入要删除的学生的学号信息:");
           scanf("%d", &num);/*读入学号*/
           head = delete(head, num);
           break;
        case 4:
           printf("打印学生信息:\n");
           print(head);
```

```
            break;
        case 0:
            printf("\n 感谢你的使用，再见!\n\n");
            exit(0);
        }
    }
}
```

以上程序是链表的综合操作实例。程序代码采用模块化设计，结构清晰，简单明了。main 函数完成系统的整体控制工作，显示系统主菜单功能由子函数 menu 来完成，新建学生信息功能由子函数 create 来完成，插入学生信息功能由子函数 insert 来完成。删除学生信息功能由子函数 delete 来完成。显示学生信息功能由子函数 print 来完成。这样通过 main 函数中简洁的代码分别调用功能函数就可以完成显示菜单，循环接收用户输入等相关功能选项。

9.5.2 链表概述

链表是一种常见的重要的数据结构，它是动态地进行存储分配的一种结构。它可以根据需要开辟内存单元。在本节我们只针对单链表结构进行讨论学习。单链表有一个“头指针”变量，以 head 表示，它存放一个地址。该地址指向一个元素。链表中每一个元素称为“结点”，每个结点都应包括两部分：一为用户需要用的实际数据，二为下一个结点的地址。因此，head 指向第一个元素：第一个元素又指向第二个元素……，直到最后一个元素，该元素不再指向其他元素，称为“表尾”，它的地址部分放一个“NULL”（表示“空地址”），链表到此结束。最简单的链表示意图如图 9.5 所示。

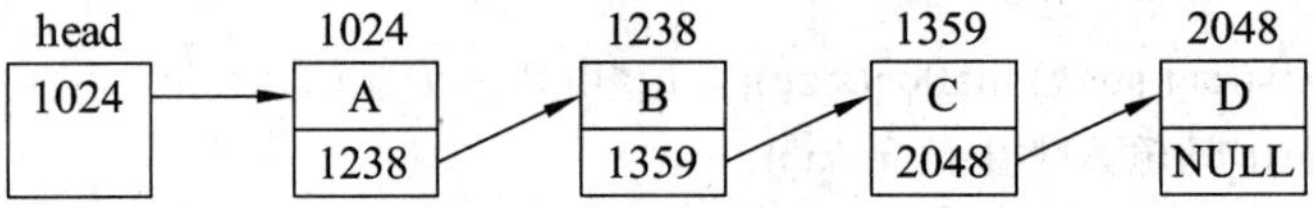

图 9.5　单链表结构示意图

在图 9.5 中，第 0 个结点称为头结点，它存放有第一个结点的首地址，它没有数据，只是一个指针变量。以下的每个结点都分为两个域：一个是数据域，存放各种实际的数据，如学号 num、姓名 name、成绩 score 等。另一个为指针域，存放下一个结点的首地址。链表中的每一个结点都是同一种数据类型。

在用数组存放数据时，通常要事先定义好其固定长度，但是当数组元素个数不确定时，就会发生存储空间浪费的情况。如在前面例 9.1 中，采用结构体数组来存放学生数据，预定义了一个有 80 个元素的结构体数组。但是，如果教学班级学生人数远小于 80 人，就会造成大量的内存空间浪费。另外，对数组的处理操作也会不方便，例如，对已排好序的数组插入元素。而链表的各部分结点的存放是离散的，长度也可以不加限定，还可以根据需要动态地开辟空间，可以很好地节约内存，同时提高操作效率。

在例 9.5 中采用了动态分配的办法为一个结构体变量分配内存空间。每一次分配一块空间用来存放一个学生的数据，我们可称之为一个结点。有多少个学生就应该申请分配多少块内存空间，也就是说要建立多少个结点。使用动态分配时，每个结点之间可以是不连续的(结点内是连续的)。结点之间的联系可以用指针来实现。即在结点中定义一个成员项用来存放下一个结点的首地址，这个用于存放地址的成员，常把它称为指针域。

如例 9.5 中，通常使用结构体的嵌套来定义单链表结点的数据类型，因此，一个存放学生学号、姓名和成绩的结点应为以下结构：

```
struct stu{
    int num;              /*存储学生学号*/
    char name[20];        /*存储学生姓名*/
    int score;            /*存储成绩*/
    struct stu *next;     /*存储指向 struct stu 类型数据的指针*/
};
```

前三个成员项组成数据域，后一个成员项 next 构成指针域，它是一个指向 struct stu 类型数据的指针变量。我们称这种定义方式为结构体的递归定义。通过递归定义的形式，可以构造出更为复杂的数据结构：单链表。

在进行动态分配存储时，C 语言提供了一组库函数，其函数的原型声明在头文件“stdio.h”中。

（1）malloc 函数。

例如：

```
struct stu *p;
p=( struct stu *)malloc(sizeof(struct stu));
```

malloc 函数分配一块类型为 struct stu 的结点变量的空间，并将其首地址放入指针变量 p 中，p 指向当前结点。

我们可以利用结点变量的名字*p 间接地访问结点分量，可以写成：(*p).num 和(*p).next。也可以写成：p－＞num 和 p－＞next。

指针变量 p 和结点变量*p 的关系：

指针变量 p 的值 ——结点地址。

结点变量*p 的值 ——结点内容。

(*p).num 的值 ——p 指针所指向的结点的 num 域的值。

(*p).next 的值 ——*p 后继结点的地址。

*((*p).next) ——*p 后继结点。

若指针变量 p 的值为空（NULL），则它不指向任何结点。此时，若通过*p 来访问结点就意味着访问一个不存在的变量，从而引起程序错误。

（2）free 函数是释放结点变量空间的标准函数。

9.5.3 单向链表基本应用

链表的基本操作有以下几种。

1. 建立链表

在例 9.5 中的 create 函数就是用于顺序输入数据建立链表（该链表的结点按学号的升序排序）的。算法如图 9.6 所示。

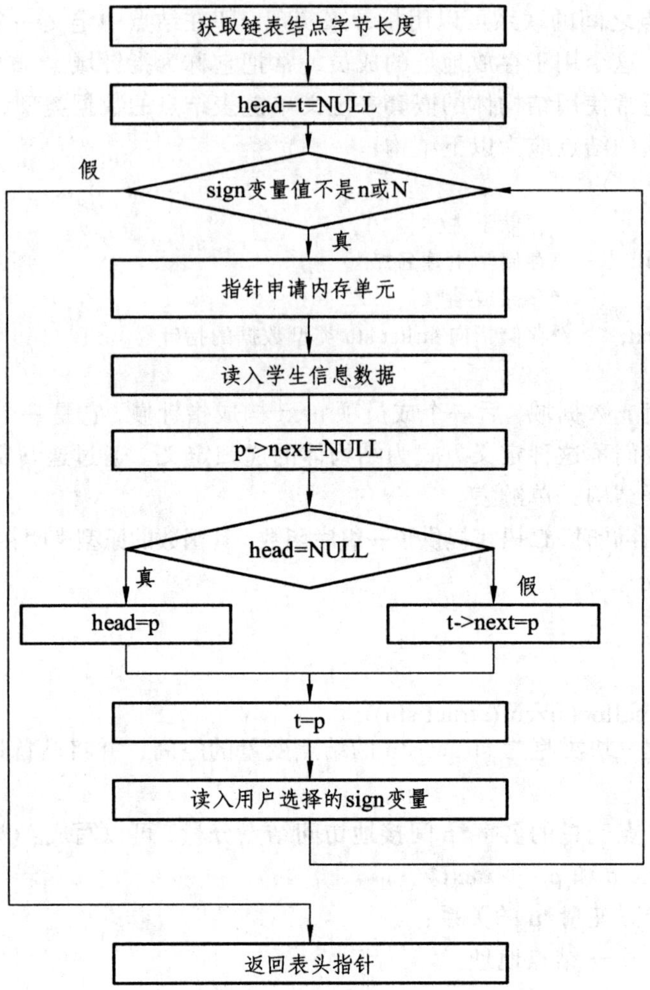

图 9.6　链表建立流程示意图

先用 malloc 函数开辟一个新结点，然后让 p 指向该结点，让 t 指向链表末结点。因为新增的结点都是加在链表最后，新增结点的 next 域就应该用语句 p－>next=NULL 置成空值。如果建立的是链表中的第一个结点（链表为空，即 head=NULL），就应该把 p 直接赋给 head（head=p），如图 9.7 所示。

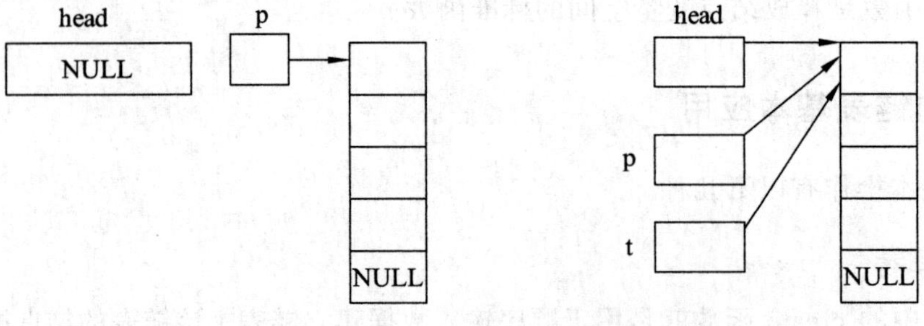

（a）空链表和新建的结点　　（b）建立第一个结点后的链表

图 9.7　建立一个结点的链表示意图

如果原来链表不是空链表，那么原链表尾结点 t 的 next 域就存放新增结点 p 的地址（即 t－>next=p;），新增结点 p 就加入到链表中，同时结点 p 成为新的尾结点（t=p;），如图 9.8 所示。

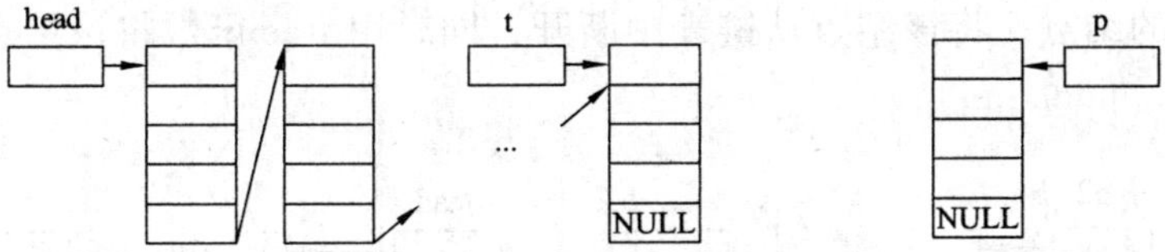

（a）原来的链表和新建的结点

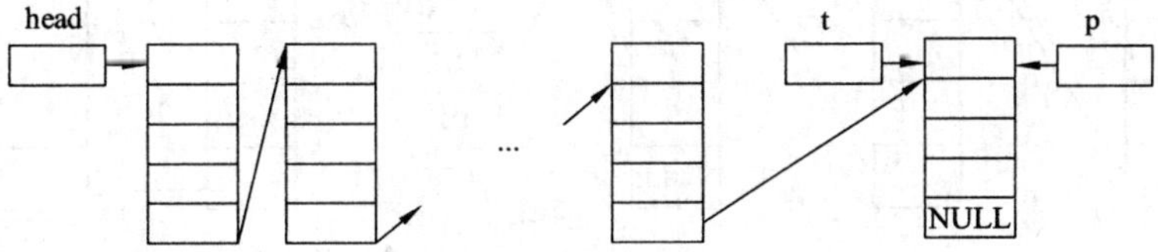

（b）新增结点的链表

图 9.8　建立链表结点示意图

2. 插入一个结点

在例 9.5 中的 insert 函数就是用于向已经存在且按学号升序排的链表插入一个结点，通过 num 值从表头开始进行查找比较，找到正确的插入位置，将结点插入到链表中，结点插入后不改变链表按学号升序排序，插入过程如图 9.9 所示。同时还要注意找到的插入位置刚好是链表头或链表尾时的插入情况。

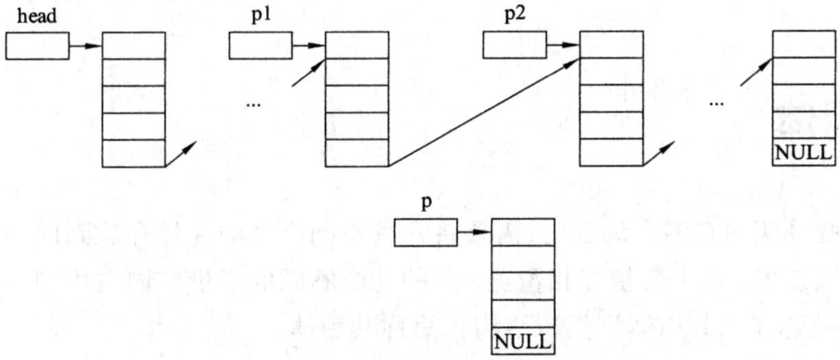

（a）原来的链表和要插入的结点

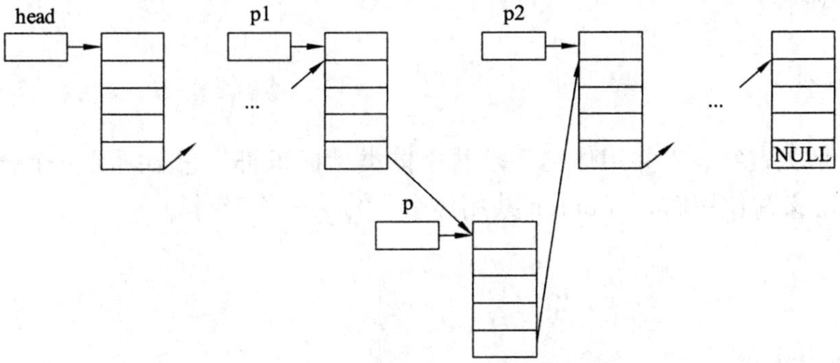

（b）结点插入链表

图 9.9　结点插入链表示意图

3. 删除一个结点

在例 9.5 中的 delete 就是用于向链表删除一个结点，通过 num 值从表头开始进行查找比较，找到要删除的结点，将该结点从链表中断开，同时用 free 函数将该结点空间释放，如图 9.10 所示。

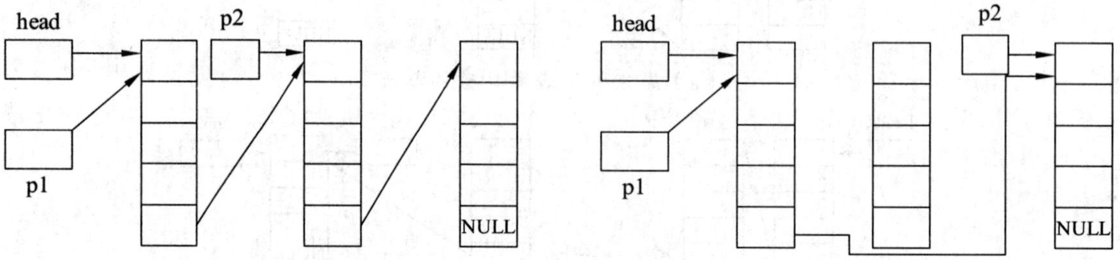

图 9.10　链表删除结点示意图

4. 链表的输出

在例 9.5 中的 print 是用于将链表中各结点数据依次输出。先让 p 指向表头，然后不断向后移动，并输出 p 所指向结点的数据值，直到 p 指向结点的 next 域等于 NULL。

练习 9-9　运行例 9.5，执行程序各子函数的功能，测试运行情况。

练习 9-10　参照例 9.5，建立一个通信录（姓名、电话）的单向链表，录入两条记录后输出全部信息。

9.6　共用体

在进行某些算法的C语言编程时,需要将几种不同类型的变量存放到同一段内存单元中。也就是使用覆盖技术，几个变量互相覆盖。这种几个不同的变量共同占用同一段内存的结构，在 C 语言中，被称作“共用体”类型结构，简称共用体。

共用体类型变量的一般定义形式为：

```
union 共用体名
{
    成员表列
}变量表列;
```

其中“union”是关键字，“共用体名”是共用体类型标识符，它必须是一个合法的 C 语言标识符。在类型定义和使用时，“union 共用体名”作为一个整体。

例如：

```
union data
{
    int i;
    char ch;
```

```
    float f;
}a,b,c;
```

“共用体”和“结构体”的定义形式相似，但是结构体变量所占内存长度是各成员占的内存长度之和。每个成员分别占有自己的内存单元。共用体变量所占的内存长度等于最长的成员的长度。我们在上面定义的“共用体”变量 a,b,c 共占 4 个字节。

共用体变量定义、引用与结构体变量类似，在使用共用体类型变量时要注意以下几点：

（1）同一段内存里可以用来存放不同类型的成员，但是在某一时刻只能存放其中一种，而不能同时存放几种。

（2）共用体变量中起作用的成员是最后一次存放的成员，在存入一个新成员后原有的成员就会失去作用。

（3）共用体变量的地址和其各成员的地址都是同一个地址。

（4）不能对共用体变量名赋值。

（5）共用体变量不能作为函数参数。

9.7　枚举类型

在实际编程时，存在某些变量，它们的取值被限定在一个有限的范围内。例如：表示星期的变量只有 7 个不同的取值，表示性别的变量只有“男”或“女”，如此等等。为了处理这样的问题，C 语言提供了一种称为“枚举”的数据类型。在“枚举”类型的定义中，列举出所有可能的取值，被说明为该“枚举”类型的变量，其取值不能超过定义的范围内。

枚举类型的一般定义形式为：

enum 枚举名{ 枚举值表 };

其中“enum”是关键字，“枚举名”是枚举类型标识符，它必须是一个合法的 C 语言标识符。在类型定义和使用时，“enum 枚举名”作为一个整体。在“枚举值表”中应罗列出所有可用值。这些值也称为枚举元素。

例如：

```
enum timeday{ Morning, Afternoon, Evening };
```

该枚举名为 timeday，枚举值共有 3 个，即一天中的 3 个时段。凡被说明为 timeday 类型的变量的取值只能是一天中 3 个时段的某一段。

如同结构体和共用体一样，枚举变量也可用不同的方式来说明，即先定义后说明，同时定义和说明或直接说明。

例如，要定义枚举类型 timeday 的 3 个变量 a、b、c，可采用下述任一种方式：

```
enum timeday { Morning, Afternoon, Evening };
enum timeday a,b,c;
```

或者为：

```
enum timeday { Morning, Afternoon, Evening }a,b,c;
```

此外，也可以省略枚举名，在定义枚举类型时，直接定义枚举变量。例如：

```
enum { Morning, Afternoon, Evening }a,b,c;
```

枚举类型在使用中有以下规定：

（1）枚举元素是常量，不是变量。不能在程序中用赋值语句再对它赋值。

例如，对枚举 timeday 的枚举元素再作以下赋值：

```
Morning =3;
Afternoon =2;
Afternoon = Evening;
```

都是错误的。

（2）枚举元素本身是由系统定义的一个表示序号的数值，从 0 开始顺序定义为 0，1，2…。如在 timeday 中，Morning 值为 0，Afternoon 值为 1，Evening 值为 2。此外，也可以指定枚举元素的序号值，序号值省略的枚举元素为前一个枚举元素的序号加 1。例如：

```
enum timeday { Morning=5, Afternoon=3, Evening };
```

这里，Morning 值为 5，Afternoon 值为 3，Evening 值为 4。

【例 9.6】

源代码：

```
#include<stdio.h>
void main()
{
    enum timeday { Morning, Afternoon, Evening } a,b,c;
    a=Morning;
    b=Afternoon;
    c=Evening;
  printf("a=%d,b=%d,c=%d\n",a,b,c);
}
```

运行情况：

```
a=0,b=1,c=2
```

9.8 typedef 重定义类型

C 语言允许由用户自己定义类型说明符，以便增加程序的可读性或简化复杂数据类型的描述，类型定义符 typedef 即可用来完成此功能。使用关键字 typedef 说明一个新的数据类型标识符的一般形式如下：

typedef 类型名 标识符；

其中“类型名”是已经定义的类型标识符，“标识符”由用户自己定义，用于替代类型名的标识符。

例如，定义整型的变量 a,b,其说明如下：

```
int a,b;
```

其中 int 是整型变量的类型说明符。int 的完整写法为 integer，为了增加程序的可读性，可把整型说明符用 typedef 定义为：

typedef int INTEGER

这样以后就可用 INTEGER 来代替 int 作整型变量的类型说明了。

例如：

INTEGER a,b;

它等效于：

int a,b;

也可以用 typedef 定义数组、指针、结构等类型的新类型名，这将带来很大的方便，不仅使程序书写简单，而且使其意义更为明确，因而增强了程序可读性。

有时也可用宏定义来代替 typedef 的功能，但是宏定义是由预处理完成的，而 typedef 则是在编译时完成的，后者更为灵活、方便。

习　题

1. 工资统计，用结构体类型表示一个员工收入的相关信息（工资、奖金、补贴、扣税），计算并输出员工的实际收入（工资+奖金+补贴 - 扣税）。

2.若有如下定义：

```
typedef struct          /*定义结构体*/
{
     char num[10];        /*存储商店编号*/
     char name[20];       /*存储商店名称*/
     float tv;            /*存储电视售价*/
     float fr;            /*存储冰箱售价*/
}S;
S t[80];              /*定义结构体数组*/
```

请将下面的 delete(S t[],int n)函数语句补充完整，实现删除一条记录功能。

```
/*********按店名查找，删除一条记录***********/
int delete(S t[],int n)              /*按店名查找，删除一条记录*/
{
     char s[20];
     int i=0,j;
     printf("\t\t\t 请输入店名:");
     scanf("%s",________________);                       /*读入用户查找店名*/
        while(strcmp(_______________)!=0&&i<n) i++;      /*通过店名值查找判断*/
     if(______________)
      {
          printf("\t\t\t 对不起，没有该记录!\n");            /*向用户显示失败信息*/
          return(n);
       }
     for(j=i;j<n-1;j++) /*执行删除操作（向前覆盖）*/
     {
          strcpy(_____________.__________);
```

```
        strcpy(t[j].name,t[j+1].name);
        t[j].tv=t[j+1].tv;
    }
    printf("\t\t\t 信息删除成功!\n"); /*向用户显示返回成功信息*/
    return(n-1);
}
```

3. 给例 9.1 编写一个子函数，实现显示所有记录功能。
4. 给例 9.1 编写一个子函数，实现按学号排序功能。
5. 给例 9.1 编写一个子函数，实现按学号查询修改记录功能。
6. 给例 9.5 编写一个子函数，实现修改记录功能。
7. 给例 9.5 编写一个子函数，实现按成绩排序功能。
8. 给例 9.5 编写一个子函数，实现对成绩统计（最高分、最低分、平均分）功能。

第 10 章　函数与程序结构

第 5 章已经介绍了函数的基本使用方法，相信对大家来说，函数并不陌生了。在 C 语言中，一个 C 程序一般由多个函数组成，其中有且仅有一个主函数 main。无论 main 函数在什么位置，C 程序的执行总是从 main 函数开始的，当 main 函数结束时，程序也就结束了。

10.1　C 程序函数的组织

10.1.1　程序分析

对复杂任务设计程序时，通常会把一个复杂任务分解成若干个子任务，若子任务较复杂，还可以继续分解，这些子任务在程序编制（代码设计）上相互独立，而在对数据的处理上相互联系。完成总任务的程序是由一个主程序和若干个子程序组成的。编写程序时，用主函数 main 来解决整个任务，它调用解决子任务的函数，而这些函数又进一步调用解决更小子任务的函数，从而形成函数的嵌套调用。

【例 10.1】 求三个数中的最大数和最小数的差值。

从键盘上任意输入三个数，然后求出这三个数中的最大数和最小数，最后计算并输出最大数与最小数的差值。

要实现求差值，首先要求出最大数和最小数，为简化主函数 main，可以把求最大数和最小数分别设计成函数 max 和 min。然后把求差值设计成一个函数 diff，分别调用求最大数和最小数的函数，最后由主函数 main 来调用求差函数 diff。本例中一共包含 4 个函数，它们的调用关系如图 10.1 所示。

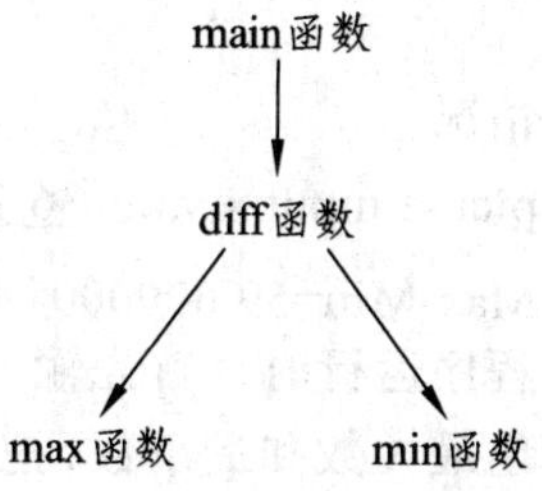

图 10.1　计算三个数中最大数和最小数差值的函数调用关系

源程序：

```
#include <stdio.h>
 double diff(double a, double b, double c);          /*  函数声明  */
 void main( )
 {
     double x,y,z,result;

     printf("please input x,y,z：");
     scanf("%lf%lf%lf",&x,&y,&z);                    /* 输入 x，y，z 的值 */
     result=diff(x,y,z);                             /* 函数调用  */
```

```
    printf("Max-Min=%f\n",result);                /* 输出最大数和最小数的差值 */
  }

/* 计算输入的三个数中最大数与最小数的差值   */
double   diff(double a, double b, double c)
{
    double max(double a, double b, double c);     /*  函数声明   */
    double min(double a, double b, double c);     /*  函数声明   */

    return max(a,b,c)-min(a,b,c);
    }

/*   找出三个数中的最大数   */
double max(double a, double b, double c)
  {
    double k;
    k=a>b?a:b;
    return(k>c?k:c);
  }
/*   找出三个数中的最小数   */
double min(double a, double b, double c)
  {
    double k;
    k=a<b?a:b;
    return(k<c?k:c);
  }
```

运行情况：

please input x,y,z：<u>36.7   12.8   -22.9</u>

Max-Min=59.600000

程序运行时，首先输入三个数，然后调用 diff 函数，diff 函数又分别调用 max 和 min 函数求出最大数和最小数，把结果返回给 diff 函数，由 diff 函数计算出它们的差值，最后在 main 函数中输出求差结果，程序结束。

本例采用结构化程序设计思想，把程序量相对较大的任务分解为 3 层结构、4 个函数，使程序的构思、编写及上机调试等过程的复杂度大大降低，增强了程序的可读性。

10.1.2 函数的嵌套调用

在例 10.1 中，主函数 main 调用 diff 函数，而 diff 函数又进一步调用 max 和 min 函数，这样就构成了函数的嵌套调用。C 语言中规定在一个函数体内不能再定义一个函数，但却可以调用别的函数。如果一个被调用函数的函数体中又调用另外一个函数，这种调用就称为函数的嵌套调用。图 10.2 表示了例 10.1 中函数调用之间的关系与执行过程，数字①～⑫表示执行顺序。程序从 main 函数开始执行，当执行到调用 diff 函数的语句时，即转去执行 diff 函数，在 diff 函数中执行到调用 max 函数时，就转去执行 max 函数，当 max 函数执行结束后，便返回 diff 函数调用 max 函数的位置，继续调用 min 函数，当 min 函数执行结束后，返回 diff 函数调用 min 函数的位置，继续执行 diff 函数的后续语句，当 diff 函数执行结束后，便返回 main 函数调用 diff 的位置，继续执行 main 函数的后续语句。

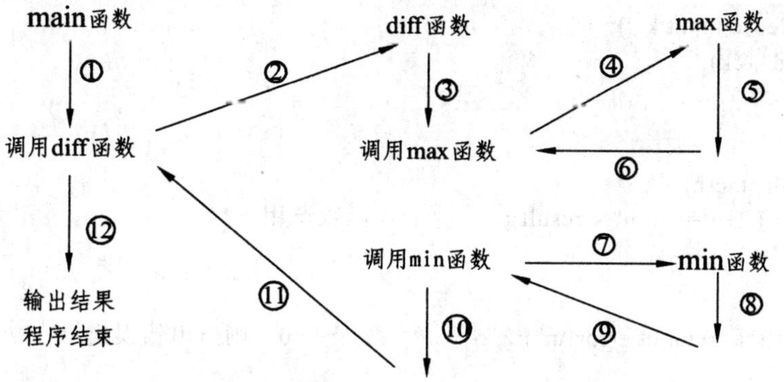

图 10.2　计算三个数中最大数与最小数差值的函数调用及返回过程

10.2　递归函数

10.2.1　程序分析

【例 10.2】 用递归函数实现计算 n!。

把 n!以递归方式进行定义：

$$n!=\begin{cases}1 & (n=0,1)\\ n*(n-1)! & (n>1)\end{cases}$$

即求 n!可以在(n-1)!的基础上乘以 n。如果把求 n!写成函数 fac(n)，则 fac(n)的实现依赖于 fac(n-1)。

源程序：

```
#include <stdio.h>
long fac(int n)                                /*  定义计算 n!的函数   */
{
      long f;

      if(n==0||n==1)
            f=1;                               /*  递归出口  */
     else
         f=n*fac(n-1);                         /*  函数递归调用   */

     return f;
}
```

```
void main( )
{
    int k;
    long result;

    printf("Please input k:");
    scanf("%d",&k);
    if (k>=0)
    {
        result=fac(k);
        printf("%d!=%ld\n",k,result);        /*  函数调用  */
    }
    else
        printf("k<0,input error!\n");        /*  如果 k<0，则给出错误提示  */

}
```

运行情况：

Please input k:4

4!=24

在本例中，定义了 fac 函数，在该函数中，通过语句“f=n*fac(n-1);”对函数自身进行调用。

10.2.2 递归函数基本概念

在 C 语言中，一个函数除了可以调用其他函数外，也允许函数直接或间接地调用自己，这种函数直接或间接地调用函数本身的形式称为函数的递归调用。如果一个函数在它的函数体内直接调用它本身，这种调用就称为直接递归调用，如图 10.3(a)所示；如果一个函数通过其他函数间接调用它本身，这种调用就称为间接递归调用，如图 10.3(b)所示。带有递归调用的函数就称为递归函数。

例如，例 10.2 中的 fac 函数就是一个递归函数，它是通过语句“f=n*fac(n-1);”实现了函数的直接递归调用。

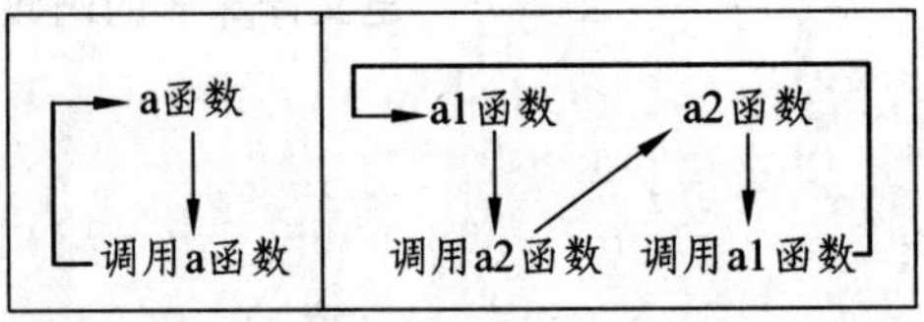

（a）函数直接递归调用　（b）函数间接递归调用

图 10.3　函数递归调用的两种形式

为了帮助大家更好地理解递归函数，下面以例 10.2 为例来看看递归函数是如何执行的。

当输入 n 的值为 4 时，也就是要计算 4!，即 fac(4)。首先 main 函数以 4 作参数调用 fac 函数，执行“f=4*fac(3);”，而 fac(3)的值未知，因此必须先计算出 fac(3)才能求出 fac(4)。

当计算 fac(3)时，函数递归调用自己，执行“f=3*fac(2);”，此时 fac(4)并未结束，而是暂时停一下，等算出 fac(3)后再继续计算 fac(4)，这时计算机内部 main、fac(4)和 fac(3)这 3 个函数同时被执行。当计算 fac(2)时，执行“f=2*fac(1);”，这样依次递归，当调用到 fac(1)时，这时 n=1，f 的值为 1 并返回，即 fac(1)=1，递归调用结束。fac(1)的值计算出来后，就可以计算 fac(2)，不断返回，最后可以计算出 fac(4)，返回到主函数 main。计算 fac(4)的调用返回过程如图 10.4 所示。

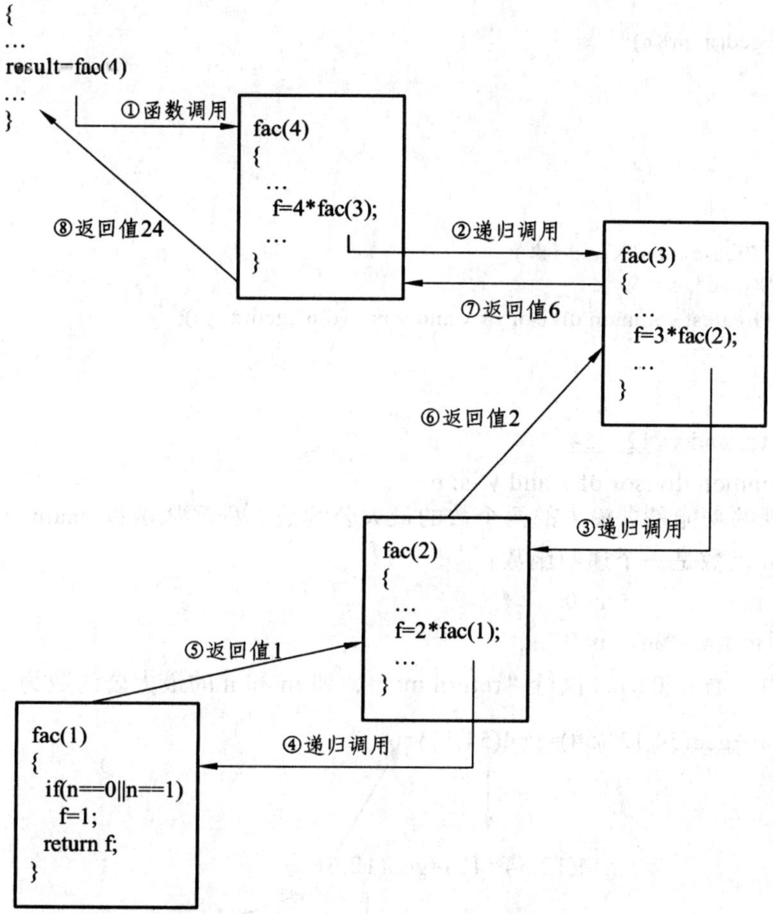

图 10.4　fac(4)的调用返回过程

我们把向下的递归调用过程称为“递归过程”，把向上的携带返回值计算返回表达式的过程称为“回溯过程”。其中，递归过程的关键在于每次递归时，参数的值都要逐步趋向某个特定值(例 10.2 中这个特定值是 1)。当递归到参数值等于特定值时，递归过程结束，此时一定要有返回值。回溯过程比较简单，由于最后一次递归有返回值，则回溯到上一次递归时，就可以计算出该次递归的返回值。依次类推，回溯到第一次递归，获得返回值，则回溯过程结束。

递归的实质是把问题简化成形式相同，但较简单一些的情况。如在例 10.2 中，通过公式 n!=n*(n-1)!，把 n!的计算简化成对(n-1)!的计算，不断地简化下去，直到 n=0 或 1 时，就不必再递归了。

练习 10-1　用递归的方法计算 n!。

【例 10.3】 写出下列递归程序的输出结果。

```
#include <stdio.h>
int gcd(int m, int n)
{
   if (n==0)
      return m;
   else
      return   gcd(n, m%n);
}

void   main( )
{
      int x, y;
      printf ( "Please input x and y:" );
      scanf ("%d%d", &x,&y);
      printf("Greatest common divisor of x and y is: %d\n",gcd(x, y));
}
```

运行情况：

Please input x and y: <u>12　54</u>

Greatest common divisor of x and y is: 6

本程序实现的功能是求输入的两个数的最大公约数。程序从函数 main 开始执行，调用 gcd(12,54)，gcd 函数是一个递归函数：

$$gcd(m.n)=\begin{cases} m & n=0 \\ gcd(n,m\%n) & n>0 \end{cases}$$

在 gcd 函数中，当 n=0 时，执行“return m;”，即 m 和 n 的最大公约数为 m。

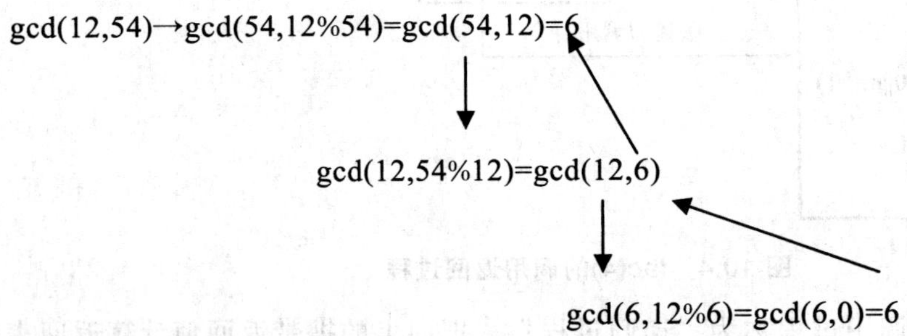

10.2.3　递归程序设计

函数递归调用是 C 语言的重要特点之一。尽管函数的递归调用并不节省存储空间，运行效率也不高，但当一个问题具有递归关系时，采用递归调用处理方式，将使得所要处理的问题更易于表达，程序也更简洁。

从以上递归函数的例子可以知道，编写递归函数时，必须解决两个关键问题：

（1）递归计算的公式；

（2）递归结束的条件。

【例 10.4】 汉诺（Hanoi）塔问题。

假设有 3 根柱子 A、B 和 C，A 柱子上套着 m 个半径大小不同的盘子（盘子中央有小孔），并且大盘子在下面，小盘子在上面。要求将 A 柱子上的盘子搬到 C 柱子上。在搬动过程中，可以使用 B 柱子暂时存放盘子，但无论何时都必须保证大盘子在下面，小盘子在上面，并且一次只能搬动一个盘子。

以 4 个盘子为例来说明搬动盘子的方法，如图 10.5 所示。

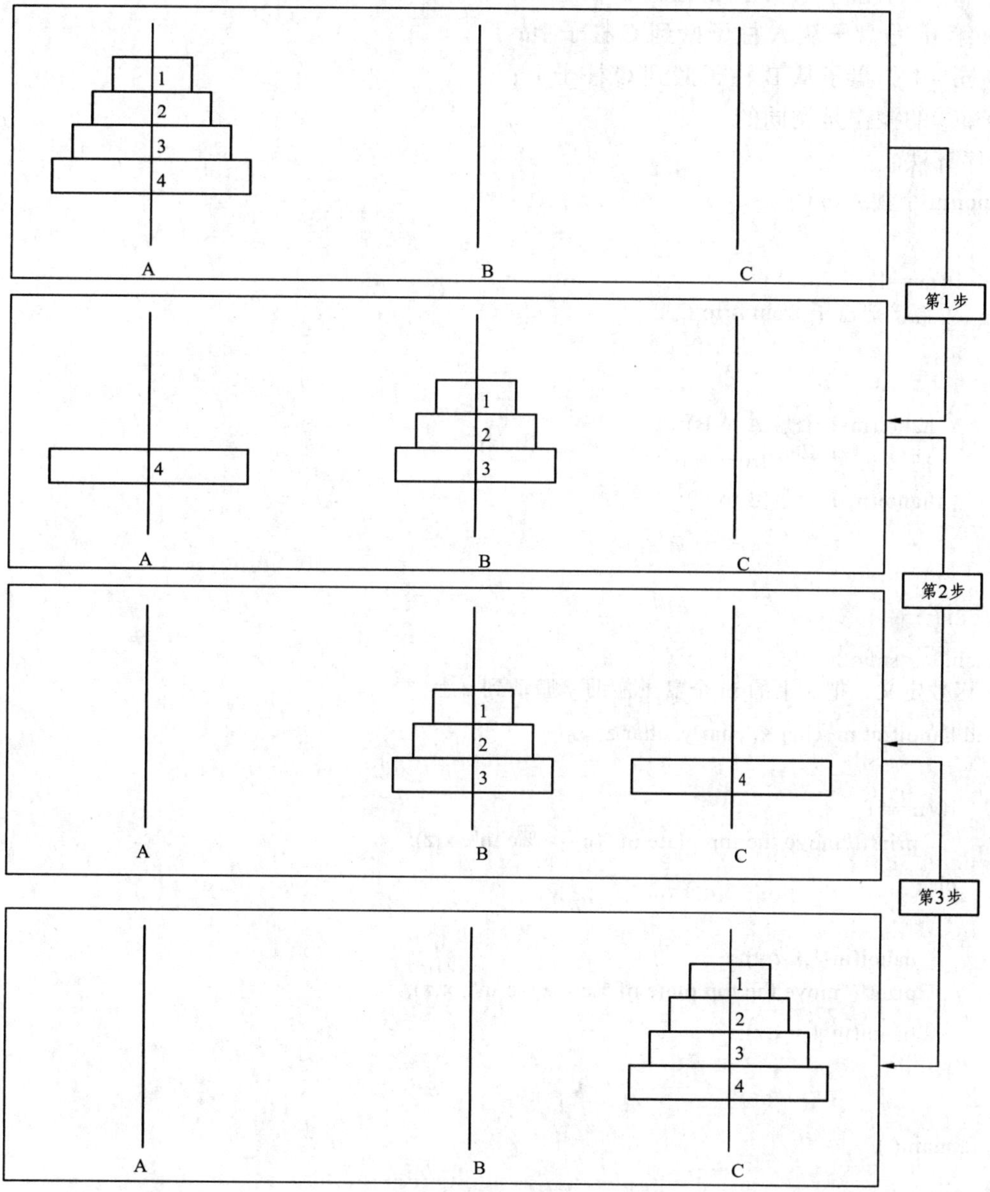

图 10.5　汉诺塔搬动示意图

第 1 步：将上面的 3 个盘子用 B 柱子作中介，从 A 柱子搬到 B 柱子上；

第 2 步：将第 4 个盘子搬到 C 柱子上；

第 3 步：将 B 柱子上的 3 个盘子用 A 柱子作为中介搬到 C 柱上。

其中第 1 步和第 3 步所要解决的问题与本例所要解决的问题是相同的，只是盘子数少了 1 个，但是解决的方法仍需要按照上述 3 个步骤进行，直到只剩下 1 个盘子等待搬动为止。那我们是否可以用递归来解决这个问题呢？下面找出递归的两个关键问题：

（1）递归结束条件：如果只有一个盘子，可直接搬动；

（2）递归计算的公式：从以 4 个盘子为例分析可以得出，把上述 3 个步骤归纳成：

① m－1 个盘子从 A 柱子搬到 B 柱子上；

② 第 m 号盘子从 A 柱子搬到 C 柱子上；

③ m－1 个盘子从 B 柱子搬到 C 柱子上；

其中①和③的操作是类同的。

程序算法：

```
hanoi(m 个盘,A to C)
{
    if(m==1)
      直接把盘子 from A to C;
    else
    {
      hanoi(m-1 个盘,A to B);
      把第 m 号盘子 from A to C;
      hanoi(m-1 个盘,B to C);
    }
}
```

源程序：

```
#include <stdio.h>
/* 函数定义，把 x 上的 m 个盘子借助 y 搬动到 z 上 */
void hanoi(int m, char x, char y, char z)
{
    if (m==1)
        printf("move the top plate of %c --> %c \n", x,z);
    else
    {
        hanoi(m-1,x,z,y);
        printf("move the top plate of %c --> %c \n", x,z);
        hanoi(m-1,y,x,z);
    }
}
void main( )
{
    int n;

    printf("please input the number of disks:");
```

```
    scanf("%d",&n);
    printf("the step to moving %d disks is:\n",n);
    hanoi(n,'a','b','c');
}
```

运行情况：

```
please input the number of disks:4
the step to moving 4 disks is:
move the top plate of a -- > b
move the top plate of a -- > c
move the top plate of b -- > c
move the top plate of a -- > b
move the top plate of c -- > a
move the top plate of c -- > b
move the top plate of a -- > b
move the top plate of a -- > c
move the top plate of b -- > c
move the top plate of b -- > a
move the top plate of c -- > a
move the top plate of b -- > c
move the top plate of a -- > b
move the top plate of a -- > c
move the top plate of b -- > c
```

从程序中可以看出，hanoi 函数是一个递归函数，它有 4 个形参，分别为 m、x、y、z。m 表示盘子数，x、y、z 分别表示 3 根柱子。hanoi 函数的功能是把 x 上的 m 个盘子借助 y 移动到 z 上。当 m=1 时，直接把 x 上的盘子移到 z 上，输出 x→z，否则，分三步做：递归调用 hanoi 函数，把 m－1 个盘子从 x 移到 y；把 x 上的第 m 个盘子移到 z 上，输出 x→z；递归调用 hanoi 函数，把 m－1 个盘子从 y 移到 z。在递归调用过程中 m=m－1，故 m 的值逐次递减，最后 m=1 时，终止递归，逐层返回。

练习 10-2　编一程序，利用函数的递归调用求 x 的 n 次方的值，其中 n 为正整数。

10.3　全局变量与程序文件模块

在 5.2 节中，我们介绍了局部变量和全局变量的概念。局部变量定义在函数内部或复合语句内部，它仅在函数内部或复合语句内部有效，而全局变量定义在函数外部，可以在整个程序中起作用。如果一个程序由多个程序文件模块构成，我们既可以通过声明外部变量，使全局变量的作用范围扩展到其他文件模块；也可以通过定义静态全局变量，将其作用范围限制在一个文件模块中。

10.3.1 外部变量

全局变量是在函数的外部定义的，它在整个程序所有的文件模块中起作用。全局变量只能在某个模块中定义一次，如果其他模块要使用该全局变量，必须在引用之前用关键字 extern 将该变量声明为外部变量，用于说明该变量是一个已经在其他模块中定义的全局变量。

【例 10.5】 分析比较以下两个程序。

源程序：

```
/*   file1.c   */
#include <stdio.h>
void fun( )
{
    int x;

    x=y*5;   /* 出错，y 虽然为全局变量，
但定义在后使用在前 */
    printf("%d\n",x);
}

int y=50;      /* 定义变量 y 为全局变量 */
void main( )
{
    fun( );
    y++;
    fun( );
}
```

运行情况：程序出错

源程序：

```
/*   file2.c   */
#include <stdio.h>
void fun( )
{
    int x;

    extern int y;/*声明变量 y 为外部变量*/
    x=y*5;
    printf("%d\n",x);
}

int y=50;      /* 定义变量 y 为全局变量 */
void main( )
{
    fun( );
    y++;
    fun( );
}
```

运行情况：

250

255

在 file1.c 文件中，在函数的外部通过语句“int y=50;”定义了全局变量 y，其作用域是从变量定义处开始，到本文件的末尾，因此当 fun 函数中用语句“x=y*5;”引用 y 时，程序编译时会出现“变量未定义”的错误。如果函数需要在定义全局变量的位置之前引用该全局变量，则应该在引用之前用关键字 extern 对该变量作外部变量声明，表示该变量是一个已经定义的全局变量。这样，就可以从“声明”处起，合法地使用该全局变量了。如在 file2.c 文件中，在引用全局变量 y 前，用“extern int y;”语句声明 y 为外部变量，这样语句“x=y*5;”就能正确执行了，从而扩大了全局变量 y 的作用范围。

★ 注意：“extern int y;”的格式与定义变量的格式相同，但它不是定义变量，而是声明一个已经定义的全局变量为外部变量，从而扩大了该全局变量的作用域（有效范围）。因此，声明一个变量时不能对变量赋初值。

下面的做法是错误的：

```
extern int y=8;
```

外部变量声明格式为：

extern 类型标识符 变量名; 或 extern 变量名表;

它只起说明作用，不分配存储单元，对应的存储单元在全局变量定义时分配。

当一个程序由多个程序文件模块构成时，我们也可以通过声明外部变量，使全局变量的作用范围扩展到其他文件模块。

【例 10.6】 用 extern 将全局变量作用域扩展到其他文件模块。

源程序：

```
/*   global1.c   */
#include <stdio.h>
int a=100;             /* 定义全局变量*/
int b=5;               /* 定义全局变量*/
void func1( );         /* 函数声明*/
void func2( );         /* 函数声明*/
void main( )
{
    a=a+b;
    func1( );
    func2( );
}

/*   global2.c   */
#include <stdio.h>
extern int a;          /* 声明全局变量 */
void func1( )
{
    printf("In func1 a is:%d\n",a);
}
void func2( )
{
    a++;
    printf("In func2 a is:%d\n",a);
}
```

运行情况：

```
In func1 a is:105
In func2 a is:106
```

本例中，在文件 global2.c 中需要使用文件 global1.c 中定义的全局变量 a。那么，在文件 global2.c 中，需要使用声明语句"extern int a;"将定义在文件 global1.c 中的全局变量 a 声明为外部变量，从而将定义在文件 global1.c 中的全局变量 a 的作用域（有效范围）扩大到文件 global2.c。

由于在 global2.c 中，声明语句"extern int a;"放在了文件开始，因此，变量 a 的作用域是整个 global2.c 文件。若将这一声明语句放在函数 func1 内，a 的作用域就只从声明的位置起到函数 func1 的末尾。也就是说，在函数 func2 中将不能引用全局变量 a 了。

10.3.2 静态全局变量

并不是所有的全局变量的作用域都可以任意扩展，如果定义全局变量时，在变量名前加了 static 关键字，这个变量就成了静态全局变量，静态全局变量的作用域不能被扩展，只能在定义它的文件中使用。

在例 10.6 中，如果把 global1.c 文件中的“int a=100;”改成“static int a=100;”，那么全局变量 a 就成了静态全局变量，这时 a 只能在 global1.c 文件中使用，而 global2.c 文件是无法引用它的。

定义静态全局变量有何用途呢？当一个大的程序由多人合作完成时，每个程序员可能都会定义一些自己使用的全局变量，这些全局变量与其他人编写的模块无关，并不是整个程序都需要使用的真正全局变量。为避免自己定义的全局变量影响其他人编写的模块，C 语言的静态全局变量可以把变量的作用范围仅局限于当前的文件模块中，即使其他文件模块使用外部变量声明，也不能使用该变量。

总之，不同的变量其作用范围也不同。普通全局变量的作用范围最广，在整个程序中有效；静态全局变量是小范围的全局变量，仅在所在的文件模块中有效；函数的局部变量的作用范围是所在函数；复合语句的局部变量的作用范围最小，仅在复合语句内有效。

10.4 外部函数和内部函数

C 语言程序通常由若干个函数组成，这些函数既可在同一个文件中，也可分散在多个不同的文件中，根据函数能否被其他源文件调用，可将它们分为外部函数和内部函数。

10.4.1 外部函数

在定义函数时，如果冠以关键字 extern，则表示此函数是外部函数。即

extern 函数类型 函数名(形式参数列表)

说明：

（1）在定义函数时省去了 extern 关键字时，则隐含为外部函数。

（2）在需要调用外部函数的文件中，应该用 extern 说明所用的函数是外部函数。

【例 10.7】 求输入的两个整数的和。要求在源文件 file2.c 中定义求两数和的 add 函数，并在源文件 file1.c 中调用 add 函数，求出两数之和。

源程序：

```
/*   file1.c   */
#include <stdio.h>
void main()
```

```
{
    extern int add(int x, int y);       /* 用 extern 说明本文件将要使用其他文件中的函数 */
    int a,b,res;

    printf("please input a and b:");
    scanf("%d%d",&a,&b);
    res=add(a,b);                       /*  调用外部函数 add 求 a 与 b 的和   */
    printf("the result of add is:%d\n",res);
}

/*   file2.c    */
#include <stdio.h>
extern int add(int x, int y)            /*   定义外部函数 add   */
{
    int z;
    z=x+y;
    return z;
}
```

运行情况：

please input a and b:12 -5

the result of add is:7

整个程序由两个文件组成。每个文件包含一个函数。在 main 函数中调用了外部函数 add，以实现对输入的两个整数求和。

10.4.2 内部函数

如果一个函数只能够在定义它的文件中被调用，则称它为内部函数（也称为静态函数）。定义内部函数只需在函数定义的前面加 static 关键字。即

static 函数类型　函数名(形式参数列表)

在例 10.7 中，如果把 file2.c 文件中的"extern int add(int x, int y)"改成"static int add(int x, int y)"，那么函数 add 就成了内部函数，此时，函数 add 的作用范围仅局限于 file2.c 文件，而在 file1.c 文件中是不能调用此函数的。

10.5 编译预处理

通过前面各章的学习，相信大家对#include 命令已不再陌生了，像这种以"#"开头的命令称为预处理命令。所谓预处理是指，在对源程序进行编译之前，先对源程序中的编译预处理命令进行处理，然后再将处理的结果和源程序一起进行编译，以得到目标代码。

C 语言提供了多种预处理功能，如宏定义、文件包含、条件编译等。合理地使用编译预处理命令，可增强程序的可读性、易修改性和可移植性，也有利于模块化程序设计。

10.5.1 文件包含

C 语言程序通常是由多个文件模块组成的，编译时可以对各个文件模块分别编译，然后把通过编译的文件模块再合起来，连接生成可执行程序。那么，如何把多个程序文件模块连接成一个完整的可执行程序呢？

我们知道，一个 C 语言程序只允许有一个 main 函数，程序的运行都是从 main 函数开始的。为了能调用定义在其他文件模块中的函数，通常采用文件包含的方式。文件包含就是一个文件通过#include 命令将指定的另一个文件的全部内容插入到#include 所在的位置，当程序编译连接时，系统会把所有#include 指定的文件拼接生成可执行的代码。

文件包含的一般格式为：

#include "需包含的文件名"

或者

#include <需包含的文件名>

如：

#include <stdio.h>

#include "math.h"

文件包含必须以“#”开头，表示这是编译预处理命令。另外，include 不是真正的 C 语言语句，行尾不用分号结束。以上两种格式的区别在于：

（1）如果使用尖括号“< >”，系统到存放头文件的目录（include 目录）中查找所要包含的文件（对于 VC6，如果采用默认安装方式，则是 C:\Program Files\Microsoft Visual Studio\VC98\Include），这称为标准方式。

（2）如果使用双引号，系统会首先到当前目录下查找被包含的文件，如果没找到，再按照标准方式去查找。若文件不在当前目录中，在双引号内还应指明文件路径。

【例 10.8】 修改例 10.7，不用外部函数的方式，改用文件包含的方式把两个.C 文件连接起来。

图 10.6 的 file1.c 文件模块中使用命令#include “file2.c” 把 file2.c 文件包含进来，经 C 程序编译连接后，file1.c 和 file2.c 一起生成 file1.exe 可执行程序，如图 10.6 右部所示。add 函数位置在 main 函数位置的前面，这样求和函数先定义后使用，在 main 函数中就无须再进行声明了。一般被调用函数文件模块的包含位置，要写在主调函数文件模块的前面。

include 所包含的文件可以是.c 文件也可以是.h 文件。.c 表示普通 C 程序，.h 表示 C 程序的头文件。头文件经常用于做一些统一的定义、声明或符号常量，以及宏定义、结构体等一些数据结构的定义。写成头文件的好处是通过文件包含的方式，方便大家引用。C 语言中大量的定义与声明是以头文件形式提供的，大家可以查看所使用的 C 语言中 include 文件夹下有关.h 文件的内容。

文件模块名：file1.c

```
#include <stdio.h>
#include "file2.c"
void main( )
{
  int a,b,res;
  printf("please input a and b:");
  scanf("%d%d",&a,&b);
  res=add(a,b);
  printf("the result of add is:%d\n",res);
}
```

文件模块名：file2.c

```
int add(int x, int y)
{
   int z;
  z=x+y;
  return z;
}
```

→

编译连接后包含的内容

```
int add(int x, int y)
{
  int z;
  z=x+y;
  return z;
}
void main( )
{
 int a,b,res;
 printf("please input a and b:");
 scanf("%d%d",&a,&b);
 res=add(a,b);
 printf("the result of add is:%d\n",res);
}
```

图 10.6　用#include 命令连接多个文件模块

表 10.1 列出了 ANSI 定义的一些常用系统标准头文件。

表 10.1　常用标准头文件

头文件名	作　用
stdio.h	输入输出函数中使用的有关说明和定义
math.h	与数学处理函数有关的说明与定义
ctype.h	字符处理
string.h	字符串函数的有关说明与定义
stddef.h	定义某些常用内容
stdlib.h	杂项说明
time.h	支持系统时间函数

在 C 语言中，把多个文件模块连接成一个完整程序的方法除了用#include 命令外，还可以用工程文件功能，即定义一个工程文件，然后把需要连接在一起的文件名加入到该工程文件中，再经程序连接后，便可生成完整的可执行文件。关于工程文件的创建与使用，大家可参阅上机操作指南(详见本书配套的实验教材《C 语言程序设计实验指导》)。

10.5.2　宏定义

宏定义#define 是 C 语言中常用的功能，在前面章节中学习的符号常量就是使用宏来定义的。

宏定义分为两种：不带参数的宏定义和带参数的宏定义。

1. 不带参数的宏定义

不带参数的宏定义的格式为：

#define 宏名 宏定义字符串

说明：

（1）“define”为宏定义关键字，前面加上“#”表示这是一条预处理命令，而不是真正的C语句，行尾无须分号。

（2）宏名是所定义的宏的名称，通常用大写字母取名，以便与变量区别。

（3）宏定义字符串即宏体，可以是常量、表达式、格式串等，中间可以有空格，以回车符作为结束。

例如：

```
#define PI 3.1415926
#define SIZE 20
#define A (5*x+x*x)
```

在程序编译时，会将程序代码中所有出现宏名的地方都用宏定义字符串来替换。

【例 10.9】 简单的宏定义和宏调用。

源程序：

```
#include <stdio.h>
#define A (5*x+x*x)
void main( )
{
  int result,x;
  printf("please input a number:");
  scanf("%d",&x);
  result=4*A+8*A;/* result=4*(5*x+x*x)+8*(5*x+x*x); */
  printf("result=%d\n",result);
}
```

运行情况：

```
please input a number:3
result=288
```

（4）C语言允许宏嵌套定义。例如：

```
#define R 4.5
#define PI 3.1415926
#define S PI*R*R              /* PI、R是已定义的宏名 */
```

（5）宏定义必须写在函数之外，其作用域为从宏定义命令起到源程序结束。如要终止其作用域可使用#undef 命令。

（6）宏名在源程序中若用双引号括起来，则预处理程序不对其作宏替换，即宏替换对双引号内的宏名无效。

【例 10.10】 宏的作用范围。

源程序：

```
#include <stdio.h>
```

```
#define STRING1 "Hello!I am the first macro"      /* 定义宏 STRING1 */
void s1( )
{
     printf(STRING1);
     printf("\n");
}
#undef STRING1                                    /* 终止宏 STRING1 */
#define STRING2 "Hello!I am the second macro"
void s2( )
{
     printf("STRING2\n");
}
void main( )
{
     s1( );
     s2( );
}
```

运行情况：

```
Hello!I am the first macro
STRING2
```

宏 STRING1 的作用范围是从定义的位置开始的，直到“#undef STRING1”。在语句“printf("STRING2\n");”中，宏名 STRING2 用双引号括起，宏替换对它不起作用，只能输出字符串"STRING2"本身。

2. 带参数的宏定义

带参数的宏定义不是进行简单的字符串替换，而是要进行参数替换，其格式如下：

#define 宏名(形参表) 宏定义字符串

【例 10.11】 带参数的宏的使用实例。

源程序：

```
#include <stdio.h>
#define SA(i) i*i
#define SB(j) (j)*(j)
#define MIN(m,n) m<n?m:n
void main( )
{
     int a,b,x,y,z;
     printf("please input a and b:");
     scanf("%d%d",&a,&b);
     x=SA(a+b)/SA(a+b);                  /*  x=a+b*a+b/ a+b*a+b   */
     y=SB(a+3)/SB(b+2);                  /*  y=(a+3)*(a+3)/(b+2)*(b+2)   */
     z=MIN(a,b);                         /*  z=a<b?a:b   */
     printf("x=%d,y=%d,z=%d\n",x,y,z);
```

```
}
```

运行情况：

please input a and b:<u>3 5</u>
x=39,y=35,z=3

说明：

（1）带参数宏定义中，宏名和形参表之间不能有空格出现。

如果把#define SA(i) i*i

写成：

#define SA (i) i*i

将被认为是无参数宏定义，宏名 SA 代表字符串(i) i*i。

（2）在宏定义中的形参是标识符，而宏调用中的实参可以是表达式。如例 10.11 中的“y=SB(a+3)/SB(b+2);”。

（3）在宏定义中，字符串内的形参通常要用括号括起来以避免出错。

如例 10.11 中的“#define SB(j) (j)*(j)”。

（4）宏引用形式与函数的调用非常相似，但两者的实现过程是不同的。

① 函数的调用是在程序运行时处理的，为形参分配临时的存储单元，将实参传递给形参，执行函数，对于有返回值的函数，最后通过 return 语句返回值；而宏替换是在程序编译预处理时进行的，在替换时并不分配存储单元，不进行值的传递，也没有“返回值”的概念。

② 函数调用时，如果实参是表达式，要先求出实参表达式的值，再赋予形参；而宏替换中对实参表达式不做计算，直接地照原样替换。

例如，例 10.11 中的“x=SA(a+b)/SA(a+b);”，宏替换后将变成：

x=a+b*a+b/ a+b*a+b

而“y=SB(a+3)/SB(b+2);”，宏替换后将变成：

y=(a+3)*(a+3)/(b+2)*(b+2)

如果把“#define SB(j) (j)*(j)”改成“#define SB(j) ((j)*(j))”，宏替换后 y 的结果就完全不同了。

y= ((a+3)*(a+3))/((b+2)*(b+2))=(a+3)2/(b+2)2

宏定义中对变量加上括号，可提高替换后的运算优先级，有效避免宏替换所带来的副作用，保证宏替换的正确性。

10.5.3 条件编译

在很多情况下，为了增加可移植性，C 语言源程序中包含了各种版本的程序段，但在某种情况下，却只要求对一段程序进行编译。这时需要利用条件编译命令。

条件编译大致有以下三种形式：

1. 第 1 种形式

```
#if 条件
  程序段 1
```

```
#else
  程序段 2
#endif
```

程序段 1 和程序段 2 只有一个会被生成到目标程序中，如果条件的值为真(非 0)，则对程序段 1 进行编译。否则，对程序段 2 进行编译。因此，可以使程序在不同条件下，完成不同的功能。

【例 10.12】 条件编译形式举例。

程序员输入的源程序	预编译后的源程序

#include <stdio.h>
#define OK 3
void main( )
{
    #if OK>0
      int a=1;
      printf("%d\n",a);
    #else
      int b=0;
      printf("%d\n",b);
    #endif
}
	
	void main( )
	{
	    int a=1;
	    printf("%d\n",a);
	}

运行情况：

```
1
```

2. 第 2 种形式

```
#ifdef 标识符
  程序段 1
#else
  程序段 2
#endif
```

如果标识符已被 #define 命令定义过，则对程序段 1 进行编译。否则，对程序段 2 进行编译。如果没有程序段 2（它为空），本格式中的#else 可以没有。

【例 10.13】 条件编译形式举例。

程序员输入的源程序	预编译后的源程序

#include <stdio.h>
#define FLAG ok
void main( )
{
    int x=1;
    char cc='C';
    #ifdef FLAG
      printf("x=%d\n",x);
	
	void main( )
	{
	    int x=1;
	    char cc='C';
	    printf("x=%d\n",x);
	}

#else
    printf("cc=%c\n",cc);
#endif
}	

运行情况：

x=1

3. 第 3 种形式

```
#ifndef 标识符
程序段 1
#else
  程序段 2
#endif
```

第 3 种形式与第 2 种形式功能正相反，如果标识符未被#define 命令定义过，则对程序段 1 进行编译。否则，对程序段 2 进行编译。

条件编译只允许编译源程序中满足条件的程序段，使生成的目标程序较短，从而减少内存的开销，提高程序的效率。

练习 10-3　请完成下列宏定义：

① ISUPPER(c)：判断 c 是否为大写字母。

② MAX(x,y)：求 x，y 的最大值。

③ SWAP(a,b)：交换 a，b 的值。

④ SQUARE(r)：计算半径为 r 的圆面积。

习　　题

1. 分析以下程序：

（1）

```
#include <stdio.h>
char cchar(char ch)
{
    if(ch>='a' && ch<='z')   ch=ch-'a'+'A';
    return ch;
}
void main( )
{
    int i=0;
    char s[ ]="CHINA+good=I love";
    while(s[i])
    {
      s[i]=cchar(s[i]);
      i++;
    }
```

```
    printf("%s\n",s);
}
```

程序运行后的输出结果是__________。

（2）

```
#include <stdio.h>
void f1( ),f2( ),f3( );
void main( )
{
    printf("It is in main.\n");
    f3( );
    printf("It is back in main.\n");
}
void f1( )
{
    printf("It is in f1.\n");
    f2( );
    printf("It is back in f1.\n");
}
void f2( )
{
    printf("It is in f2.\n");
}
void f3( )
{
    printf("It is in f3.\n");
    f1( );
}
```

程序运行后的输出结果是__________。

（3）

```
#include <stdio.h>
long f(int k)
{
    switch(k)
    {
      case 0:return 0;
      case 1:
      case 2:return 1;
    }
    return (f(k-1)+f(k-2));
}
void main( )
{
    long int s;
```

```
    s=f(9);
    printf("s=%ld\n",s);
}
```

程序运行后的输出结果是__________。

2. 编写程序，实现由主函数输入一个正整数 n，将其转换为二进制后输出。要求：定义并调用输出 n 的二进制数的函数 tobin(n)。

3. 编写一函数实现用弦截法求方程 $x^3-8x^2+12x-30=0$ 的近似根。主函数完成各系数值的输入及所求得的根值的输出。

4. 用递归的方法将一个整数 n 转换成字符串后输出。

5. 用递归的方法实现对一个整数的逆序输出。

6. 定义一个判断某年 year 是否为闰年的宏。再使用函数实现，比较两者在形式上和使用上的区别。

第 11 章　文　件

人部分程序都需要输入、输出数据。当需要输入少量数据时，我们可以直接通过键盘等输入设备输入。但是输入大量数据时，我们就得从事先建立的文件中读入数据。同样，程序有大量数据输出时，也可以将数据保存在文件中。文件(file)一般是指存储在某种介质(硬盘、光盘等)上的数据的集合。每个数据集都有一个名称，称为文件名。程序要从文件中读取数据或者保存数据到文件，就必须先按文件名找到指定的文件。建立文件时，首先就是要确定文件名。

11.1　将学生成绩写入文件

11.1.1　代码分析

【例 11.1】 把赵明同学的成绩保存到 score.txt。

源代码：

```
#include <stdio.h>
void main( )
{
    FILE *fp;                                   /* 定义文件类型指针 fp */
    fp=fopen("score.txt","w");                  /* 打开或创建文件 score.txt */
    fprintf(fp,"%s","2010054000 赵明 98");      /* 写文件 */
    fclose(fp);                                 /* 关闭文件 */
}
```

编译并运行上述程序后，可以看到在源代码所在目录下新建了一个 score.txt 文件，其内容为“2010054000 赵明 98”，如图 11.1 所示。

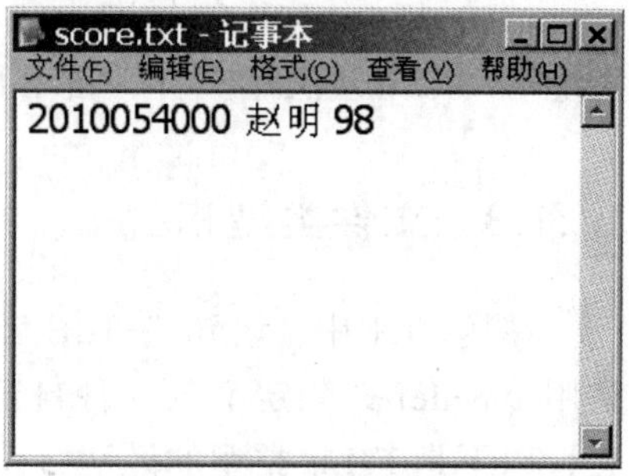

图 11.1　score.txt 内容

程序中的函数 fopen、fprintf、fcolse 是系统提供的库函数，其函数原型在 stdio.h 中进行了声明，因此须使用 #include <stdio.h>把头文件 stdio.h 包含到源代码中。

11.1.2　文件概述

在 C 语言中，文件被看作是一个数据序列。根据数据序列在介质上存储的编码形式，文件可分为文本文件和二进制文件。文本文件是由代表字符的 ASCII 码顺序组成的，又称为字符文件，它的每个字节空间存储一个 ASCII 码。二进制文件是由二进制值（0、1）组成的，直接按数据在内存中的存储形式直接保存在存储介质中。

例如，整数 8000，其二进制值为 1111101000000，在内存中占 2 个字节。如果这个值存储在文本文件中，则文件内容按 ASCII 码形式存储，因此占 4 个字节：0x38、0x30、0x30、0x30，它们分别是'8'、'0'、'0'、'0'的 ASCII 码值。而如以二进制文件存储，文件内容以二进制数 0x1F40 的形式存储，只占 2 个字节，如图 11.2 所示。

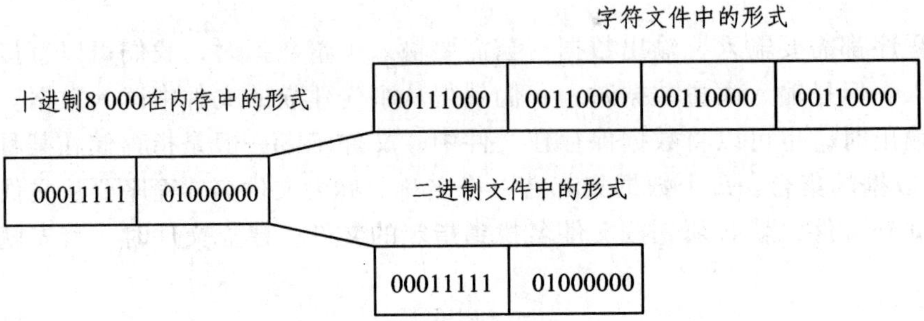

图 11.2 数据在内存中的两种形式

用文本文件存储数据，一个字节代表一个字符，可以很方便地对字符逐个处理，也方便输出字符，但是占用较大的存储空间。用二进制文件比较节约存储空间，但是不能直接按字符形式输出。因此一般用二进制文件存储不需要用来按字符处理的数据。选择哪一类文件存储数据，需根据实际问题来决定，但是在建立或打开文件时就要定义好文件类型。

目前，C 语言所使用的磁盘文件系统有两大类：一类称为缓冲文件系统，又称为标准文件系统；另一类称为非缓冲文件系统。

按照缓冲文件系统特性，系统自动地在内存区为每一个正在使用的文件开辟一个缓冲区，C 程序对文件的操作就是通过对缓冲区的操作来完成的。读文件操作时，一次从磁盘文件将一些数据输入到缓冲区，然后再从缓冲区逐个地将数据送给接收变量；写文件操作时，程序先将数据送到缓冲区，装满缓冲区后才一起送到磁盘去。用缓冲区可以一次读入一批数据，或输出一批数据，而不是执行一次输入或输出函数就去访问一次磁盘，这样做的目的是减少对磁盘的实际读写次数，避免了每一次读写都要移动磁头寻找磁道扇区，浪费一定的时间。

缓冲文件系统中缓冲区的大小由各个具体的 C 版本确定，一般为 512 Byte。

非缓冲文件系统不由系统自动设置缓冲区，程序设计者必须自己设定一个缓冲区并考虑如何使用它们。

1983 年，ANSI C 标准决定不采用非缓冲文件系统，而只采用缓冲文件系统。缓冲文件系统可用来处理文本文件，也可用来处理二进制文件。

11.1.3 文件类型指针

在例 11.1 中，语句“FILE *fp;”定义了一个 FILE 类型的结构体指针变量 fp。FILE 类型是用 typedef 语句定义的一种自定义的结构体类型，该结构体类型已经在头文件 stdio.h 中定义，以下是 FILE 类型的说明：

```
typedef struct   {
```

```
        short              level;          /* 缓冲区空或者满的程度 */
        unsigned           flags;          /* 文件状态标志 */
        char               fd;             /*文件描述符 */
        unsigned char      hold;           /* 如无缓冲区不读取字符 */
        short              bsize;          /* 缓冲区的大小 */
        unsigned char     *buffer;         /* 缓冲区首地址 */
        unsigned char     *curp;           /* 缓冲区当前工作指针 */
        unsigned           istemp;         /* 临时文件指示器 */
        short              token;          /*有效性检查 */
    }   FILE;
```

由上述可见，FILE类型的内部成员包含了文件操作相关的信息。如缓冲区首地址、文件描述符、文件状态、读写位置等。可以定义多个FILE类型的变量来存放多个文件的信息。

在主函数的声明部分使用#include <stdio.h>后，就能直接定义FILE类型的指针变量了。例如：

```
FILE   *fp;          /*定义 FILE 类型的指针变量 */
```

其中，定义了一个FILE类型（文件类型）的指针变量fp。

在C语言中，访问和操作文件都是通过FILE类型的指针变量来进行的。对于FILE类型的指针变量的使用，可以不必考虑FILE结构体类型内部的成员细节，这些内容由系统在文件打开时填入和使用，并且C程序直接用FILE类型指针代表一个文件。

例如：

```
FILE   *fp;                          /*定义文件类型指针 */
fp=fopen("score.txt","r");           /*fp 指向打开的 score.txt 文件*/
fclose(fp);                          /*关闭 fp 所指向的文件*/
```

11.1.4 文件的打开与关闭

要对一个文件进行操作，首先要打开或者建立该文件，使用结束后也必须关闭该文件。

fopen函数用来打开一个文件，其调用的一般形式为：

```
FILE *fp;
fp=fopen("文件名","使用方式");
```

其中，fp是被说明为FILE类型的指针变量；“文件名”是被打开文件的文件名，一般是字符串常量或字符串数组；“使用方式”是指文件的类型和操作要求。

例如：

```
FILE *fp;
fp= fopen ("score.txt","rt");
```

其作用是在当前目录下打开文件score.txt，只允许进行“读”操作，并使fp指向该文件。

又如：

```
FILE *fp1;
fp1= fopen ("c:\\num1.txt","wb");
```

其作用是在 C 盘的根目录下建立文件 num1.txt，是一个二进制文件，只允许按二进制方式进行写操作。两个右斜线“\\ ”中的第一个表示转义字符，第二个表示根目录。它的实际路径是 c:\num1.txt。

文件的使用方式用来确定以什么类型打开文件，对打开的文件进行什么操作，见表 11.1。

表 11.1 文件的使用方式

文本文件操作		二进制文件操作	
使用方式	含 义	使用方式	含 义
"r"/"rt"	打开一个文本文件，只允许读数据	"rb"	打开一个二进制文件，只允许读数据
"w"/"wt"	创建一个文本文件，只允许写数据	"wb"	创建一个二进制文件，只允许写数据
"a"/"at"	打开一个文本文件，在文件末尾追加数据	"ab"	打开一个二进制文件，在文件末尾追加数据
"r+"/"rt+"	打开一个文本文件，允许读和写	"rb+"	打开一个二进制文件，允许读和写
"w+"/"wt+"	创建一个文本文件，允许读写	"wb+"	创建一个二进制文件，允许读和写
"a+"/"at+"	打开一个文本文件，允许读写或在文件末尾追加数据	"ab+"	打开一个二进制文件，允许读写或在文件末尾追加数据

说明：

（1）文件的使用方式由'r'、'w'、'a'、't'、'b'、'+'六个字符组成，各字符的含义是：

r(read): 表示读操作
w(write): 表示写操作
a(append): 表示在文件末尾追加数据
t(text): 表示对文本文件操作，可省略
b(binary): 表示对二进制文件操作
+: 表示可以读和写操作

（2）用"r"参数打开一个文件时，该文件必须已经建立。

（3）用"w"参数打开的文件只能向该文件写入。若打开的文件不存在，则以指定的文件名创建该文件，若打开的文件已经存在，则将该文件删去，重新新建一个文件。

（4）如果向一个已存在的文件末尾添加新的信息，只能用"a"方式打开文件。该文件必须是存在的，否则，将会出错。

（5）用 fopen 函数打开一个文件时，如果出现路径不对、文件存储溢出、文件已打开等问题，将返回一个空指针值 NULL(即是 0)。在程序中可以用这一信息来判别是否完成打开文件的工作，并做相应地处理。因此，常用以下程序段处理不能打开文件的情况。

```
if((fp=fopen("c:\\num1.txt","rb"))==NULL)
{
    printf("can not open num1.txt!\n");
    getchar();                    /*等待用户从键盘敲任一键时，程序才继续执行 */
    exit(0);                      /*终止程序 */
}
```

（6）C语言允许同时打开多个文件，可用不同的文件指针指向不同的文件，但是不允许对以只读"r"方式打开的文件进行写入操作，也不允许再次打开未关闭的文件。

文件一旦使用完毕，应用关闭文件函数把文件关闭，以避免文件数据丢失。关闭文件就是使指向该文件的文件指针不再指向该文件，断开它们间的联系。

可用 fclose 函数关闭文件。其调用的一般形式是：

fclose(文件指针)；

例如：

fclose(fp);

正常完成关闭文件操作时，fclose 函数返回值为 0。如返回非零值则表示有错误发生。因此，常用以下程序段实现关闭文件：

```
if(fclose(fp))
{
    printf("can not close num1.txt!\n");
    exit(0);/*终止程序 */
}
```

练习 11-1 将自己的个人信息（学号、姓名、性别、年龄，联系方式）写入 myfile.txt。

【例 11.2】 在 c:\csource 目录中创建一个文件 doc1.txt，用于保存键盘输入的三位同学的信息(学号、姓名、成绩)。

源代码：

```
#include<stdio.h>
#include<stdlib.h>
struct stutype
{
    long num;
    char name[10];
    int score;
} stu1[3];

void savscore()
{
    FILE *fp;
    int i;
    if((fp=fopen("c:\\csource\\doc1.txt ","wb+"))==NULL)
    {
        printf("Cannot open file   press any key to exit!");
        return;
    }
    for(i=0;i<3;i++)
        if(fwrite(&stu1[i],sizeof(struct stutype),1,fp)!=1)
            printf("cannot write file!\n");
    fclose(fp);
```

```
}

void main( )
{
    int i;
    for(i=0;i<3;i++)
        scanf("%d%s%d",&stu1[i].num, stu1[i].name, &stu1[i].score);
    savscore();
}
```

本程序中，定义了一个结构体 stutype 及一个结构体数组 stu1[3]，用于临时存放三位同学的信息。自定义函数 savscore 作用是用 fopen 函数在“c:\csource\”目录下创建 doc1.txt，然后用 fwrite 函数写入文件。main 函数中用 scanf 函数从键盘输入三个学生信息到内存后，调用 savscore 函数，写入文件 c:\csource\doc1.txt 中。

11.2 常用文件读写函数

对文件的读和写是文件操作中最常用的两个操作。文件的读操作是指从存储介质中读取文件信息；文件的写操作是指把信息存放到存储介质的文件中。

在 C 语言中，提供了多种文件读和写的函数：

（1）格式化读写函数：fscanf 和 fprintf。

（2）字符读写函数：fgetc 和 fputc。

（3）字符串读写函数：fgets 和 fputs。

（4）数据块读写函数：fread 和 fwrite。

使用以上函数都要求在声明部分包含 stdio.h 头文件。

11.2.1 格式化读写函数

fscanf 函数、fprintf 函数与前面使用的 scanf、printf 函数的功能相似，都是格式化读写函数。区别在于 fscanf 函数和 fprintf 函数的读写对象不是键盘和显示器，而是磁盘文件。

这两个函数的调用格式为：

fscanf(文件指针,格式字符串,输入表列);

fprintf(文件指针,格式字符串,输出表列);

例如：

```
fscanf(fp,"%d%s",&stu,s);
fprintf(fp,"%d%c",stu,ch);
```

11.2.2 字符读写函数

字符读写函数是以字符(字节)为单位的读写函数。每次可从文件读出或向文件写入一个字符。

1. 读字符函数 fgetc

fgetc 函数的功能是从指定的文件中读一个字符，函数调用的形式为：

字符变量=fgetc(文件指针)；

例如：

```
char ch;
ch=fgetc(fp);
```

其意义是从打开的文件 fp 中读取一个字符并送入字符变量 ch 中。

对于 fgetc 函数的使用有以下几点说明：

（1）在 fgetc 函数调用中，读取的文件必须是以读或读写方式打开的。

（2）读取字符的结果也可以不向字符变量赋值，例如：

```
fgetc(fp);
```

这时读取的字符不能保存。

（3）在文件内部有一个位置指针，用来指向文件的当前读写字节。在文件打开时，该指针总是指向文件的第一个字节。使用 fgetc 函数后，该位置指针将向后移动一个字节。因此可连续多次使用 fgetc 函数，读取多个字符。应注意区分文件指针和文件内部的位置指针。文件指针是指向整个文件的，需要在程序中定义说明，只要不重新赋值，文件指针的值是不变的。文件内部的位置指针用以指示文件内部的当前读写位置，每读写一次，该指针均向后移动，它不需在程序中定义说明，而是由系统自动设置的。

【例 11.3】 读入 c:\csource 目录中的文件 c1.txt，并在屏幕上输出。

源代码：

```
#include<stdio.h>
#include<stdlib.h>
void main()
{
  FILE *fp;
  char ch;
  if((fp=fopen("c:\\csource\\c1.txt","rt"))==NULL)
     {
        printf("\nCannot open file  ,  press any key to exit!");
        getchar();
        exit(0);
     }
  ch=fgetc(fp);
  while(ch!=EOF)
  {
        putchar(ch);
```

```
        ch=fgetc(fp);
    }
    fclose(fp);
}
```

本例程序的功能是从文件中逐个读取字符，并在屏幕上显示。程序定义了文件指针 fp，以读文本文件方式打开文件“c:\\csource\\c1.txt”，并使 fp 指向该文件。如打开文件出错，给出提示并退出程序。程序先读取一个字符，然后进入循环，只要读取的字符不是文件结束标志（每个文件末有一结束标志 EOF）就把该字符显示在屏幕上，再读取下一字符。每读一次，文件内部的位置指针向后移动一个字符。文件结束时，该指针指向 EOF。执行本程序将显示整个文件。

11.2.2 写字符函数 fputc

fputc 函数的功能是把一个字符写入指定的文件中，函数调用的形式为：

fputc(字符量，文件指针);

其中，待写入的字符量可以是字符常量或变量，例如：

fputc('a',fp);

其意义是把字符 a 写入 fp 所指向的文件中。

对于 fputc 函数的使用有以下几点需要说明：

（1）被写入的文件可以用写、读写、追加方式打开，用写或读写方式打开一个已存在的文件时将清除原有的文件内容，写入字符将从文件首部开始。如需保留原有文件内容，希望写入的字符从文件末尾开始存放，必须以追加方式打开文件。被写入的文件若不存在，则创建该文件。

（2）每写入一个字符，文件内部位置指针向后移动一个字节。

（3）fputc 函数有一个返回值，如写入成功，则返回写入的字符，否则，返回一个 EOF。可用此来判断写入是否成功。

11.2.3 字符串读写函数

1. 读字符串函数 fgets

该函数的功能是从指定的文件中读取一个字符串到字符数组中，函数调用的形式为：

fgets(字符数组名,n,文件指针);

其中，n 是一个正整数。表示从文件中读取的字符串不超过 n－1 个字符。在读取的最后一个字符后加上串结束标志'\0'。

例如：

fgets(str,n,fp);

其意义是从 fp 所指向的文件中读取 n－1 个字符送入字符数组 str 中。

【例 11.4】 从 c:\csource 目录的 string.txt 文件中读取一个含 10 个字符的字符串。

源代码：

```
#include<stdio.h>
```

```
#include<stdlib.h>
void main()
{
  FILE *fp;
  char str[11];
  if((fp=fopen("c:\\csource\\string.txt","rt"))==NULL)
  {
    printf("\nCannot open file,  press any key to exit!");
    getchar();
    exit(0);
  }
  fgets(str,11,fp);
  printf("\n%s\n",str);
  fclose(fp);
}
```

本例定义了一个字符数组 str，共 11 个元素，在以读文本文件方式打开文件 string 后，从中读取 10 个字符送入 str 数组，在数组最后一个元素内将加上'\0'，然后在屏幕上显示输出 str 数组。

对 fgets 函数有两点说明：

（1）在读出 n－1 个字符之前，如遇到了换行符或 EOF，则读出结束。

（2）fgets 函数也有返回值，其返回值是字符数组的首地址。

2. 写字符串函数 fputs

fputs 函数的功能是向指定的文件写入一个字符串，其调用形式为：

fputs(字符串,文件指针);

其中，字符串可以是字符串常量，也可以是字符数组名，或指针变量。例如：

fputs("abcd",fp);

其意义是把字符串"abcd"写入 fp 所指向的文件中。

【例 11.5】 在例 11.1 中建立的文件 score.txt 中追加一个字符串。

源代码：

```
#include<stdio.h>
#include<stdlib.h>
void main()
{
  FILE *fp;
  char ch,st[20];
  if((fp=fopen("score.txt ","at+"))==NULL)
  {
    printf("Cannot open file ,press any key to exit!");
    getchar();
    exit(0);
}
  printf("input a string:\n");
```

```
    scanf("%s",st);
    fputs(st,fp);
    rewind(fp);
    ch=fgetc(fp);
    while(ch!=EOF)
    {
      putchar(ch);
      ch=fgetc(fp);
    }
    printf("\n");
    fclose(fp);
}
```

本例要求在 score.txt 文件末加写字符串，因此，在程序中“fopen("score.txt ","at+")”以追加读写文本文件的方式打开文件 score.txt。然后输入字符串，并用 fputs 函数把该字符串写入文件 string 中。程序第 15 行用 rewind 函数把文件内部位置指针移到文件首部，再进入循环逐个显示当前文件中的全部内容。

11.2.4 数据块读写函数

例 11.2 中用到了写数据块函数 fwrite，调用的形式为：

fwrite(buffer,size,count,fp);

读数据块函数 fread 调用的形式为：

fread(buffer,size,count,fp);

其中：buffer 是一个指针，在 fread 函数中，它表示存放输入数据的首地址。而在 fwrite 函数中，它表示存放输出数据的首地址。size 表示数据块的字节数。count 表示要读写的数据块块数。fp 表示文件指针。

例如：

fread(stu1,4,2,fp);

其意义是从 fp 所指的文件中，每次读 4 个字节(一个实数)写入数组 stu1 中，连续读两次，即读两个实数到数组 stu1 中。

练习 11-2 用 fread 函数把 doc1.txt 中的信息输出到屏幕。

11.3 其他相关函数

1. 结束检测函数 feof

feof 函数调用格式为：

feof（文件指针）；

功能：判断文件是否处于文件结束位置，如文件结束，则返回值为 1，否则为 0。

2. 读写文件出错检测函数 ferror

ferror 函数调用格式为：

ferror（文件指针）；

功能：检查文件在用各种输入输出函数进行读写时是否出错。如 ferror 返回值为 0，表示未出错。否则，表示有错。

3. 文件出错标志和文件结束标志置 0 函数 clearerr

clearerr 函数调用格式为：

clearerr（文件指针）；

功能：用来清除出错标志和文件结束标志（即设置为 0）。其中，文件指针必须是初始化过的。

4. 文件定位函数 rewind 和 fseek

移动文件内部位置指针的函数主要有两个：rewind 函数和 fseek 函数。

rewind 函数调用形式为：

rewind(文件指针);

它的功能是把文件内部的位置指针移到文件首。

fseek 函数用来移动文件内部位置指针，其调用形式为：

fseek（文件指针，位移量，起始点）；

其中：

（1）“文件指针”指向被移动的文件。

（2）“位移量”表示移动的字节数，要求位移量是 long 型数据，以便在文件长度大于 64 KB 时不会出错。当用常量表示位移量时，要求加后缀“L”。

（3）“起始点”表示从何处开始计算位移量，规定的起始点有三种：文件首、当前位置和文件尾。其表示方法见表 11.2。

表 11.2　起始点表示

起始点	表示符号	数字表示
文件起始位置	SEEK_SET	0
当前位置	SEEK_CUR	1
文件末尾	SEEK_END	2

例如：

fseek(fp,1000L, SEEK_SET);

或者

fseek(fp,1000L,0);

上面两条指令的作用都是把位置指针移到离文件起始位置 1000 个字节处。

需要提醒的是 fseek 函数一般用于二进制文件。在文本文件中由于要进行转换，故往往计算的位置会出现错误。

练习 11-3　已知文件 file1.txt，请将其内容复制到空白文件 file2.txt 中。

11.4　文件综合应用：网店交易记录系统

【例 11.6】设计一个网店交易记录系统，交易记录信息存放在 business.txt 文件中，文件内容包括的数据项有交易号、交易日期、交易内容、交易资金(用正数表示收入，用负数表示支出)、资金结余。用户可以增加交易记录，查询交易记录。

源代码：

```
/*************网店交易记录系统，中文 VC++ 6.0 环境调试通过*************/
#include "stdio.h"
#include<stdlib.h>                /*system() ,exit()*/
long size;
struct JiLu{                      /*定义交易记录的结构体*/
    long ID;                      /*存储交易号*/
    char RiQi[10];                /*存储交易发生日期*/
    char JiaoYi[15];              /*存储交易记录事件说明*/
    double ZiJin;                 /*存储交易发生资金：-数支出，+数收入*/
    double JieYu;                 /*存储资金结余*/
};
/*************显示系统主菜单函数*************/
int menu()                                        /*菜单函数*/
{
     char c;
     do{
          system("cls");                          /*运行前清屏*/
          printf("当前日期：");                    /*显示当前系统日期*/
          system("date/t");
          printf("****商品交易管理系统****\n");    /*菜单选择列表*/
          printf("        1. 录入交易记录   \n");
          printf("        2. 显示所有记录   \n");
          printf("        0. 退出管理系统   \n");
          printf("************************\n");
          printf("   请输入您的选择(0~2):");
          c=getchar();                        /*读入用户选择*/
     }while(c<'0'||c>'2');                    /*如果用户选择不在 0~2，则重新读入*/
return(c-'0');                                /*返回用户选择参数到主函数中 switch 语句*/
}

/********添加新交易记录*********/
Add(FILE *fp1,long int n)
{
```

```
    struct JiLu record,last;
    char sign;
    while(sign!='n'&&sign!='N')              /*只要 sign 变量值不是 n 或 N，就开始读取用户输入*/
    {
        printf("\n");
        printf("当前交易号:%ld\n",n+1);                  /*当前交易号*/
        printf("请输入日期(格式:2010-12-01):");         /*小于 10 字符*/
        scanf("%s",record.RiQi);
        printf("请输入交易内容:");                       /*小于 20 字符*/
        scanf("%s",record.JiaoYi);
        printf("请输入发生金额(+数收入,-数支出):");
        scanf("%lf",&record.ZiJin);
        if(n>0)                                        /*如果 business.txt 中已有交易记录*/
        {
            fseek(fp1,size*(n-1),SEEK_SET); /*指针定位到 business.txt 文件最后一条交易记录*/
            fread(&last,size,1,fp1);                   /*读出原记录文件中的最后记录*/
            record.ID=last.ID+1;                       /*新交易记录号*/
            record.JieYu=record.ZiJin+last.JieYu;      /*计算账户结余资金*/
        }
        else                                           /*如果 business.txt 中还没有交易记录*/
        {
            record.ID=1;                               /*交易记录号从 1 开始*/
            record.JieYu=record.ZiJin;                 /*账户收入等于结余资金*/
        }
        rewind(fp1);                                   /*重新定位指针*/
        fwrite(&record,sizeof(struct JiLu),1,fp1);     /*写入交易记录到文件*/
        n++;
        printf("是否继续输入记录?(Y/N)");
        getchar();                                     /*读取上一个 scanf 的输入结束符号*/
        scanf("%c",&sign);                             /*读入用户选择的 sign 变量*/
    }
    return n;
}

/*******列出所有交易记录*******/
void List(FILE *fp2,long int n)
{
    struct JiLu record;
    int i=0;
    fseek(fp2,0L,SEEK_SET);                  /*指针定位到文件 business.txt 开始位置*/
    fread(&record,size,1,fp2);               /*读出一条交易记录到 record*/
    printf("\n");
    printf("你当前共有  %ld  项交易记录:\n",n);
```

```
    printf("交易号发生日期交易内容        发生资金        账户结余\n");
    while(!feof(fp2))                          /*只要文件没结束*/
    {
        printf("%6ld  %-10s%-15s    %10.2lf    %10.2lf\n", record.ID, record.RiQi, record.JiaoYi,
record.ZiJin,record.JieYu);
        fread(&record,size,1,fp2);             /*再读出一条交易记录到 record*/
        i++;
        if(i>1&&i%20==0)                       /*每输出 20 条记录暂停一次*/
        system("pause");                       /*通过 system 函数调用 DOS 指令 pause 完成暂停输出*/
    }
}

/*************系统主函数*************/
void main( )
{
    FILE *fp;
    long count,head,tail;
    if((fp=fopen("business.txt", "a+")) == NULL)    /*打开文件 business.txt 进行读/写/追加*/
    {
        printf("无法打开文件：business.txt!\n"); /*如果返回值为 NULL，打开文件失败*/
        exit(0);/*提前结束程序*/
    }
    size = sizeof(struct JiLu);                     /*获取一条交易记录结构体长度*/
    fseek(fp,0L,SEEK_SET);                          /*指针定位到文件头部*/
    head=ftell(fp);                                 /*保存文件头部地址到 head*/
    fseek(fp,size,SEEK_END);                  /*以一个结构体 size 为单位将指针定位到文件尾部*/
    tail=ftell(fp);                           /*保存文件尾部地址到 head*/
    count=(tail-head)/size-1;                 /*计算文件 business.txt 中已有交易记录条数*/
    for(;;)
    {
        switch(menu()){                                     /*分支选择*/
            case 1:
                count=Add(fp,count);                        /*增加交易记录*/
                break;
            case 2:
                List(fp,count);                             /*列出所有交易记录*/
                system("pause");
                break;
            case 0:
                printf("感谢你的使用，再见!\n");            /*.结束程序*/
                exit(0);
        }
    }
```

```
    fclose(fp);                                          /*关闭文件 business.txt*/
}
```

程序运行后，显示当前时间和一个主菜单，提供了录入交易记录、显示所有记录、退出管理系统功能，用户可以进行选择操作，如图 11.3 所示。

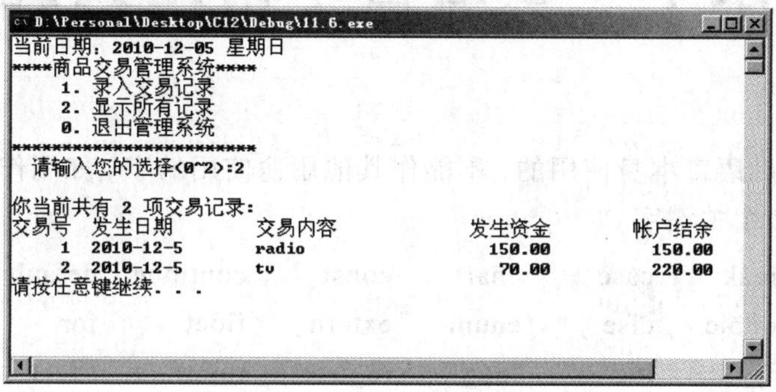

图 11.3　网店交易记录系统界面

练习 11-4　给例 11.6 增加一个功能，用于显示最新交易记录。

练习 11-5　给例 11.6 增加一个功能，用于修改交易记录。

习　　题

1. 根据数据在存储介质上的编码形式，C 文件可以分为哪两类？这两者有什么区别？

2. 什么是文件指针？为什么要通过文件指针访问文件？

3. 系统是怎样通过缓冲区对文件进行读写的？

4. 若要打开 E 盘上 users 子目录下名为 hello.txt 的文本文件进行读写操作，下面选项中符合此要求的函数调用是（　）。

A. fopen("E:\\users\\hello.txt","r")　　　B. fopen("E:\\users\\hello.txt","rb")

C. fopen("E:\\users\\hello.txt","r+")　　D. fopen("E:\\users\\hello.txt","rw")

5. 下列关于 C 语言文件的叙述中正确的是（　）。

A. 文件由二进制数据序列组成，C 语言只能读写二进制文件

B. 文件由 ASCII 码字符序列组成，C 语言只能读写文本文件

C. 文件由字符序列组成，按数据的存放形式分为二进制文件和文本文件

D. 文件由记录序列组成，按数据的存放形式分为二进制文件和文本文件

6. 编写一个程序，统计某个文件中字母'a'的个数并输出到屏幕。

7. 编写一个程序，将某个文本文件中的大写字母转换为小写字母并另存为 new.txt。

8. 编写一个程序，统计某个文件中的数字个数并输出到屏幕。

附录Ⅰ C语言中常用关键字

关键字就是被C语言本身使用的，不能作其他用途使用的字，如用作变量名、函数名等。在C语言中共有32个关键字。

auto	break	case	char	const	continue	default
do	double	else	enum	extern	float	for
goto	if	int	long	register	return	short
signed	sizeof	static	struct	switch	typedef	union
unsigned	void	volatile	while			

常用关键字的简单说明：

（1）auto：声明自动变量。

（2）double：声明双精度变量或函数。

（3）float：声明浮点型变量或函数。

（4）int：声明整型变量或函数。

（5）short ：声明短整型变量或函数。

（6）long：声明长整型变量或函数。

（7）struct：声明结构体变量或函数。

（8）break：跳出当前循环。

（9）else：条件语句否定分支（与 if 连用）。

（10）switch：用于开关语句。

（11）case：开关语句分支。

（12）typedef：用以给数据类型取别名。

（13）char：声明字符型变量或函数。

（14）extern：声明变量是在其他文件中声明（也可以看作是引用变量）。

（15）return：子程序返回语句（可以带参数，也可不带参数）。

（16）union：声明联合数据类型。

（17）const：声明只读变量。

（18）unsigned：声明无符号类型变量或函数。

（19）signed：声明有符号类型变量或函数。

（20）continue：结束当前循环，开始下一轮循环。

（21）for：一种循环语句。

（22）void：声明函数无返回值或无参数，声明无类型指针。

（23）default：开关语句中的“其他”分支。

（24）goto：无条件跳转语句。

（25）sizeof：计算数据类型长度。

（26）volatile：说明变量在程序执行中可被隐含地改变。

（27）do：循环语句的循环体。

（28）while：循环语句的循环条件。

（29）static：声明静态变量。

附录Ⅱ　运算符和结合性

优先级	运算符	名称	要求运算对象个数	结合方向
1	()	圆括号		自左向右
	[]	下标		
	->	指向结构体成员		
	.	取结构体变量成员		
2	!	逻辑非	1（单目运算符）	自右向左
	~	按位取反		
	+	正号		
	-	负号		
	(类型名)	强制类型转换		
	*	取指针所指向变量的内容		
	&	取地址		
	++	自增		
	--	自减		
	sizeof	长度运算符		
3	*	乘法运算符	2（双目运算符）	自左向右
	/	除法运算符		
	%	求余运算符		
4	+	加法运算符	2（双目运算符）	自左向右
	-	减法运算符		
5	<<	左移	2（双目运算符）	自左向右
	>>	右移		
6	<	小于	2（双目运算符）	自左向右
	<=	小于等于		
	>	大于		
	>=	大于等于		
7	==	等于	2（双目运算符）	自左向右
	!=	不等于		

优先级	运算符	名称	要求运算对象个数	结合方向
8	&	按位与	2 （双目运算符）	自左向右
9	^	按位异或	2 （双目运算符）	自左向右
10	|	按位或	2 （双目运算符）	自左向右
11	&&	逻辑与	2 （双目运算符）	自左向右
12	||	逻辑或	2 （双目运算符）	自左向右
13	?:	条件运算	3 （三目运算符）	自右向左
14	= += −= *= /= %= &= ^= |= <<= >>=	赋值运算	2 （双目运算符）	自右向左
15	,	逗号运算	2 （双目运算符）	自左向右

附录Ⅲ　C 语言使用中常见错误

C 语言源程序在编译时经常会出现一些常见的错误，其错误可分为三种类型：致命错误、一般错误和警告。其中，致命错误通常是内部编译出错；一般错误指程序的语法错误、磁盘或内存存取错误或命令行错误等；警告则只是指出一些值得怀疑的情况，但它并不妨碍编译的进行。我们把通过上机发现错误的过程称为动态检查，在编译时会给出语法错误的信息，调试时可以根据提示信息具体找出程序中出错之处并改正。应当注意的是有时提示出错的地方并不是真正出错的位置，如果在提示出错的行找不到错误的话，应当到上一行再找。有时提示出错的类型并非绝对准确，因为出错的情况繁多且各种错误互有关联，所以要善于分析，找出真正的错误。如果系统提示的出错信息很多，应当从上到下逐一改正。有时在调试时会显示出一大片出错信息，感觉问题很严重，其实可能只是由一两个错误引起的。例如，若对使用的变量未进行定义，编译时就会对所有含该变量的语句显示出错信息，这时只要把变量进行定义，所有的错误就消除了。

下面我们就初学者在学习和使用 C 语言时容易犯的常见错误进行列举，以供读者查阅。

（1）大小写错误。

C 语言规定所有的标识符是区分大小写的，所有的关键字必须为小写。如：sum 与 SUM 就是两个不同的标识符。

（2）用户自定义标识符错误。

在 C 语言中规定，用户自定义标识符可以用来区分变量、符号常量、函数名、数组等数据对象，只能由数字、字母、下划线组成且第一个字符必须是字母或者下划线。另外，用户自定义标识符不能与关键字相同。在实际使用过程中，许多学生经常忘记这一规定。如定义一个字符变量“char int”，错误之处在于将关键字 int 定义为用户自定义标识符，这是不允许的。

（3）使用未定义的变量或者变量使用前未赋值。

例如：

```
main( )
{
    int x,y=3;
    printf("x=%d,y=%d,z=%d\n",x,y,z);
}
```

调试此程序时，会得到如下的错误提示：error C2065: 'z' : undeclared identifier。错误之处在于变量 z 在使用前未定义。

定义变量 z 之后的程序如下：

```
main( )
{
```

```
    int x,y=3,z=4;
    printf("x=%d,y=%d,z=%d\n",x,y,z);
}
```

调试程序时没有出现语法错误，但运行结果为：x=-858993460，y=3，z=4

从本例可以看出 ，在定义变量 x、y、z 的同时，仅完成了对变量 y、z 的初始化，变量 x 在使用之前未被赋值，因而得到 x=-858993460 的结果。此类错误为逻辑错误，是由分配给变量 x 的内存空间里的数据经转化得到 x 的结果，这个数值是随机值，由分配给 x 的内存空间里的数值来决定。

（4）混淆“=”与“==”，误把“ = ”作为关系运算中的“等于”运算符。

在 C 语言中，“=”是赋值运算符，表示将“=”右边的值赋给左端的变量，不能做等号使用。“==”才是表示两个数据是否相等的关系运算符。“==”的优先级比“=”高。

例如：

```
main()
{
    int x=1,y=2;
    if (x=y) printf("x=%d", x);
}
```

输出结果：x=2

分析：执行 if 语句时，无论 x 原来为何值，都被 y 的值所取代，x 值变为 2。

因此表达式“x=y”的结果永远为非零，if 语句执行，输出结果 x=2。

要表示 x 与 y 比较的关系，程序改为：

```
main()
{
    int x=1,y=2;
    if (x==y) printf("x=%d", y);
}
```

只有当 x 和 y 的值相等时，if 语句才执行，输出 x 的值。否则，if 语句结束。

（5）使用逻辑运算符常出现的错误。

逻辑表达式求解时，并非所有的逻辑运算符都被执行，只是在必须执行下一个逻辑运算符才能求出表达式的值时，才执行该运算符。

例如：

int x=1，y=2，z=3，a=4，b=1，c=1;

执行完语句“(b=x>y)&&(c=z>a)；”后，b 和 c 的值分别为 0 和 1。x>y 的结果为 0，因而 b 的值变为 0。运算符“&&”的第一个运算对象为 0（即为假），因此，不管右端的表达式（c=z>a）的值为何，逻辑与的结果都为 0。因而（c=z>a）是不必运算的，因此，c 保持原值 1，而不是 0。

同理：“int x=1，y=2，z=3，a=4，b=1，c=1;”，执行完语句“ (b=x<y)||(c=z>a)；”后，b 和 c 的值分别为 1 和 1，c 保持原值不变。

（6）对复合语句忘记加大括号“{ }”。

复合语句是用左右一对大括号括起来的语句序列。在使用复合语句时，如果漏掉大括号，程序的结果就会出错。

例如：有下列程序段：

```
int i=1, sum =0;
while(i<=10)
sum=sum+i;
i++;
```

此程序是要执行 1+2+…+10，但由程序可知，while 语句是一个死循环。因为循环语句中的循环体是一个复合语句，应由大括号“{}”括起来。由于在 while 语句中的循环体少了大括号，则循环体仅由其后一条语句构成，即“sum=sum+i;”，而语句“i+ +; ”则是循环语句的下一条语句，不再是循环体中的语句。由于起循环控制作用的变量 i 的值始终未被改变，因此构成死循环。正确的程序段应为：

```
int i=1, sum =0;
while(i<=10)
{
    sum=sum+i;
    i++;
}
```

（7）括号不配对。

（8）用 scanf 函数输入变量值时，忘记写取地址运算符“&”的错误。

例如：int x; scanf(“%d”,x); /* a 前漏写 & */

C 语言中，scanf 函数的输入项必须用地址表示，作用是按照 x 在内存中的地址将输入的数值存入。

（9）忽略某些函数的求值顺序。

如：

```
main ( )
{
    int x=10;
    printf (" %d,%d,%d,%d", x++,x,--x,x);
}
```

运行结果为：9，9，9，10

在本程序中，执行 printf 函数时，是按照先压入 x，再压入 – – x，然后 x，最后是 x++ 的从右到左的顺序被压入堆栈中。弹出时依次为 ：x++，x， – – x，x。因而得到上述结果。

（10）switch 语句中缺少 break 语句。

例如 ：

```
int day;
scanf("%d",&day);
switch(day) {
    case 1 : printf("Monday");
    case 2 : printf("Tuesday");
    case 3 : printf("Wednesday");
    default: printf("input error！ \n");
}
```

在程序调试中，取变量 day 的值为 1、2 或 3 时，会分别打印出 Monday，Tuesday，Wednesday。否则打印 input error。但如果输入 day 的值为 1，打印结果却变成是 MondayTuesdayWednesdayinput error。

出错的原因在于：在执行第一个 printf 函数调用语句之后，因在 switch 语句中缺少 break 语句，不能中断，故程序继续执行接下来的三个 printf 函数调用语句。

正确的程序段应为：

```
int day;scanf("%d",&day);
switch(day) {
      case 1 : printf("Monday");break;
      case 2 : printf("Tuesday"); break;
      case 3 : printf("Wednesday");break;
      default: printf("input error! \n");
}
```

（11）输入数据的方式与语句定义的要求不符。

C 语言规定，scanf 函数中的“格式控制”字符串中除了格式说明以外，还有其他字符，则在输入数据时应输入与这些字符相同的字符。

例如：

```
scanf("x=%d,y=%d"&x,&y);
```

输入应按以下形式：

```
x=1,y=2
```

下面的输入方式都是非法的：

1 2 或 1,2 或 1:2 等。

附录Ⅳ 常用字符与ASCII代码对照表

控制字符	十进制	二进制	十六进制	解 释
NUL (null)	0	0000 0000	00	空字符
SOH (start of handing)	1	0000 0001	01	标题开始
STX (start of text)	2	0000 0010	02	正文开始
ETX (end of text)	3	0000 0011	03	正文结束
EOT (end of transmission)	4	0000 0100	04	传输结束
ENQ (enquiry)	5	0000 0101	05	请求
ACK (acknowledge)	6	0000 0110	06	收到通知
BEL (bell)	7	0000 0111	07	响铃
BS (backspace)	8	0000 1000	08	退格
HT (horizontal tab)	9	0000 1001	09	水平制表符
LF (NL line feed, new line)	10	0000 1010	0A	换行键
VT (vertical tab)	11	0000 1011	0B	垂直制表符
FF (NP form feed, new page)	12	0000 1100	0C	换页键
CR (carriage return)	13	0000 1101	0D	回车键
SO (shift out)	14	0000 1110	0E	不用切换
SI (shift in)	15	0000 1111	0F	启用切换
DLE (data link escape)	16	0001 0000	10	数据链路转义
DC1 (device control 1)	17	0001 0001	11	设备控制 1
DC2 (device control 2)	18	0001 0010	12	设备控制 2
DC3 (device control 3)	19	0001 0011	13	设备控制 3
DC4 (device control 4)	20	0001 0100	14	设备控制 4
NAK (negative acknowledge)	21	0001 0101	15	拒绝接收

续表

控制字符	十进制	二进制	十六进制	解释
SYN (synchronous idle)	22	0001 0110	16	同步空闲
TB (end of trans. block)	23	0001 0111	17	传输块结束
CAN (cancel)	24	0001 1000	18	取消
EM (end of medium)	25	0001 1001	19	介质中断
SUB (substitute)	26	0001 1010	1A	替补
ESC (escape)	27	0001 1011	1B	溢出
FS (file separator)	28	0001 1100	1C	文件分割符
GS (group separator)	29	0001 1101	1D	分组符
RS (record separator)	30	0001 1110	1E	记录分离符
US (unit separator)	31	0001 1111	1F	单元分隔符
(space)	32	0010 0000	20	
!	33	0010 0001	21	
”	34	0010 0010	22	
#	35	0010 0011	23	
$	36	0010 0100	24	
%	37	0010 0101	25	
&	38	0010 0110	26	
,	39	0010 0111	27	
(	40	0010 1000	28	
)	41	0010 1001	29	
*	42	0010 1010	2A	
+	43	0010 1011	2B	
,	44	0010 1100	2C	
-	45	0010 1101	2D	
.	46	0010 1110	2E	
/	47	0010 1111	2F	
0	48	0011 0000	30	
1	49	0011 0001	31	
2	50	0011 0010	32	
3	51	0011 0011	33	
4	52	0011 0100	34	

续表

控制字符	十进制	二进制	十六进制	解　释
5	53	0011 0101	35	
6	54	0011 0110	36	
7	55	0011 0111	37	
8	56	0011 1000	38	
9	57	0011 1001	39	
:	58	0011 1010	3A	
;	59	0011 1011	3B	
<	60	0011 1100	3C	
=	61	0011 1101	3D	
>	62	0011 1110	3E	
?	63	0011 1111	3F	
@	64	0100 0000	40	
A	65	0100 0001	41	
B	66	0100 0010	42	
C	67	0100 0011	43	
D	68	0100 0100	44	
E	69	0100 0101	45	
F	70	0100 0110	46	
G	71	0100 0111	47	
H	72	0100 1000	48	
I	73	0100 1001	49	
J	74	0100 1010	4A	
K	75	0100 1011	4B	
L	76	0100 1100	4C	
M	77	0100 1101	4D	
N	78	0100 1110	4E	
O	79	0100 1111	4F	
P	80	0101 0000	50	
Q	81	0101 0001	51	
R	82	0101 0010	52	
S	83	0101 0011	53	
T	84	0101 0100	54	
U	85	0101 0101	55	

续表

控制字符	十进制	二进制	十六进制	解　释
V	86	0101 0110	56	
W	87	0101 0111	57	
X	88	0101 1000	58	
Y	89	0101 1001	59	
Z	90	0101 1010	5A	
[	91	0101 1011	5B	
\	92	0101 1100	5C	
]	93	0101 1101	5D	
^	94	0101 1110	5E	
—	95	0101 1111	5F	
、	96	0110 0000	60	
a	97	0110 0001	61	
b	98	0110 0010	62	
c	99	0110 0011	63	
d	100	0110 0100	64	
e	101	0110 0101	65	
f	102	0110 0110	66	
g	103	0110 0111	67	
h	104	0110 1000	68	
i	105	0110 1001	69	
j	106	0110 1010	6A	
k	107	0110 1011	6B	
l	108	0110 1100	6C	
m	109	0110 1101	6D	
n	110	0110 1110	6E	
o	111	0110 1111	6F	
p	112	0111 0000	70	
q	113	0111 0001	71	
r	114	0111 0010	72	
s	115	0111 0011	73	
t	116	0111 0100	74	
u	117	0111 0101	75	
v	118	0111 0110	76	

续表

控制字符	十进制	二进制	十六进制	解　释
w	119	0111 0111	77	
x	120	0111 1000	78	
y	121	0111 1001	79	
z	122	0111 1010	7A	
{	123	0111 1011	7B	
|	124	0111 1100	7C	
}	125	0111 1101	7D	
~	126	0111 1110	7E	
DEL	127	0111 1111	7F	

附录V　C语言常用语法提要

在C语言中，常用语法较多，基于篇幅，更为了方便读者查阅，本文只列出C语言语法中最常用的一部分。为了便于理解，没有采用严格的语法定义形式，只是备忘性质，供参考。

1. 标识符

在C语言语法中，标识符是用户自定义的一种字符序列，通常用来表示程序中需要辨认的对象名称。它可由字母、数字和下划线组成，标识符必须以字母或下划线开头，因不同的系统对标识符的字符数的要求不同，一般允许7个字符。

在C语言中，大、小写的字母分别认为是两个不同的字符，即：标识符中字母的大小写形式是有区别的。

下面给出一些正确和错误的标识符。

正确的标识符: sum　i　X2　X_2　_X2　_X_2

错误的标识符:　2X　(非字母或下划线开头)

X?　(含有非字母、数字、下划线的字符:?)

X.Y　(含有非字母、数字、下划线的字符:.)

X-2　(含有非字母、数字、下划线的字符:-)

2. 常量

常量指在程序运行中其值不发生变化的数据，一般包括整型、实型、字符和字符串。例如－8、15.5等。

（1）整型常量。

整型常量由数字前面带有正的符号'+'或负的符号'－'的一串数字组成。

① 十进制常数。

② 八进制常数。

以0开头的数字序列，且所有的数字都应该属于0～7，那么该常量被看作八进制数。

③ 十六进制常数。

以0X（或0x）开头的数字序列，且所有的数字都应该属于0～9和a～f(或A～F)，那么该常量被看作十六进制数。

④ 长整型常数。

在数字后加字符L或l，那么该常量被看作long int类型。

（2）字符常量。

字符常量指用一对单引号括起来的一个字符，也可以使用转义字符。

（3）实型常量（浮点型常量）。

① 小数形式。

② 指数形式。

3. 字符集

在 C 语言程序中允许出现的所有基本字符的集合称为 C 语言的字符集。C 语言的字符集就是 ASCII 字符集，主要分为下列几类：

（1）大小写英文字母（52 个）。

（2）数字（10 个）。

（3）键盘符号（33 个）。

（4）转义字符。转义字符是由“反斜杠字符(\)”开始，后跟单个字符或若干个字符组成的，通常用来表示键盘上的控制代码或特殊符号，例如回车换行符、响铃符号等。

4. C 语言的词类

C 语言的词类主要分为下列几种。

（1）常量。

在程序运行中其值不发生变化的数据，例如 –10、12.5 等。

（2）变量。

用来存放程序运行中变化的数据，例如，输入的原始数据、中间结果、最终结果等。

（3）运算符。

用来表示简单计算的符号，如+(加)、–(减)、*(乘)、/(除)等。

（4）函数调用。

形如“函数名(实际参数表)”的式子，它代表调用指定函数后获得的结果。

（5）表达式。

用常量、变量、函数调用、运算符组成的式子，用来表示简单的计算。

（6）保留字。

在程序或语句中，用来表示特定语法含义的英语单词。

附录Ⅵ C语言中常用库函数

库文件	函数名称	功能	函数原型
math.h（定义数学函数）	abs	求整数的绝对值	int abs (int x)
	acos	反余弦函数	double acos (double x)
	asin	反正弦函数	double asin (double x)
	atan	反正切函数	double atan (double x)
	atan2	计算 Y/X 的反正切值	double atan2 (double y, double x)
	atof	把字符串转换成浮点数	double atof (const char *s)
	ceil	向上舍入	double ceil (double x)
	cos	余弦函数	double cos (double x)
	cosh	双曲余弦函数	double cosh (double x)
	div	将两个整数相除，返回商和余数	div_t div(int number, int denom)
	exp	指数函数	double exp (double x)
	fabs	返回双精度 x 的绝对值	double fabs (double x)
	floor	返回〈=x 的用双精度浮点数表示的最大整数	double floor (double x)
	fmod	返回 x 对 y 的模，即 x/y 的余数	double fmod (double x, double y)
	frexp	将浮点数 x 分解成尾数和指数，并将指数存入 exponent 中	double frexp (double x, int *exponent)
	ldexp	计算 value*2 的幂	double ldexp (double x, int exponent)
	log	求 $\log_e(x)$，即自然对数函数 ln(x)	double log (double x)
	log10	求 $\log_{10}(x)$，即以 10 为底的对数函数	double log10 (double x)
	modf	把数分为指数和尾数	double modf (double x, double *ipart)
	pow	指数函数(x 的 y 次方)	double pow (double x, double y)

续表

库文件	函数名称	功　能	用　法
math.h（定义数学函数）	sin	正弦函数	double　sin (double x)
	sinh	双曲正弦函数	double　sinh (double x)
	sqrt	计算平方根	double　sqrt (double x)
stdio.h（定义输入/输出函数）	fclose	关闭一个流	int　fclose (FILE *stream)
	fgetc	从流中读取下一个字符	int　fgetc (FILE *stream)
	fgets	成行读	char　* fgets (char *s, int n, FILE *stream)
stdio.h（定义输入/输出函数）	fopen	打开文件，出错返回 NULL	FILE　* fopen (const char *path, const char *mode)
	fputc	写一个字符到流中	int　fputc (int c, FILE *stream)
	fputs	把 s 所指的以空字符终结的字符串送入流中	int　fputs (const char *s, FILE *stream)
	fread	从给定流 stream 读取数据到 ptr 所指向的数组中	size_t　fread (void *ptr, size_t size, size_t n, FILE *stream)
	freopen	用指定的文件代替打开的流 stream 所指定的文件。返回 stream，出错时返回 NULL	FILE　* freopen (const char *path, const char *mode,　FILE *stream)
	fscanf	扫描输入字段，从流 stream 读入一个字段，依次按照由 format 所指的格式串中取一个从%开始的格式进行格式化	int　fscanf (FILE *stream, const char *format, ...)
	printf	产生格式化输出的函数	int　printf (const char *format, ...)
	puts	送一字符串到流中	int　puts (const char *s)
	rename	重命名文件	int　rename (const char *oldname, const char *newname)
	rewind	将文件指针重新指向一个流的开头	void　rewind (FILE *stream)
	scanf	执行格式化输入	int　scanf (const char *format, ...)
stdlib.h（定义杂项函数及内存分配函数）	abs	求整数的绝对值	int　abs (int x)
	atexit	注册终止函数	int　atexit (atexit_t func)
	atof	把字符串转换成浮点数	double　atof (const char *s)
	atoi	把字符串转换成整型数	int　atoi (const char *s)
	atol	把字符串转换成长整型数	long　atol (const char *s)

续表

库文件	函数名称	功　能	用　法
stdlib.h（定义杂项函数及内存分配函数）	Bsearch	二分法搜索	void * bsearch (const void *key, const void *base, ize_t nelem, size_t width, int (*fcmp)())
	calloc	分配主存储器	void * calloc (size_t nitems, size_t size)
	exit	终止程序	void exit (int status)
	free	释放先前分配的首地址为block的内存块	void free (void *block)
	labs	返回 x 的绝对值	long labs (long x)
	div	将两个整数相除，返回商和余数	div_t div(int number, int denom)
	ldiv	两个长整型数相除，返回商和余数	ldiv_t ldiv (long numer, long denom)
	malloc	内存分配函数	void * malloc (size_t size)
	qsort	使用快速排序例程进行排序	void qsort (void *base, size_t nelem, size_t width,int (*fcmp)())
	rand	随机数发生器	int rand (void)
	realloc	重新分配内存	void * realloc (void *block, size_t size)
stdlib.h（定义杂项函数及内存分配函数）	srand	产生随机数的起始发生数据，和 rand 函数配合使用	void srand (unsigned seed)
	strtod	将字符串转换为 double 型值	double strtod (const char *s, char **endptr)
	strtol	将串转换为长整数	long strtol (const char *s, char **endptr, int radix)
	system	发出一个 dos 命令	int system (const char *command)
	max	最大值	max(a,b) (((a) > (b)) ? (a) : (b))
	min	最小值	min(a,b) (((a) < (b)) ? (a) : (b))

	randomize	初始化随机数发生器，通过time函数来得到一个随机数，randomize()的功能需要通过time来实现，因此在调用需要要包含头文件time.h	#inlude <stdlib.h>
			#inlude <time.h>
			randomize()
			相当于：
			srand((unsigned)time(NULL))

string.h（定义字符串处理）	stpcpy	拷贝一个字符串到另一个字符串	char * stpcpy(char *dest, const char *src)
	strcat	字符串拼接函数	char * strcat(char *dest, const char *src)
	strchr	在一个串中查找给定字符的第一个匹配之处	char * strchr (const char *s, int c)
	strcmp	串比较	int strcmp (const char *s1, const char *s2)

续表

库文件	函数名称	功　能	用　法
string.h（定义字符串处理）	strlen	计算给定字符串的长度，不包括'\0'在内	unsigned int strlen (char *src)
	strcspn	在串中查找第一个给定字符集内容的段	size_t strcspn (const char *s1, const char *s2)
	strdup	将串拷贝到新建的位置处	char * strdup (const char *s)
	strerror	返回指向错误信息字符串的指针	char * strerror(int errnum)
conio.h（定义控制台输入输出）	cgets	从控制台读字符串	cgets(char *)
	cprintf	送格式化输出至屏幕	cprintf(const char *, ...)
	cputs	写字符到屏幕	cputs(const char *)
	cscanf	从控制台执行格式化输入	cscanf(const char *, ...)
	inport	从硬件端口中输入	inport(unsigned short)
	getch	从控制台无回显地取一个字符	getch(void)
	getche	从控制台取字符(带回显)	getche(void)
	kbhit	检查当前按下的键	kbhit(void)
	outport	输出整数到硬件端口中	outport(unsigned short, int)
	putch	输出字符到控制台	putch(int)
	ungetch	把一个字符退回到键盘缓冲区中	ungetch(int)
time.h（定义时间函数）	clock	确定处理器时间	clock_t clock(void)
	difftime	计算两个时刻之间的时间差	double difftime(time_t time2, time_t time1)

参考文献

[1] 何钦铭，颜晖. C 语言程序设计[M]. 北京：高等教育出版社，2008.

[2] 谭浩强. C 程序设计[M]. 3 版. 北京：清华大学出版社，2008.

[3] 孙承爱，赵卫东. 程序设计基础（基于 C 语言）[M]. 北京：清华大学出版社，2008.

[4] 孟庆昌，陈海鹏，马鸣远等. C 语言程序设计[M]. 北京：人民邮电出版社，2006.

[5] 韩春成，张丹彤. C 语言程序设计教程[M]. 北京：中国水利水电出版社，2006.

[6] 张向利，马杰，宣士斌等. C 语言程序设计[M]. 桂林：广西师范大学出版社，2004.

[7] 郑平安，曾大亮，杨有安，崔珂梅. 程序设计基础（C 语言）[M]. 2 版. 北京：清华大学出版社，2006 年.

[8] 杨开城. C 语言程序设计教程、实验与练习[M]. 北京：人民邮电出版社，2006.

[9] 教育部高等教育司. C 语言程序设计[M]. 北京：高等教育出版社，1999.

[10] 谭浩强，张基温，唐永炎. C 语言程序设计教程[M]. 2 版. 北京：高等教育出版社，1992.

[11] 迟成文. 高级语言程序设计[M]. 北京：经济科学出版社，2000.

C语言程序设计实训指导

主　编　肖志军　谢　妙
副主编　熊春荣　杨夏妮　覃　娜　谢春萍

西南交通大学出版社
·成　都·

内容简介

本书是与主教材《C语言程序设计》配套的实训指导书。由11个实验组成，每个实验都包括了调试示例题、编程题和改错题。通过介绍分散在各个实验中的调试示例题的常用的程序调试方法来引导读者逐步熟悉编程环境，掌握基本的程序调试方法。改错题能加深对易混淆知识点的理解和掌握。读者学习时可以先模仿示例操作，然后再做改错题和编程题，通过对调试示例题的“模仿”、改错题的“修改”和编程题的“编写”等上机实践训练，在循序渐进的引导中逐步熟悉编程环境，理解和掌握程序设计的思想、方法和技巧，以及程序调试方法。

图书在版编目（CIP）数据

C语言程序设计：含实训指导.2，C语言程序设计实训指导 / 肖志军，谢妙主编. —成都：西南交通大学出版社，2022.9

ISBN 978-7-5643-8540-8

Ⅰ. ①C… Ⅱ. ①肖… ②谢… Ⅲ. ①C语言－程序设计－高等学校－教学参考资料 Ⅳ. ①TP312.8

中国版本图书馆CIP数据核字（2022）第111398号

目　　录

实验 1　熟悉 C 语言编程环境

【实验目的】

（1）熟悉 C 语言编程环境 Microsoft Visual C++ 6.0，掌握运行（编辑、编译、连接和运行）一个 C 程序的基本步骤。

（2）了解 C 程序的基本框架，能参考教材例题编写简单的 C 程序。

（3）理解程序调试的思想，能找出并改正 C 程序中的语法错误。

【实验内容】

1. 建立一个文件夹，存放 C 程序

在磁盘上新建一个文件夹，用于存放 C 程序，如 D:\C 程序。

2. 编程示例

编写一个输出“Welcome to You!”的程序。

源程序：

```
#include <stdio.h>
void main( )
{
    printf("Welcome to You!\n");
}
```

下面就是在 Microsoft Visual C++ 6.0 的编程环境下，以上述 C 语言源程序为例，介绍从新建到运行一个 C 程序的基本步骤。

3. 新建并运行一个 C 程序

第一步，启动 Microsoft Visual C++ 6.0（VC++）。

启动 VC++，可以通过“开始”菜单，也可以通过桌面快捷方式。启动之后，我们看到的是空白的 VC++开发环境，如图 1.1 所示。

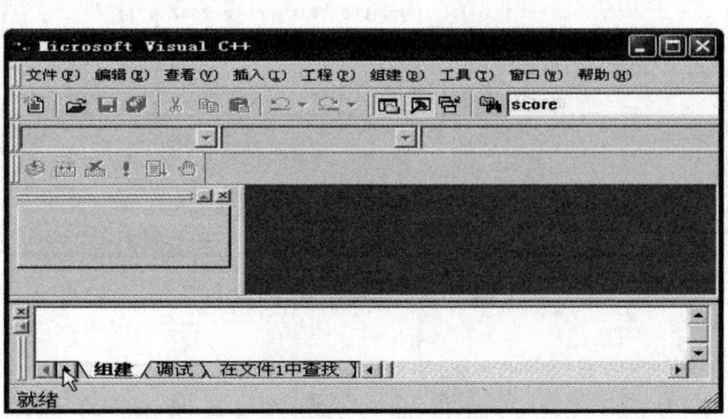

图 1.1　VC++ 窗口

第二步，新建一个文件。

选择“文件”菜单下的“新建”命令，在弹出的“新建”对话框中选择“文件”选项卡，并做如图 1.2 所示的设置。

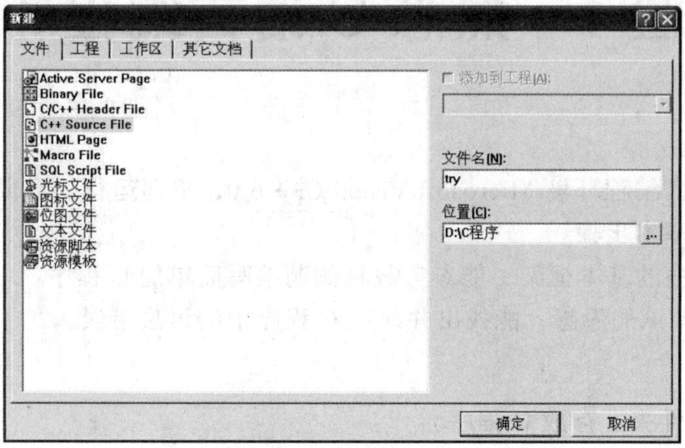

图 1.2　新建文件

在“文件”选项卡中，进行如下操作：

（1）选择“C++ Source File”文件类型。

（2）输入文件名“try”，默认创建的是 .cpp 文件。

（3）程序保存在 D 盘根目录下的“C 程序”文件夹。该选项不需要手动输入，可以单击在“位置”右下方的 ... （choose directory）按钮，来选择已经建立好的文件夹。

第三步，编辑和保存源程序。

当 try.cpp 源文件创建后，就会出现空白的程序编辑窗口，即可编辑 C 程序源代码。在程序编辑窗口中输入源程序，如图 1.3 所示，然后执行“文件”菜单下的“保存”命令，保存源文件。

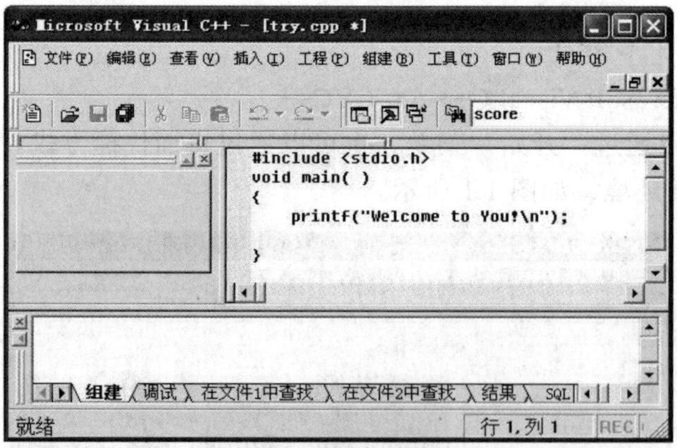

图 1.3　编辑源程序

第四步，编译源程序。

执行“组建”菜单下的“编译[try.cpp]”命令，如图 1.4 所示，在弹出的消息框中单击“是”按钮，如图 1.5 所示，开始编译，并在信息窗口中显示编译信息，如图 1.6 所示。

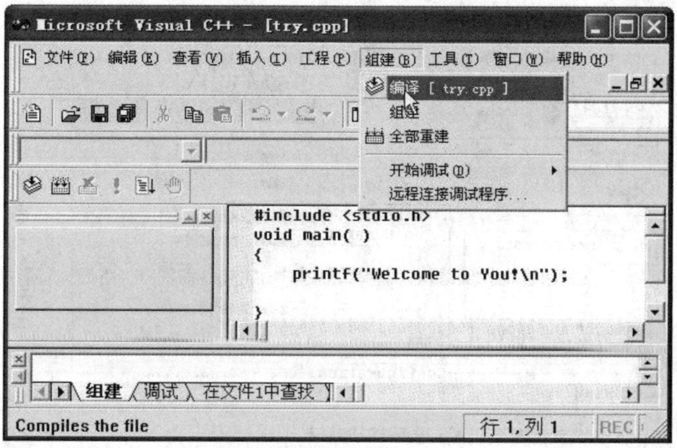

图 1.4　编译源程序

图 1.5　创建工作空间消息框

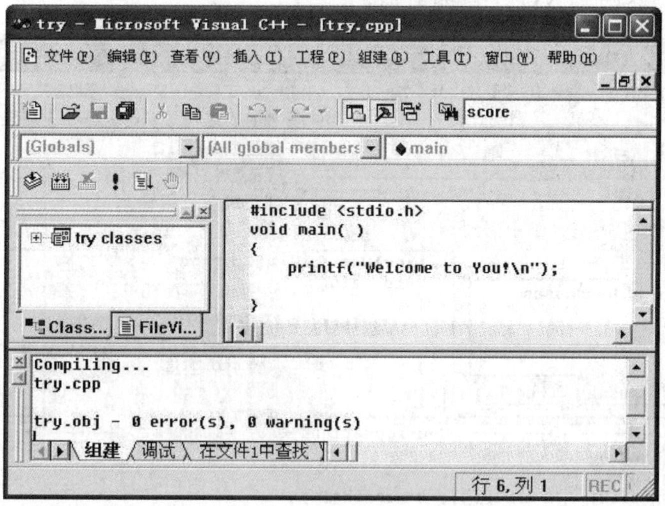

图 1.6　编译完全成功

在图 1.6 中，如果编译完全成功，会显示“try.obj - 0 error(s), 0 warning(s)”，表示没有发现错误和警告，并生成了目标文件 try.obj；如果显示错误信息，说明程序中存在错误，必须改正后重新编译；如果显示警告信息，说明这些警告并不影响目标文件的生成，但一般来说，也应该改正。

第五步，连接。

执行“组建”菜单下的“组建[try.exe]”命令，开始连接，并在信息窗口中显示连接信息，如图 1.7 所示。信息窗口中出现的“try.exe - 0 error(s), 0 warning(s) ”表示连接成功，并生成了可执行文件 try.exe。

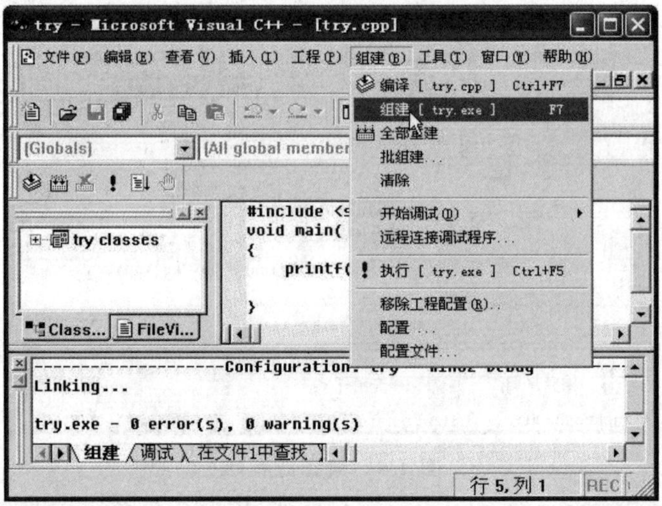

图 1.7 连接成功并生成可执行文件

第六步，运行程序。

执行“组建”菜单下的“执行[try.exe]”命令，如图 1.8 所示，自动弹出运行窗口，如图 1.9 所示，显示运行结果“Welcome to You!”。其中“Press any key to continue”提示用户按任意键退出运行窗口，返回到 VC++编辑窗口。

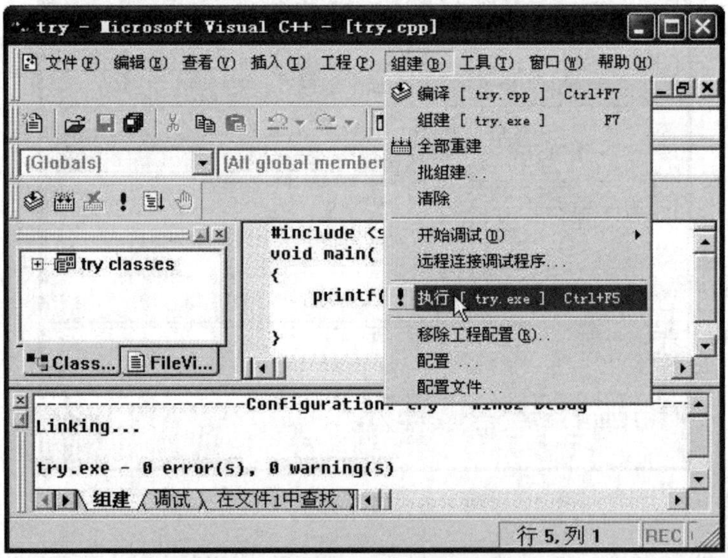

图 1.8 运行程序

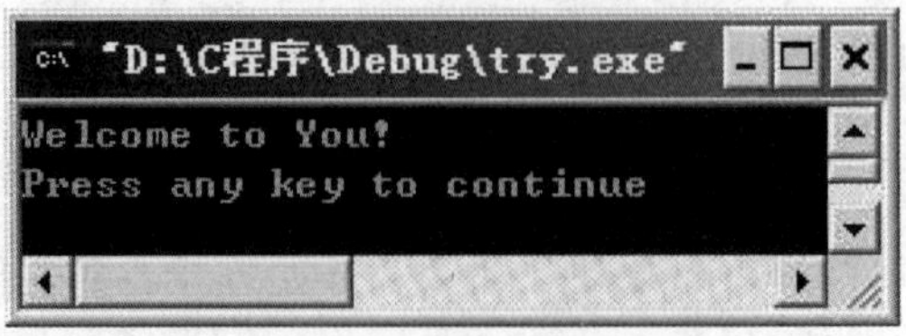

图 1.9 显示运行结果

如果该程序在上一次编译后又被修改，将会弹出如图 1.10 所示的消息框，问是否要把最新的代码重新编译。选择“是”，随后该程序就会被重新编译、连接，再运行。

图 1.10　重新编译消息框

第七步，关闭程序工作区。

执行“文件”菜单下的“关闭工作空间”命令，如图 1.11 所示，在弹出的如图 1.12 所示对话框中，单击“是”按钮，关闭工作空间。

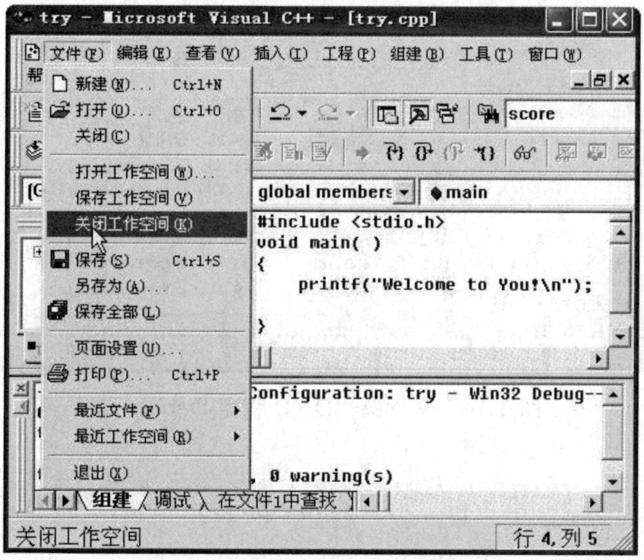

图 1.11　关闭工作空间

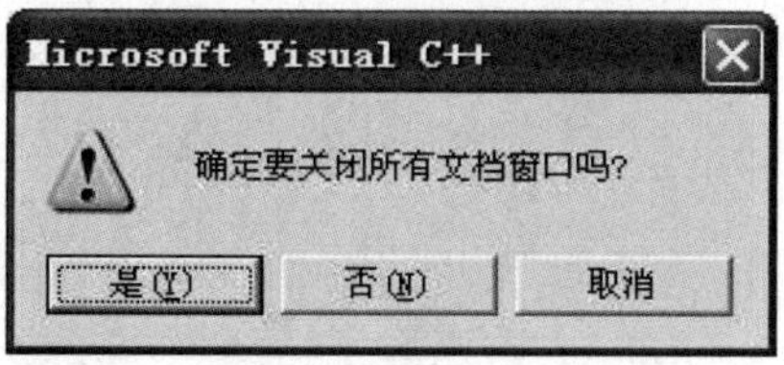

图 1.12　关闭所有文档窗口

4. 查看 C 源文件、目标文件和可执行文件的存放位置

经过编辑、编译、连接和运行后，在文件夹“D:\ C 程序”中存放着源文件 try.cpp，如图 1.13 所示。在文件夹“D:\ C 程序\Debug”中存放着目标文件 try.obj 和可执行文件 try.exe，如图 1.14 所示。

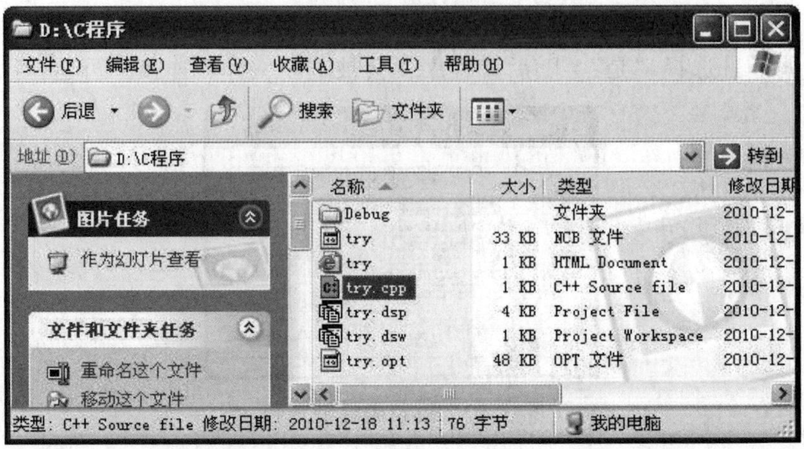

图 1.13　文件夹“D:\ C 程序”

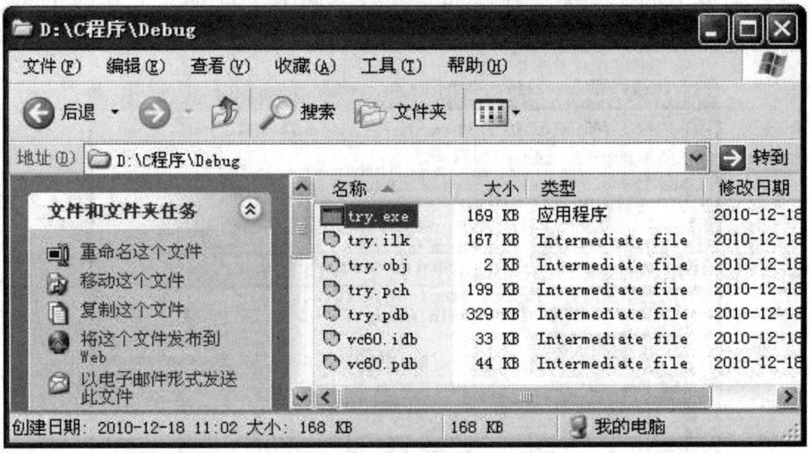

图 1.14　文件夹“D:\ C 程序\Debug”

5. 编程题

在屏幕上显示两行信息。第 1 行显示“It is a c program”，第 2 行显示自己的姓名和学号。

6. 编程题

在屏幕上显示如下星号图形：

```
  *
*   *
  *
```

7. 调试示例

改正下面例子中源程序的错误，在屏幕上显示“Hello World!”。

```
#include <stdio.h>
void maie( )
{
    printf(Hello World!\n")
}
```

（1）在 VC++中编辑以上源程序，单击“组建”菜单下的“编译”命令,或者菜单栏的(compile)按钮，出现编译错误信息，如图 1.15 所示。

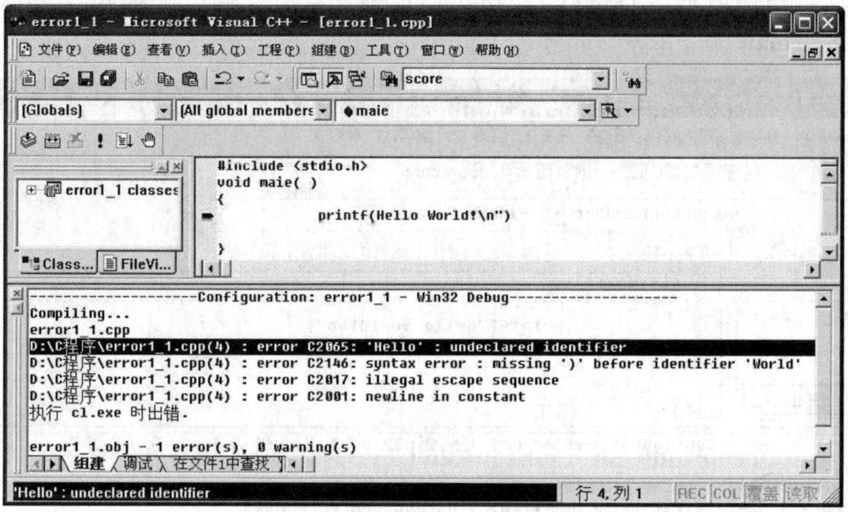

图 1.15　编译产生的错误信息

（2）找出错误。在信息窗口中双击第一条错误，编辑窗口就会出现一个指向程序出错的位置，如图 1.15 所示。一般在箭头的当前行或上一行，可以找到出错的语句。在图 1.15 中，箭头指向第 4 行，错误信息提示“Hello”是一个未定义的变量，但“Hello”并不是变量，出错的原因是“Hello”前少了一个双引号。

（3）改正错误。在“Hello”前加上双引号。

（4）重新编译。信息窗口显示本次编译的错误信息，如图 1.16 所示。双击该错误信息，箭头指向在源程序中的出错位置，错误信息指出在“}”前缺少分号。改正错误，在“}”前一条语句最后加上一个分号。

图 1.16　重新编译后产生的错误信息

（5）再次编译。信息窗口中显示编译正确。

（6）连接。执行“组建”菜单下的“组建[error1_1.exe]”命令，开始连接，并在信息窗口中显示连接错误信息，如图 1.17 所示。仔细观察后发现，主函数名“main”拼写错误，被误写为“maie”。

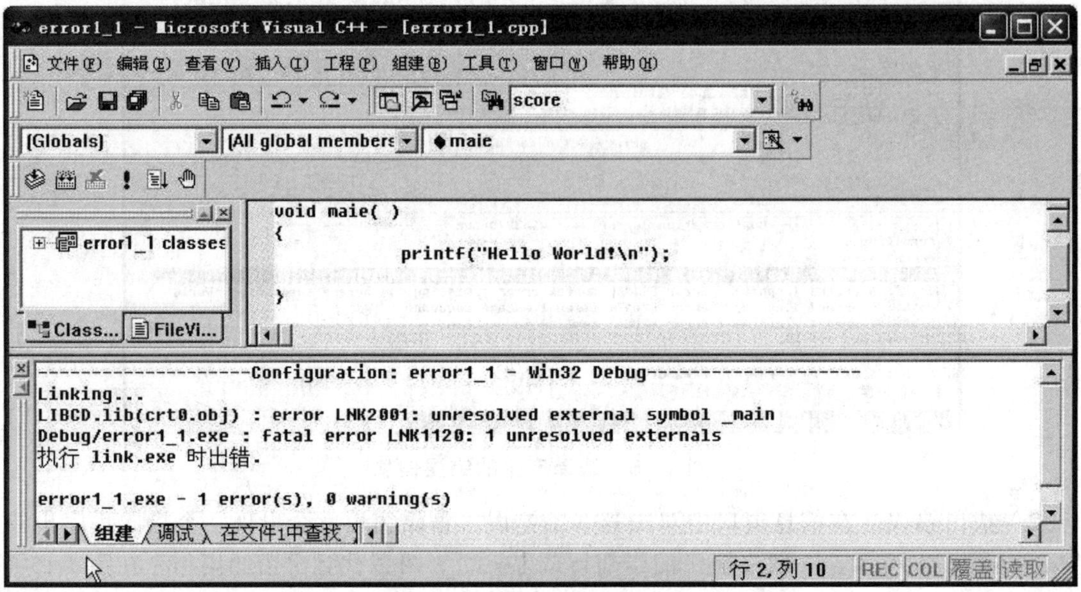

图 1.17 连接产生的错误信息

（7）改正错误。把“maie”改写为“main”后，重新编译和连接，信息窗口中没有出现错误信息。

（8）运行。执行“组建”菜单下的“执行[error1_1.exe]”命令，自动弹出运行窗口，如图 1.18 所示，运行结果与题目要求一致，按任意键返回。

图 1.18 程序运行窗口

8. 改错题

在屏幕上显示以下三行信息。

```
*************
Hello world!
*************
```

源程序（有错误的程序）：

```
#include <stdio.h>
void mian( )
```

```
{
    printf("*************\n");
    printf("Hello world!\n")
    printf("*************\n");
}
```

【实验结果与分析】

将源程序、运行结果和分析情况，以及实验中遇到的问题和解决办法写在实验报告上。

实验 2　简单程序设计

【实验目的】

（1）掌握基本算术运算符的使用。

（2）掌握输入与输出函数的使用。

（3）掌握顺序结构程序设计。

（4）掌握常见错误的排除与纠正。

（5）掌握简单的单步调试方法。

（6）掌握库函数的调用。

【实验内容】

1. 调试示例 1

输入一个大于 1 的正整数，利用等差数列的求和公式计算并输出从 1 到该数间所有整数之和。等差数列的求和公式如下：

$$S_n = \frac{n \times (a_1 + a_n)}{2}$$

源程序（有错误的程序）：

```
#include<stdio.h>
void main ( )
{
    int i, sum;
    Scanf("%d", &i);
    Sum=i*(1+i)/2;
    Printf("%d\n",sum);
}
```

（1）在实验 1 中，使用菜单来完成编译、连接和运行操作，在本节实验里将介绍使用工具栏来完成上述操作的方法。在工具栏或菜单栏上单击鼠标右键，弹出如图 2.1 所示的完整的工具箱菜单，单击“编译微型条”选项，该工具条即出现在工具栏的下方，如图 2.2 所示。其中，第一个按钮（Compile）表示编译，第二个按钮（Build）表示组建（用于连接），第四个按钮 ! 表示运行。

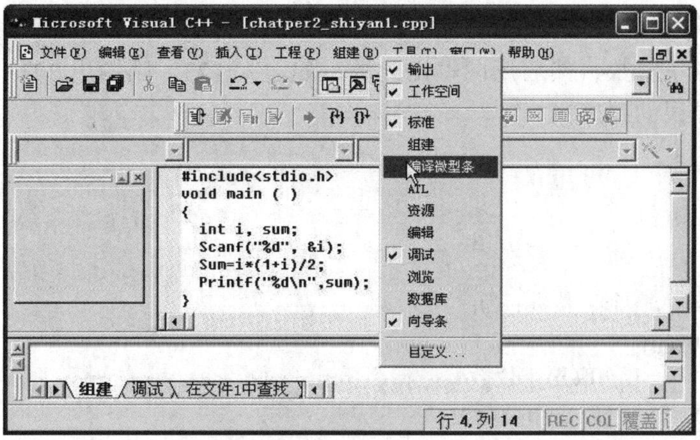

图 2.1　显示完整的工具箱菜单

图 2.2　编译微型条

（2）将以上源代码输入 VC++中的编辑窗口，点击工具栏的编译按钮，编译完成后，在信息窗口的下方出现如图 2.3 所示的错误。

```
chatper2_shiyan1.cpp
D:\C程序\chatper2_shiyan1.cpp(5) : error C2065: 'Scanf' : undeclared identifier
D:\C程序\chatper2_shiyan1.cpp(6) : error C2065: 'Sum' : undeclared identifier
D:\C程序\chatper2_shiyan1.cpp(7) : error C2065: 'Printf' : undeclared identifier
执行 cl.exe 时出错.

chatper2_shiyan1.obj - 1 error(s), 0 warning(s)
```

图 2.3　错误提示

双击“D:\C 程序\chatper2_shiyan1.cpp(5) : error C2065: 'Scanf' : undeclared identifier”，光标就会自动跳转到源代码中出现该错误所在的行。此错误含义是：单引号中的'Scanf'是 undeclared identifier，即未声明(定义)的标识符。出现 undeclared identifier 错误，一般是由于未定义变量、未定义函数等原因引起的。本示例中提示标识符 Scanf 未声明，仔细检查发现，输出函数 scanf 的第一个字母是小写，而程序中写成了大写，因此，需将大写 S 改为小写的 s。同理，'Sum'和'Printf'中的大写字母也应改成小写。

C 语言严格区分大小写，不可混用。undeclared identifier 表示未声明（定义）标识符，需仔细检查出现该错误所在行的变量、函数等。

改正所有的错误后，再次点击编译按钮，提示：0 error(s), 0 warning(s)，即无错误。编译无误后即可点击执行按钮 **!**，运行程序，运行结果如图 2.4 所示。

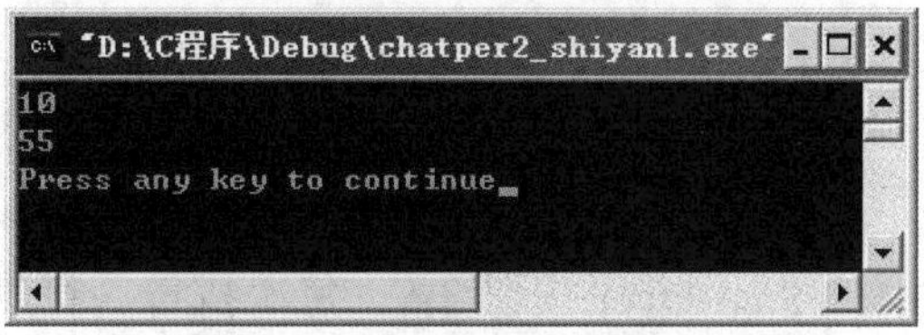

图 2.4　示例程序运行结果

2. 调试示例 2

输入一个三位正整数，然后反向输出此数，如输入 123，则输出 321。

源程序（有错误的程序）：

```
#include<stdio.h>
void main()
{
    int n,i,j,k;
    printf("请输入一个正整数：");
    scanf("%d",&n);
    i=n%10;          /*取出个位数*/
    j=n/10%10;       /*取出十位数*/
    k=n%100;         /*取出百位数*/
    n=i*100+j*10+k;
    printf("\n%d\n",n);
}
```

将以上源代码输入 VC++中的编辑窗口并编译、运行，运行结果如图 2.5 所示。

图 2.5　示例程序 2 运行结果

输入 234，输出 464，发现语法上没有错误，但运行结果是错误的。在这种情况下，需要通过对程序进行单步调试来发现并改正错误。

单步调试的具体步骤如下：

（1）在工具栏或菜单栏上单击鼠标右键，弹出如图 2.6 所示的完整的工具箱菜单，单击“调试”选项，该调试工具栏即可出现，如图 2.7 所示。

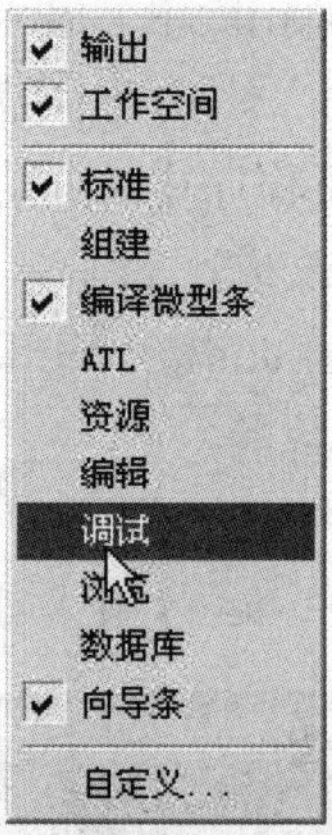

图 2.6　显示完整的工具箱菜单

（2）单击调试工具栏中的 Step Over 按钮 {}，每次执行一行语句，则编辑窗口出现如图 2.7 所示的变化。

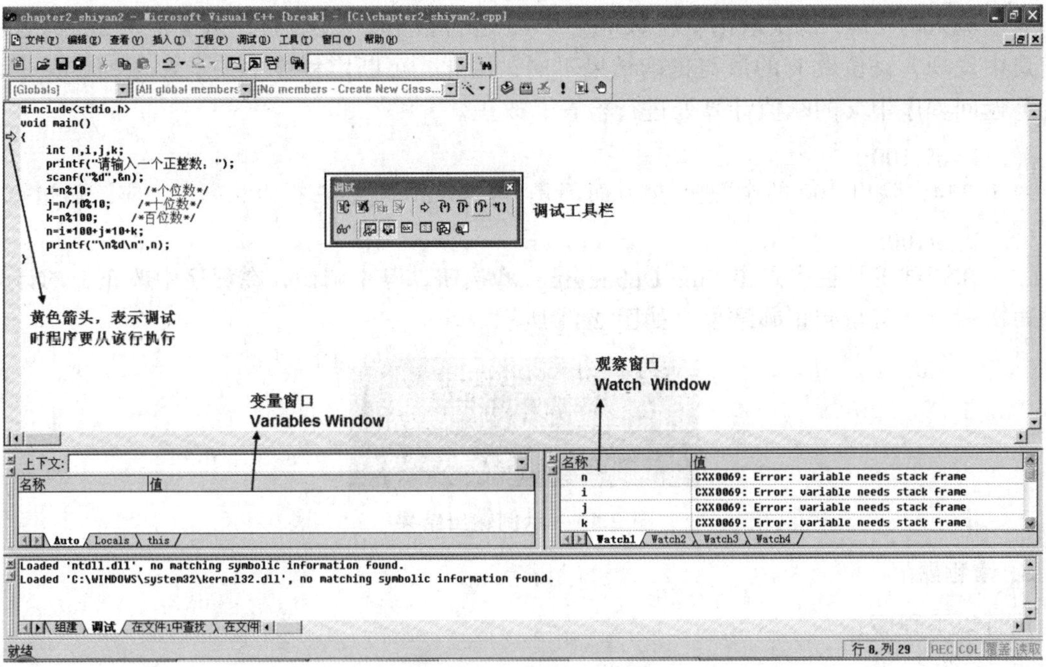

图 2.7　调试窗口

（3）每点击一次 Step Over 按钮，程序执行一行(黄色箭头依次往下移动)，当执行到 scanf 函数所在的行时，需用户输入数据，如图 2.8 所示。

图 2.8　输入数据窗口

（4）继续点击 Step Over 按钮，让程序按顺序往下执行，在变量窗口中可发现，当程序执行完语句“i=n%10;”时，i 的值为 4，如图 2.9 所示。

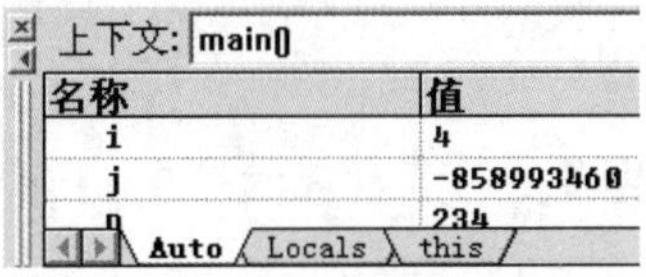

图 2.9　变量窗口

依次往下执行，可逐个显示其他变量的值。

当程序变量太多，或者循环内部变量的值不断变化，或者跟踪函数的局部变量时，也可以在观察窗口中输入变量名，来实时观察变量的值。如本示例中，在观察窗口的名称栏的空格中依次输入 i,j,k，并点击 Step Over 按钮，观察三个变量的值，如图 2.10 所示。

图 2.10　观察窗口

对于输入的 234，依次取出个位数 i 应为 4，十位数 j 应为 3，百位数 k 应为 2，但是从观察窗口中发现，百位数 k 的值与正确结果不同，因此，可断定程序中关于 k 值的计算是有问题的，返回程序中 k 的赋值计算处进行检查、改正。

```
k=n%100;
```

对于 234，除以 100 的余数是 34，而不是百位数 2，若要获得百位数 2，应该做运算

```
k=n/100;
```

（5）在调试工具栏中点击 Stop Debugging 按钮，停止调试，在程序中改正 k 的计算公式并再次运行，可得到正确结果，如图 2.11 所示。

图 2.11　示例输出结果

3. 读程题

执行以下程序：

```
#include <stdio.h>
void main()
{
    int a,b;
    scanf("%d%d",&a,&b);
    printf("%d+%d=%d\n",a,b,a+b);
}
```

(1) 若输入数据的形式为：

6,9<回车>

那么，输出结果是什么？请说明原因。

(2) 若输出的结果为：

18+16=34

那么，输入数据的形式应是什么？

4. 读程题

执行以下程序：

```
#include <stdio.h>
void main()
{
    double x,y;
```

```
    scanf("x=%lf,y=%lf",&x,&y);
    printf("%f*%f=%.3f\n",x,y,x+y);
}
```

若要将 3.68 赋值给 x，6.59 赋值给 y，那么，正确输入数据的形式应是什么？输出结果是什么？

5. 编程题

若 x 的值为 3.2，y 的值为 5.6。请编写程序并输出以下数学表达式的值。

(1) $\frac{1}{3}\left(xy+\frac{y^2}{4x}\right)$

(2) $\sqrt{x^4-4xy}$

(3) $|x^2+\log_{10}xy|$

6. 编程题

输入存款金额 *money*、存款时间 *years*（年）、年利率 *rate*，根据以下公式计算存款到期时的利息 *interest*。

$$Interest = money(1+rate)^{years} - money$$

提示：计算幂可调用数学库函数中的 pow 函数。

7. 改错题

输入一个摄氏温度，要求输出华氏温度。计算公式如下：

$$f=\frac{5}{9}*c+32$$

源程序（有错误的程序）：

```
#include<stdio.h>
main()
{
    float   c,f;
    scanf("%f",&c);
    f=5.0/9*c+32;
    printf("%f\n",c);
}
```

请使用单步调试的方法检查错误并改正。

8. 改错题

求 $ax^2+bx+c=0$ 方程的根，其中 a=1，b=5，c=－6。

源程序（有错误的程序）：

```
#include <stdio.h>
#include <math.h>
```

```
void main ( )
{
    float a,b,c,disc,x1,x2,p;
    a=1;
    b=5;
    c=-6;
    disc=4*a*c-b*b;
    p=-b/(2*a);
    q=sqrt(disc)/(2*a);
    x1=p+q;
    x2=p-q;
    printf("\n\nx1=%d\nx2=%d\n",x1,x2);
}
```

请使用单步调试的方法检查错误并改正。

【实验结果与分析】

将源程序、运行结果和分析情况以及实验中遇到的问题和解决问题的方法写在实验报告上。

实验 3　分支结构程序设计

一、if 语句

【实验目的】

（1）学会正确使用逻辑表达式或关系表达式。

（2）掌握 if 语句的格式、功能及应用。

（3）掌握 if 语句的匹配原则及 if 语句的嵌套。

（4）掌握单步调试程序的方法。

【实验内容】

1. 调试示例

此程序功能为先输入某一年份，判断该年份是否闰年（可以被 4 整除但不可以被 100 整除或者可以被 400 整除的年份是闰年）。

源程序（有错误的程序）：

```
main( )
{
    int year,y4,y400;
    printf("请输入年份:");
    scanf("%d",year);
    y4=year%4
    y100=year%100;
    y400=year%400;
    if ((y4==0&&y100!=0)||y400==0)
        printf("%d 年是闰年\n",year)
    else
        printf("%d 年不是闰年\n"，year);
}
```

运行情况（改正后程序的运行情况）：

请输入年份：2010

2010 年不是闰年

调试步骤：

（1）在 VC++中的编辑窗口中编辑以上源程序，单击“组建”菜单下的“编译”命令，或者菜单栏的 Compile（Ctrl+F7）按钮 ，出现的编译错误信息如图 3.1 所示。

```
error C2065: 'printf' : undeclared identifier
error C2065: 'scanf' : undeclared identifier
error C2146: syntax error : missing ';' before identifier 'y100'
error C2065: 'y100' : undeclared identifier
 error C2143: syntax error : missing ';' before 'else'
 error C2018: unknown character '0xa3'
 error C2018: unknown character '0xac'
 error C2146: syntax error : missing ')' before identifier 'year'
 error C2059: syntax error : ')'
 warning C4508: 'main' : function should return a value; 'void' return type assumed
```

图 3.1　编译产生的错误信息

（2）双击图 3.1 中的第一条错误信息“'printf' : undeclared identifier”，编辑窗口就会出现一个箭头指向语句 printf ("请输入年份:\n")。该信息说明 printf 未定义，也就是缺少了语句 #include <stdio.h>，加上该语句，再次单击按钮，得到新的编译错误信息，如图 3.2 所示。

```
error C2146: syntax error : missing ';' before identifier 'y100'
error C2065: 'y100' : undeclared identifier
 error C2143: syntax error : missing ';' before 'else'
 error C2018: unknown character '0xa3'
 error C2018: unknown character '0xac'
 error C2146: syntax error : missing ')' before identifier 'year'
 error C2059: syntax error : ')'
 warning C4508: 'main' : function should return a value; 'void' return type assumed
```

图 3.2　重新编译后产生的错误信息

（3）双击图 3.2 中的第一条错误信息，编辑窗口就会出现一个箭头指向语句“y100=year%100”；该信息说明此语句前也就是语句“y4=year%4”后缺少“;”，补上分号后再次单击按钮，得到新的编译错误信息，如图 3.3 所示。

```
error C2065: 'y100' : undeclared identifier
 error C2143: syntax error : missing ';' before 'else'
 error C2018: unknown character '0xa3'
 error C2018: unknown character '0xac'
 error C2146: syntax error : missing ')' before identifier 'year'
 error C2059: syntax error : ')'
 warning C4508: 'main' : function should return a value; 'void' return type assumed
```

图 3.3　再次编译产生的错误信息

按照上面的步骤把程序中的错误都找出来并依次更正，其他错误还有：① 变量 y100 未定义；② 语句“printf("%d 年是闰年",year)”后缺少分号；③ 语句“printf("%d 年不是闰年",year);”中的中文逗号改为英文逗号；④ 语句“scanf("%d",year);”中 year 前缺少“&”；⑤ main( ) 前加上 void。最后单击按钮重新编译，并单击按钮完成连接，显示正确。

（4）单击“工具”菜单下的“定制”命令，弹出“定制”对话框，单击“工具栏”选项卡，单击“调试”选项，调出调试工具栏，如图 3.4 和图 3.5 所示。

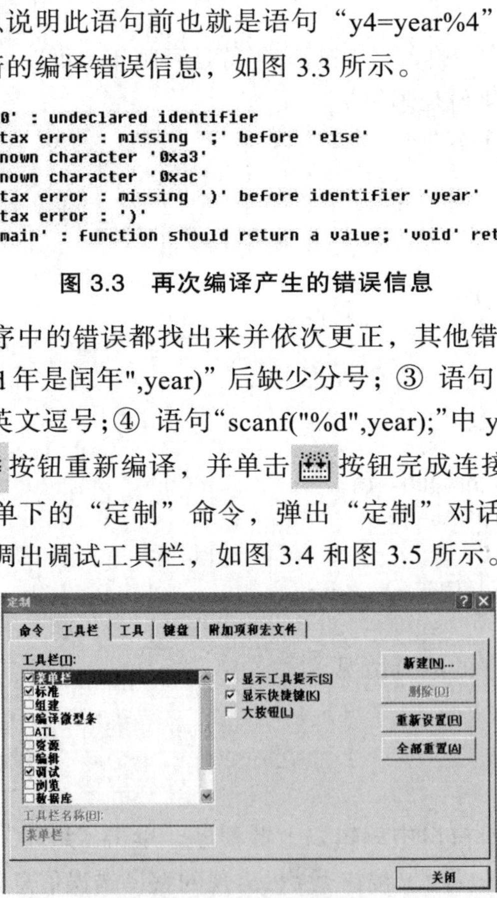

图 3.4　“定制”对话框

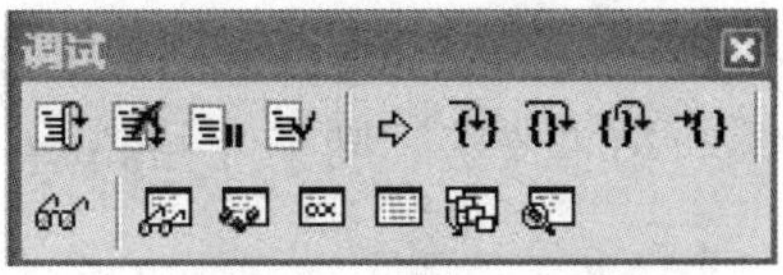

图 3.5　调试工具栏

（5）接着开始单步调试程序。单击 按钮，使箭头 指向某条语句，表示将要执行该语句。如图 3.6 所示，图中左下 Auto 窗口（变量窗口）可看到变量的值，右下 Watch 窗口（观察窗口）可输入要观察的变量以观察此变量的值。

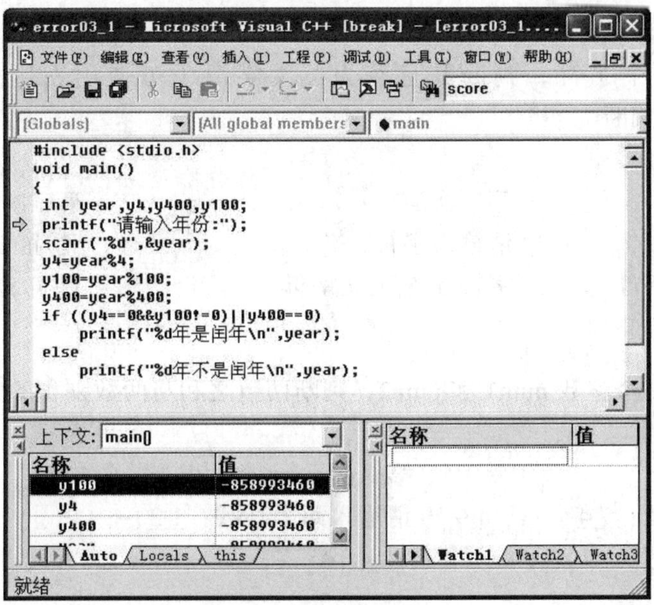

图 3.6　单步调试开始

（6）单击 按钮，使箭头 指向 scanf("%d",&year);语句，运行窗口如图 3.7 所示。再次单击 按钮，在运行窗口中输入“2010”，然后回车，如图 3.8 所示。此时箭头 指向 y4=year%4 语句，在变量窗口可看到变量 year 的值为 2010，如图 3.9 所示。

图 3.7　运行窗口

图 3.8　运行窗口输入数值

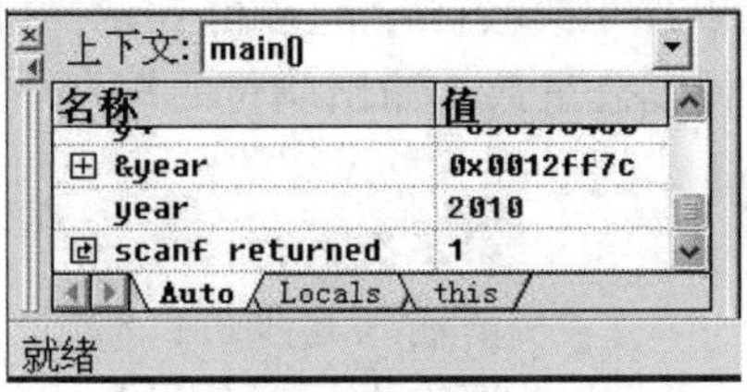

图 3.9　变量窗口

（7）继续依次单击 按钮，在变量窗口中可看到各个变量的值，直到程序运行完毕。运行结果如图 3.10 所示，符合运行结果要求，则单击 Stop Debugging（Shift+F5）按钮，结束调试程序。

图 3.10　运行结果

2. 编程题

从键盘输入一个字符，判断其是否为英文字母（可使用表达式 x>='A'&&x<='Z'||x>='a'&&x<='z'进行判断）。

输入输出示例：

第一次运行：	第二次运行：	第三次运行：
请输入字符：a	请输入字符：Y	请输入字符：9
字符 a 是英文字母	字符 Y 是英文字母	字符 9 不是英文字母

3. 编程题

从键盘上输入两个整数 num1 和 num2，判断两数之和与两数乘积的大小关系。

输入输出示例：

第一次运行：	第二次运行：
请输入两个整数：7 4	请输入两个整数：1 2
7+4<7*4	1+2>1*2

4. 编程题

输入一个字符，根据该字符的 ASCII 码值来判断并输出该字符的类型是大写字母、小写字母、数字或其他字符。要求使用 else-if 语句。

输入输出示例：

第一次运行：	第二次运行：	第三次运行：
请输入一个字符：a	请输入一个字符：B	请输入一个字符：=
字符 a 是小写字母	字符 B 是大写字母	字符=是其他字符

5. 编程题

某市有三种不同起步价的出租车，它们的起步价和计费分别为：起步价 4 元，3 km 以外 1.2 元/km；起步价 5 元，3 km 以外 1.5 元/km；起步价 6 元，3 km 以外 1.8 元/km。编程实现，从键盘输入所乘车的起步价及行车公里数，输出应付的车资。

输入输出示例：

第一次运行：	第二次运行：
请输入起步价：5	请输入起步价：8
请输入行车公里数：10	请输入行车公里数：10
应付车资为 15.50	无此起步价

6. 编程题

有一函数：

$$y=\begin{cases}x-1 & (x<1)\\3x-6 & (1\leqslant x\leqslant 10)\\3x+5 & (x>10)\end{cases}$$

编写一个程序，输入 x 的值，输出 y 的值。要求使用 else-if 语句。

输入输出示例：

第一次运行：
请输入 x：<u>5</u>
函数 y 的值为 9

第二次运行：
请输入 x：<u>11</u>
函数 y 的值为 38

7. 编程题

输入 3 个数字，输出其中最大的数字。要求使用 if 语句的嵌套。

输入输出示例：

第一次运行：
请输入 3 个各不相同的数字：<u>2.1 2.35 3.6</u>
最大值为 3.60

第二次运行：
请输入 3 个各不相同的数字：<u>5 7 3</u>
最大值为 7.00

8. 编程题

有一函数：

$$y=\begin{cases}x-1 & (x<-1)\\3x+1 & (-1\leqslant x\leqslant 1)\\x+5 & (1<x\leqslant 10)\\5x-13 & (x>10)\end{cases}$$

编写一个程序，输入 x 的值，输出 y 的值。要求使用 if 语句的嵌套。

输入输出示例：

第一次运行：
请输入 x：<u>-2.1</u>
函数 y 的值为-3.10

第二次运行：
请输入 x：<u>9</u>
函数 y 的值为 14.00

二、switch 语句

【实验目的】

（1）掌握 switch 语句的格式、功能及应用。
（2）熟练掌握与运用 switch 语句解决多分支问题。
（3）掌握 break 语句在 switch 语句中的作用。

【实验内容】

1. 编程题

从键盘输入 1 ~ 7 的某个整数，在屏幕上输出一周中对应的星期名称。

输入输出示例：

第一次运行：

Please enter num:1

Monday!

第二次运行：

Please enter num:5

Friday!

第三次运行：

Please enter num:8

Data error!

2. 编程题

从键盘输入两个实数后，屏幕显示菜单如下：

1. 输出两数之和。
2. 输出两数之差。
3. 输出两数乘积。
4. 输出两数相除之商。
5. 退出。

然后输入相应的编号，屏幕显示相应的结果。

输入输出示例：

第一次运行：

请输入两个实数：6.5 2.3

1.输出两数之和。

2.输出两数之差。

3.输出两数乘积。

4.输出两数相除之商。

5.退出。

请输入你的选择:2

两数之差为 4.20

第二次运行：

请输入两个实数：6.5 2.3

1.输出两数之和。

2.输出两数之差。

3.输出两数乘积。

4.输出两数相除之商。

5.退出。

请输入你的选择:4

两数相除之商为 2.83

第三次运行：

请输入两个实数：6.5 2.3

1.输出两数之和。

2.输出两数之差。

3.输出两数乘积。

4.输出两数相除之商。

5.退出。

请输入你的选择:5

退出。

第三次运行：

请输入两个实数：6.5 2.3

1.输出两数之和。

2.输出两数之差。

3.输出两数乘积。

4.输出两数相除之商。

5.退出。

请输入你的选择:5

退出

第四次运行：

请输入两个实数：6.5 2.3

1.输出两数之和。

2.输出两数之差。

3.输出两数乘积。

4.输出两数相除之商。

5.退出。

请输入你的选择:7

抱歉，查无此选项

3. 编程题

从键盘输入一个数字成绩，如果成绩为 0 ~ 89，输出“不及格”；如果成绩为 90 ~ 119，输出“及格”；如果成绩为 120 ~ 150，输出“良好”；其余的输出“成绩输入有误”。

输入输出示例：

第一次运行：

请输入数字成绩:110

及格

第二次运行：

请输入数字成绩:180

成绩输入有误

4. 编程题

某公司员工的基本工资为 500 元，提成与销售额的关系如下：

销售额≤1 000 元	没有提成
1000 元＜销售额≤2 000 元	提成 2%
2000 元＜销售额≤5 000 元	提成 5%
5000 元＜销售额	提成 10%

要求编程输入销售额，得出总工资（总工资=基本工资+提成）。

输入输出示例：

第一次运行：
请输入销售额: 1 000
员工总工资为 500.00

第二次运行：
请输入销售额: 5 001
员工总工资为 670.10

5. 改错题

预期实现功能为一个简单计算器程序，输入格式为：data1 op data2。其中，data1 和 data2 是参与运算的两个数，op 为运算符，它的取值只能是+、－、*、/。

输入输出示例：

第一次运行：
请输入表达式（数据 1 运算符数据 2）：
3.6/2.5
3.60/2.50=1.44

第二次运行：
请输入表达式（数据 1 运算符数据 2）：
3.6*2.5
不能识别的运算符

第三次运行：
请输入表达式（数据 1 运算符数据 2）：
3.6+2.5
3.60+2.50=6.10

源程序（有错误的程序）

```
#include <stdio.h>
main ( )
{
     float data1, data2
    char op;
    printf(" 请输入表达式（数据 1 运算符数据 2）:\n");
    scanf("%d%c%d", data1,op, data2);
    switch(op)
    {
      case '+' :
            printf("%.2f+%.2f=%.2f\n", data1, data2, data1+data2);
      case '-' :
            printf("%.2f-%.2f=%.2f\n", data1, data2, data1-data2); break;
      case '*' :
            printf("%.2f*%.2f=%.2f\n", data1, data2, data1*data2);break;
      case '/' :
```

```
        if( data2==0 )
            printf("除数不能为 0。\n")
        else
            printf("%.2f/%.2f=%.2f\n", data1, data2, data1/data2);
        break;
    default:
        printf("不能识别的运算符。\n");
}
```

【实验结果与分析】

将实验名称、目的、源程序、运行结果、实验中遇到的问题和解决方法写在实验报告上。

实验 4　循环结构程序设计

一、基本循环程序设计

【实验目的】

（1）熟练掌握 C 语言中实现循环结构的三种语句 for、while 和 do-while 的使用。

（2）根据题目能迅速分析出循环条件和循环体。

（3）通过实验比较 for、while 和 do-while 的相同点与不同点。

（4）注意 break 和 continue 语句的用法。

（5）学会用“Debug”菜单调试程序，重点掌握用断点调试程序。

【实验内容】

1. 调试示例

从键盘输入不多于 10 个实数，并且如果值为 0 则结束输入，求其中的正数之和以及这些数的总和。

源程序（有错误的程序）：

```
#include <stdio.h>
void main( )
{
    float sum,psum,x;           /*sum 为所有数之和，psum 为正数之和*/
    int i;
    for(i=0;i<=9;i++)
    {
        scanf("%f",&x);
        if(x == 0)              /*如果当前输入的数为 0，则退出循环*/
            break;
        sum=sum+x;
        if(x<0)                 /*调试时设置断点*/
           continue;
        psum=psum+x;
    }                           /*调试时设置断点*/
    printf("sum=%f\n",sum);
    printf("psum=%f\n",psum);
}
```

运行情况（改正后程序的运行情况）：

<u>85　32　-47　6　-2　23　0</u>

sum=97.000000

psum=146.000000

首先介绍断点。断点的作用就是使程序执行到断点处暂停，让用户可以观察当前变量或表达式的值。设置断点时，先将光标定位到要设置断点的位置，然后单击编译微型工具条的（insert/remove Breakpoint）按钮，断点设置完毕。如果要取消已经设置的断点，只需将光标移到要取消的断点处，单击按钮，该断点即可取消。

现在用“组建”菜单中的调试命令来调试程序，调试命令和调试工具条的功能是一样的。步骤如下：

（1）输入“85　32　-47　6　-2　23　0”，运行结果如图 4.1 所示，该结果错误。

图 4.1　运行结果

（2）调试程序开始，设置两个断点，具体位置见源程序的注释。

（3）执行“组建”/“开始调试”/“GO”，如图 4.2 所示。

图 4.2　“组建”菜单中的调试命令

此时，菜单栏中新出现一个“调试”菜单，如图 4.3 所示，它包括了调试工具条中所有的功能，用户可以选择使用它们来调试程序。

（4）单击“GO”按钮，程序运行到第一个断点处，变量窗口显示的 sum 的值显然错误；继续单击“GO”按钮，程序运行到第二个断点处，变量窗口显示的 psun 的值显然错误，说明 sum 和 psum 有错误。

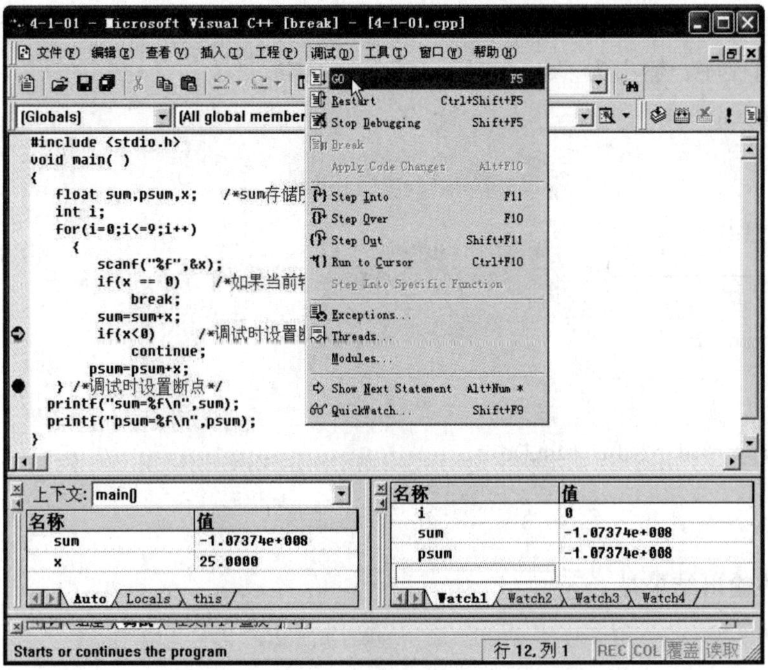

图 4.3 “调试”菜单

（5）单击“Stop Debugging”按钮停止调试，仔细分析程序，发现 psum 和 sum 没有赋初值，为它们赋初值“0”。

（6）改正错误后，重新编译、连接，并取消第一个断点，然后单击“Restart”按钮重新开始调试。单击“GO”按钮，程序运行到断点处，变量窗口显示 sum 的值是 97.000000，psum 的值是 146.000000。

（7）单击“Step Over”按钮两次，运行窗口显示结果，符合题目要求。

（8）单击“Stop Debugging”按钮，程序调试结束。

2. 读程题

运行下列程序，输入“ABCefg”时，输出为“abcEFG”，请填空。

```
#include <stdio.h>
void main( )
{
    char ch;
    while(____________)
    {   if(ch>='A'&&ch<='Z')
            ch=ch+32;
        else if(______________)
            ch= ch-32;
        printf("%c", ch);
    }
    printf("\n");
}
```

3. 读程题

运行下列程序，输出为“sum=21,i=15”，请填空。

```
#include <stdio.h>
void main( )
{
    int sum=1,i=5;
    while(______________)
    {
      sum=sum+2;
      i=i+1;
    }
    printf("sum=%d,i=%d\n",sum,i);
}
```

4. 读程题

下列程序的输出结果是_____________。

```
#include <stdio.h>
void main( )
{
  int a,b;
  for(a=2,b=2;a<=200;a++)
  {
     if(b>=20)
       break;
     if(b%5==1)
     {
       b=b+5;
       continue;
     }
  }
  printf("%d",a);
}
```

5. 读程题

下列程序的输出结果是___________。

```
#include <stdio.h>
void main( )
{
  int x=1,y=1;
  while(y<=5)
  {
     if(x>=10)    break;
     if(x%3==1)
```

```
    {
        x=x+10;
        continue;
    }
    x=x-7;
    y++;
  }
  printf("%d,%d",x,y);
}
```

6. 编程题

计算 1+3+5+⋯+(2i-1)前 100 项的和，其中，i=1,2,⋯,100。请使用 while 语句实现循环结构。

运行情况：

sum=10000

7. 编程题

输入两个正整数，求其最大公约数和最小公倍数。请使用 do-while 语句实现循环结构。

输入输出示例：

请输入两个正整数：6　3

gcd=3, lcm=6

【实验结果与分析】

将实验名称、目的、源程序、运行结果、实验中遇到的问题和解决方法写在实验报告上。

二、嵌套循环程序设计

【实验目的】

（1）熟练地运用循环嵌套的合法形式来编写程序。

（2）掌握 C 程序的调试方法。

【实验内容】

1. 改错题

求 1!+2!+⋯+99!+100!的和。

源程序（有错误的程序）：

```
#include <stdio.h>
void main()
{
    int i,j;
    double item=1,sum=0;
```

```
    for(i=1;i<101;i++)
    {
       for(j=1;j<=i;j++)
         item=item*j;
       sum=sum+item;
    }
    printf("sum=%e",sum);
}
```

2. 读程题

下列程序是统计 100 至 1 000 之间有多少个数其各位数字之和为 5，请填空。

```
#include <stdio.h>
void main( )
{
      int i,s,k,count=0;
      for(i=100;i<=l000;i++)
      {
          s=0; k=i;
          while(_____________)
          {  s=s+k%10;k=_____________;  }
          if(s!=5) _____________
          coum++;
      }
    printf("%d",count);
}
```

3. 读程题

下列程序要输出以下图案，请填空。

```
   *
  ***
 *****
*******
 *****
  ***
   *
```

```
#include <stdio.h>
void main( )
{
      int i,j,k;
      for(i=0;i<=3;i++)                    /*输出上面 4 行*号*/
      {
          for(j=0;j<=2-i;j++)
          printf(" ");                     /*输出*号前面的空格*/
          for(k=0; _____________;k++)
```

```
        printf("*");                          /*输出*号*/
        printf("\n");                         /*输出完一行*号后换行*/
    }
    for(i=0;i<=2;i++)                         /*输出下面 3 行*号*/
    {
        for(j=0;j<=i;j++)
        printf(" ");
        for(k=0; ______________;k++)
        printf("*");                          /*输出*号*/
        printf("\n");                         /*输出完一行*号后换行*/
    }
}
```

4. 读程题

下列程序的输出结果是____________。

```
#include <stdio.h>
void main( )
{
    int x,y,z=0;
    for(y=11;y<31;y++)
    {
        if(z%10==0)
        printf("\n");
        for(x=2;x<y;x++)
        if(!(y%x))
            break;
      if(x>=y-1)
      {
          printf("%d\t",y);
          z++;
      }
    }
}
```

5. 读程题

下列程序的输出结果是____________。

```
#include <stdio.h>
void main()
{
    int i=1,j=2,k;
    do
    {
        k=i*j;
        do
```

```
        {
            k=i+j;
            j++;
        }while(j<20);
        i++;
    }while(i<10);
    printf("i=%d,j=%d",i,j);
}
```

6. 编程题

水果店里，已知梨子一斤 3 元钱，橙子一斤 2 元钱，香蕉两斤 1 元钱。用 45 元正好买 45 斤水果，问梨子、橙子和香蕉各是几斤？请使用 for 语句实现循环结构。

运行情况：

```
pear=0, orange=15,banana=30
pear=3, orange=10,banana=32
pear=6, orange=5,banana=34
pear=9, orange=0,banana=36
```

7. 编程题

两个乒乓球队进行比赛，每队各有 3 人，甲队成员有 A、B、C，乙队成员有 X、Y、Z，由抽签决定比赛名单。有人向队员打听比赛的名单，A 说他不和 X 比，C 说他不和 X、Z 比，编程求出 3 对选手的名单。

8. 编程题

输入多个短整型的正整数，直到输入 0 为止，输出各个整数之和。

9. 编程题（选做）

验证下列结论：任何一个自然数 n 的立方都等于 n 个连续奇数之和。例如：$1^3=1$; $2^3=3+5$; $3^3=7+9+11$。要求对每个输入的自然数计算并输出相应的连续奇数，直到输入的自然数为 0 为止。

【实验结果与分析】

将实验名称、目的、源程序、运行结果、实验中遇到的问题以及解决方法写在实验报告上。

实验 5　函数程序设计

【实验目的】

（1）熟练掌握函数的基本概念。

（2）熟练掌握编写函数来完成特定工作。

（3）熟练掌握函数的调用。

（4）掌握设置断点调试进入函数和跳出函数的方法。

【实验内容】

1. 调试示例

改正下列程序中的错误，从键盘输入一个正整数 n，输出 Fibonacci 序列的第 n 项。Fibonacci 序列为：1，1，2，3，5，8，13，21，…。它具有如下特点：第 1，2 项为 1，1。从第 3 项开始，每一项等于前两项之和。要求定义并调用函数 fib(n)输出 Fibonacci 序列的第 n 项。例如，fib(8)的返回值是 21。

源程序（有错误的程序）：

```
#include <stdio.h>
void main()
{
    int f,n;

    printf("Enter n:");
    scanf("%d",&n);
    f=fib(n);                                          /*调试时设置断点*/
    printf("Fibonacci 序列的第%d 项是%d.\n",n,f);
}                                                      /*调试时设置断点*/

int fib(int a)
{
    int i,x1,x2,x;

    if(a==1||a==2)
    x=1;
    else
    {
        for(i=3;i<=a;i++)
        {
```

```
            x=x1+x2;
            x1=x2;
            x2=x;
        }
    }
    return x;                    /*调试时设置断点*/
}
```

运行情况（改正后程序的运行情况）:

Enter n:8

Fibonacci 序列的第 8 项是 21。

（1）在 VC++中的编辑窗口编辑以上源程序，然后对程序进行编译，结果显示：

“1 error(s), 0 warning(s)”

说明该源程序有一条错误信息，查看到该错误信息是：

‘fib’：undeclared identifier

此时双击该错误信息，编辑窗口就会出现一个箭头指向“f=fib(n);”这一行，错误信息指出函数“fib”没有定义。这是因为，函数在被调用前必须先定义，对于已定义的函数，如果调用在前定义在后，必须在主调函数中进行声明。

只需在调用函数 fib 之前加上函数声明“int fib(int a);”后可改正错误，然后重新编译和连接后显示源程序没有错误。但单击 **!**（BuildExecute）按钮运行程序，结果不正确，需要调试程序。

（2）在调试开始之前设置 3 个断点，具体位置见源程序的注释。

（3）单击编译工具条的 (Go)按钮，输入 n 的值 8 后，程序运行到第一个断点处暂停，如图 5.1 所示。

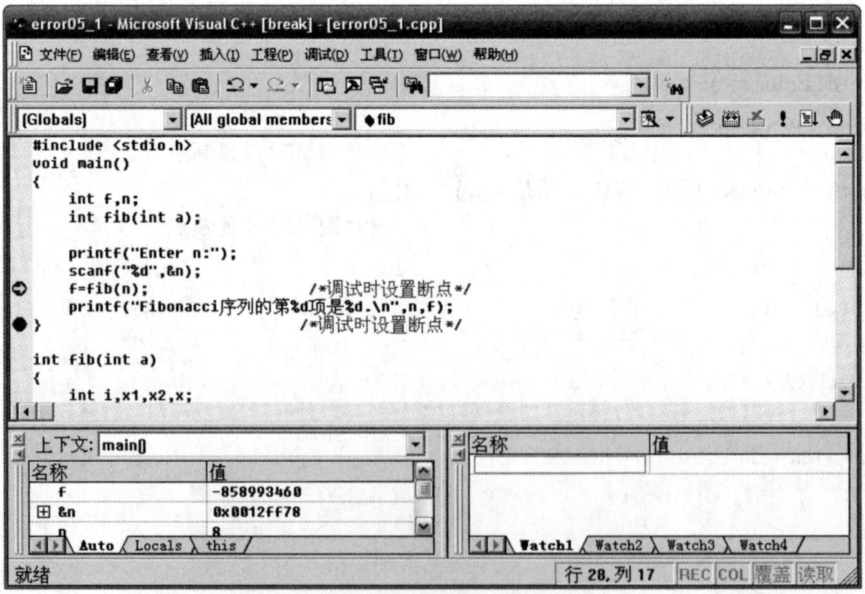

图 5.1　程序运行到断点位置

（4）单击 (Step Into)按钮，箭头指到函数 fib 内，说明程序已经进入函数 fib 调试，如图 5.2 所示。

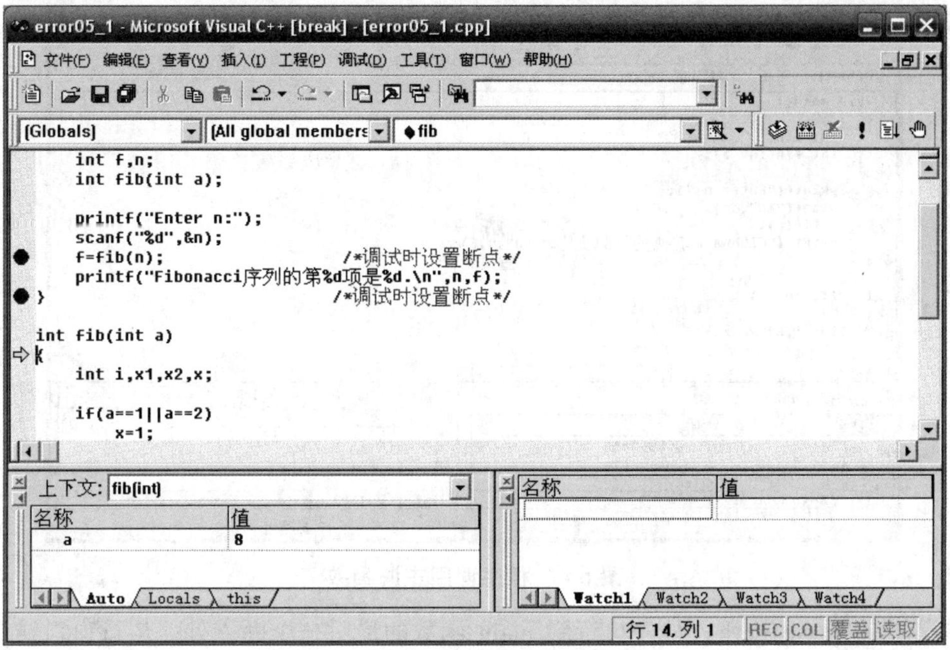

图 5.2　进入函数 fib 调试

（5）单击 (Go)按钮，程序运行到函数 fib 的断点处暂停，如图 5.3 所示。在下方的变量窗口观察到 x 的值为-858993476 是不正确的，原因在于变量 x1 和 x2 未赋初值。只需在语句“for(i=3;i<=a;i++)”之前加上两个语句“x1=1;x2=1;”可改正错误，然后重新编译和连接，当再次运行到该断点处时，变量窗口中 x 的值为 21 是正确的。

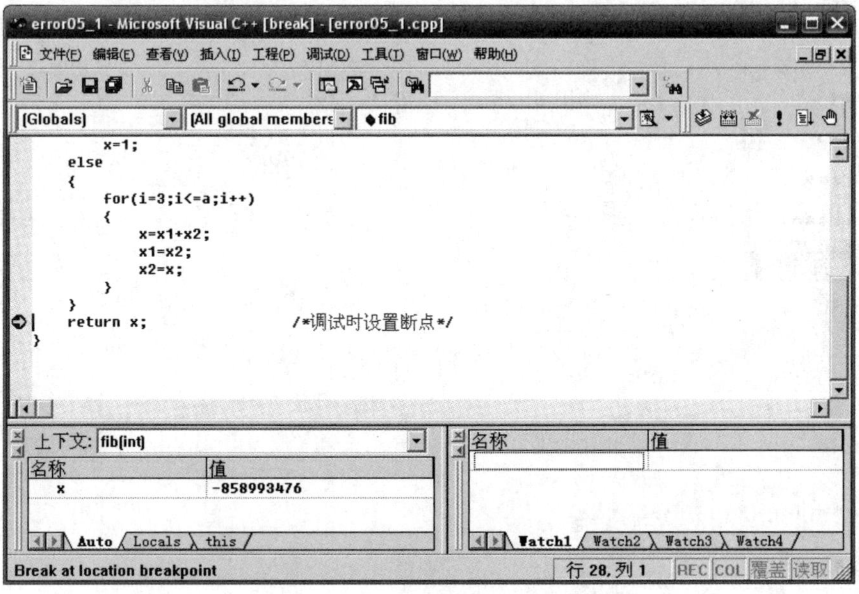

图 5.3　程序运行到函数 fib 的断点位置

（6）单击 (Step Out)按钮，程序从被调函数返回到主调函数继续执行，如图 5.4 所示。

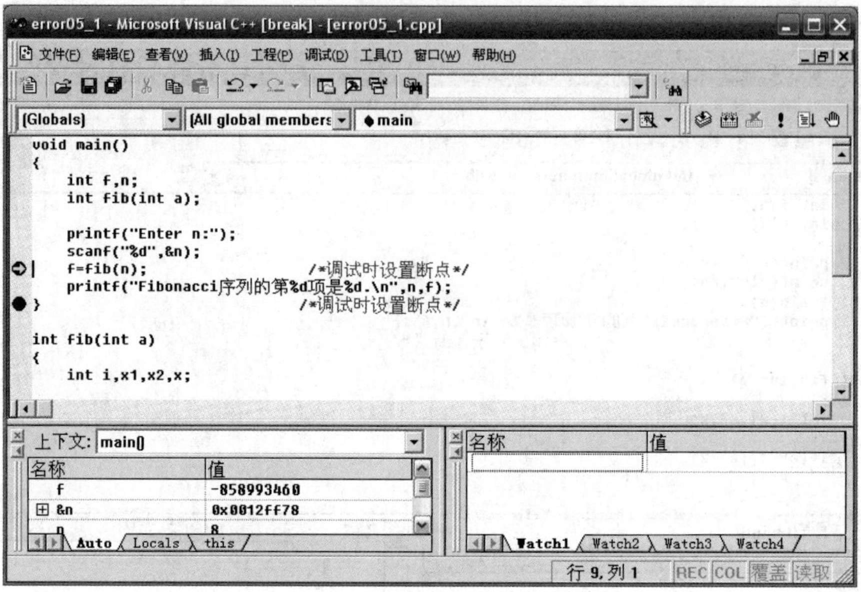

图 5.4　程序返回主调函数

（7）单击 (Go)按钮，程序执行到 main 函数的最后一个断点处，运行窗口输出“第 8 项的 Fibonacci 数是 21”，与题目示例的结果一致。

（8）单击 (Stop Debugging)按钮，结束程序调试。

2. 编程题

从键盘输入一个正整数 m，输出 m 行“*”组成的图形，其中每行“*”的个数是 2m-1。要求定义并调用函数 pyramid（m）输出 m 行“*”组成的图形。例如，调用 pyramid(5)，则输出如下图形：

```
    *
   ***
  *****
 *******
*********
```

输入输出示例：

```
Enter m:5
    *
   ***
  *****
 *******
*********
```

3. 编程题

从键盘输入两个正整数 a 和 n，求 a+aa+aaa+…+aa…a（n 个 a）之和。要求定义并调用函数 fn(a,n)输出 aa…a（n 个 a）的值。例如，fn(4,3)的返回值是 444。

输入输出示例：

Enter a:4

Enter n:3

sum=492

4. 编程题

从键盘输入所需托运行李的重量（单位：千克），输出托运行李所需的费用。火车托运行李的价格如下：如果行李重量没有超过 20 千克，按 3 元/千克收费；如果行李重量超过 20 千克，则没超出 20 千克的就按 3 元/千克收费，而超出 20 千克的部分按 5 元/千克收费。要求定义并调用函数 charge(m)输出托运 n 千克行李所需的费用。例如，charge(15)的返回值是 45。

输入输出示例（共运行 3 次）：

第一次运行：

请输入所需托运的行李重量（单位：千克）：15

托运 15 千克行李所需的费用为 45 元

第二次运行：

请输入所需托运的行李重量（单位：千克）：40

托运 40 千克行李所需的费用为 160 元

第三次运行：

请输入所需托运的行李重量（单位：千克）：-5

行李重量不能小于 0 千克，请重新输入所需托运的行李重量（单位：千克）：0

托运 0 千克行李所需的费用为 0 元

5. 编程题

从键盘输入两个正整数 m 和 n，计算从 n 个不同元素中取出 m 个元素（$m \leqslant n$）的组合数。计算组合数的公式是 $C_n^m = \dfrac{n!}{m!(n-m)!}$。要求定义并调用函数 fact(n)计算 n 的阶乘。例如，fact(4)的返回值是 24。

输入输出示例：

Enter m,n(m≤n):4 6

从 6 个不同元素中取出 4 个元素的组合数是 15。

6. 读程题

以下程序的功能是：从键盘输入一个 5 位数的数字，将这个数字中的 5 个数字字符逆序输出，并在每个数字之间空一个空格。例如，从键盘输入 12345，输出结果为“5 4 3 2 1”。请将程序补充完整，并上机运行。

```
#include<stdio.h>
void main()
{
    int n;
    void reverse(int x);
```

```
    printf("Enter n:");
    scanf("%d",&n);
    ______________;
}

void reverse(int x)
{
    while(x!=0){
        printf("%2d",x%10);
        ______________;
    }
}
```

运行情况：

Enter n:12345

5 4 3 2 1

7. 读程题

请写出以下程序的运行结果，并说明该程序所要实现的功能。

```
#include<stdio.h>
#include<math.h>
void main()
{
    int m;
    int is(int a);

    for(m=100;m<=400;m++)
        if(is(m)==1)
            printf("%d\n",m);
}

int is(int a)
{
    int i,j,k;

    i=a/100;
    j=(a/10)%10;
    k=a%10;
    if(a==pow(i,3)+pow(j,3)+pow(k,3))
        return 1;
    else
        return 0;
}
```

8. 读程题

请写出以下程序的运行结果，并分析原因。

```
#include <stdio.h>
int d=2;
int fun(int p)
{
    static int d=6;

    d+=p;
    printf("%d ", d);
    return d;
}

void main()
{
    int a=3;

    printf("%d \n", fun(a+fun(d)));
}
```

9. 改错题

从键盘输入一个正整数 n，计算 Fibonacci 序列前 n 项之和。要求定义并调用函数 fib(n) 输出 Fibonacci 序列的第 n 项。

输入输出示例：

Enter n:<u>10</u>
Fibonacci 序列前 10 项之和等于 143。

源程序（有错误的程序）：

```
#include <stdio.h>
int fib(int a);

void main()
{
    int k,n,sum;
    printf("Enter n:");
    scanf("%d",&n);
    for(k=1;k<=n;k++)
        sum=sum+fib(k);
    printf("Fibonacci 序列前%d 项之和等于%d.\n",n,sum);
}

int fib(int a);
{
    int i,x1,x2,x;
```

```
    if(a==1||a==2)
    x=1;
    else
    {
        for(i=3;i<=a;i++)
        {
            x=x1+x2;
            x1=x2;
            x2=x;
        }
    }
    return x;
}
```

要求模仿“1.调试示例”调试本程序，调试过程包括设置断点、运行到断点处、单步进入函数和从函数返回到主调函数。

【实验结果与分析】

将源程序、运行结果和分析、实验中遇到的问题和解决问题的方法写在实验报告上。

实验 6　综合程序设计实例

【实验目的】

（1）掌握分支结构、循环结构的运用。

（2）熟练使用模块化程序设计，掌握函数的定义、调用。

（3）熟练运用调试工具，快速排除各类错误。

（4）掌握实际问题转化为程序设计的思维与方法。

【实验内容】

1. 读程题 1

凯撒密码：古罗马的凯萨大帝(Caesar)使用过一种密码，其原理是将明文字母表后移 3 位得到密文字母表，例如，将字母 a 变成 d，A 变成 D，b 变成 e，即每个字母向后“移位” 3 个位置，字母 x 变成 a，y 变成 b，z 变成 c 等。这是一种很著名的古典密码，称为 Caesar 密码。

编写程序，输入一行明文字符，输出对应的密文字符。

源程序：

```
#include<stdio.h>
void main( )
{
    char ch;
    while((ch=getchar( ))!='\n')
    {
        if( (ch>='a' && ch<='z')|| (ch>='A' && ch<='Z'))
        {
            ch+=3;
            if(ch>'z' || (ch>'Z' && ch<='Z'+4))
            ch-=26;
        }
        printf("%c",ch);
    }
}
```

实验分析：

此程序要求具备的编程能力和解决的问题有：

（1）如何从键盘获得一行字符并逐个运算；

（2）判断字符是否是字母的方法以及逻辑运算符的使用；

（3）字符移位的运算；

（4）当移位后超出字母的范围时，如何回到字母的开头，重新从 A 或 a 开始运算；

以上四个问题依次体现在程序的每一行中，请读者仔细对比、体会。

2. 读程题 2

将 100 至 1000 之间各位数字之和是 9 的数全部输出，每行输出 8 个数，最后统计有多少个这样的数。请填空。

```
#include<stdio.h>
void main( )
{
    int i，count=0;
    int digitalsum(int n) ;
    for(i=100;i<1000;++i)
    {
        if(________________)
        {
            printf("%6d",i);
            ++count;
            if(_________)
                printf("\n");
        }
    }
    printf("%d\n",count);
}
int digitalsum(int n)        /*计算三位数 n 的各位数字之和*/
{
    int i,j,k;
    i=n/100;
    j=_______________;
    k=n%10;
    return_____________;
}
```

3. 读程题 3

用迭代法求 $x=\sqrt{a}$。求平方根的迭代公式为：

$$x_{n+1}=\frac{1}{2}\left(x_n+\frac{a}{x_n}\right)$$

要求最后一次求出的 x 的差值的绝对值小于 10^{-5}，即 $|x_{n+1}-x_n|<10^{-5}$。

以下为求平方根的源程序，请填空。

```
#include<stdio.h>
#include______________
void main( )
{
```

```
    float a,f;
    float sqroot(float n);
    printf("Enter a positive number:");
    scanf("%f",&a);
    f=__________;
    printf("The square root of %5.2f is %8.5f\n",a,f);
}
float sqroot (float n)
{
    float x0,x1;
    x0=n/2;
    x1=(x0+n/x0)/2;
    do
    {
        x0=x1;
    ___________
    }while(____________);
    ________________;
}
```

说明：

由于数学库函数中有计算绝对值的函数，因此可以直接调用。程序的开头通过 include 预编译命令将数学头文件包含进来，无须自己编写源代码计算绝对值。以后若碰到诸如数学问题、字符串问题、输入输出问题等，可以先查寻对应的头文件，如果有可直接利用的库函数，则直接调用，这样可提高编写程序的效率、程序的可读性以及执行效率。

作为填空题目，实际上是在看懂别人写的程序。而作为看懂程序的关键，不是将源代码逐行逐行地去看懂，而是看懂程序编写人员的思路，根据思路再去理解每一个模块的功能，最后再逐句斟酌，完善残缺的部分。

4. 改错题 1

以下程序的实现与读程题 1 有着相同的功能，但是使用的是 for 循环，并且程序中有少量错误，请用设置断点的方法找出错误并改正。

```
#include<stdio.h>
void main( )
{
    char ch;
    for(;ch=getchar()!='\n';)
    {
        if(ch>='a' || ch<='z')
        {
            ch=ch+3;
            if(ch>='z')
            ch=ch-26;
```

```
        }
        if(ch>='A' || ch<='Z')
        {
            ch=ch+3;
            if(ch>='Z')
            ch=ch-26;
        }
        printf("%c",ch);
}
```

5. 改错题 2

以下程序的实现与读程题 1 有着相同的功能，但是使用的是 do-while 循环，并且程序中有少量错误，请用设置断点的方法，找出错误并改正。

```
#include<stdio.h>
void main( )
{
    char ch;
    do
    {
      if(ch>='a' && ch<='z'|| ch>='A' && ch<='Z')
      {
          ch=ch+3;
          if(ch>'z' || ch>'Z')
          ch=ch-26;
      }
      printf("%c",ch);
    }while((ch=getchar())!='\n')
}
```

6. 改错题 3

以下程序的功能与读程题 3 相同，但是有少量错误，请改正。

```
#include<stdio.h>
void main( )
{
  float n,f;
  float x1,x2,temp;
  printf("Enter a positive number:");
  scanf("%d",&n);
  while(1)
  {
    temp=x1-x2;
    if(temp<0)
       temp=-temp;
```

```
        if(temp<1e-5)
            break;
        x1=x2;
        x2=(x1+n/x1)/2;
    }
    printf("The square root of %5.2f is %8.5f\n",n,x2);
}
```

7. 改错题 4

以下程序的功能与读程题 3 相同，但是有少量错误，请改正。

```
#include<stdio.h>
void main( )
{
    float n,f;
    float sqroot(float n);
    printf("Enter a positive number:");
    scanf("%f",&n);
    sqroot(n);
    printf("The square root of %5.2f is %8.5f\n",n,x2);
}
float sqroot(float n)
{
    float x1,x2,temp;
    for(;temp>1e-5;)
    {
        temp=x1-x2;
        if(temp<0)
            temp=-temp;
        if(temp<1e-5)
            break;
        x1=x2;
        x2=(x1+n/x1)/2;
    }
    return x2;
}
```

说明：

改错题与填空题一样，首先是看懂程序的结构，然后再逐句研究。但改错题与填空题也有不一样的地方，如改错题的程序涉及语法错误、逻辑错误等，需要更注重考虑变量、语句以及思维的一致性，首尾兼顾。例如，变量定义为 double 型，而在输入或输出的时候使用格式控制符%d，虽然在语法上没有错误，但结果却有问题。再如，循环结构中出现死循环，主函数与自定义函数对局部变量的混淆使用等。同时，要熟练掌握设置断点、运行到指标所在位置、观察运行过程中的变量的值等多种方式相结合的方法。

8. 编程题

输入一行字符，输出其中英文字母、空格、数字和其他字符的个数。

要求：编写三个函数，分别判断是字母、空格、数字。

输入输出示例：

I love c programming !

letters:17　blanks:3　digits:0　others:1

9. 编程题

从屏幕上输出所有的“水仙花数”。所谓“水仙花数”是指一个 3 位数，其各位数字立方和等于该数本身。例如，153 是一“水仙花数”，因为 $153=1^3+5^3+3^3$。

要求：定义一个函数来判断一个数是否是“水仙花数”，如果是则返回 1，不是则返回 0。

10. 编程题

一个数如果恰好等于它的因子之和，这个数就称为“完数”。例如，6 的因子有 1、2、3，而 6=1+2+3，因此，6 是“完数”。编程输出 10 000 以内所有的完数，并按如下格式输出：

6=1+2+3

要求：定义一个函数来判断整数是否是完数。

11. 编程题

输入 2 个正整数 a 和 n，求 a+aa+…+aa…a(n 个 a)之和。要求：

（1）定义函数 f1(a,n)，其功能是返回 aa…a(n 个 a)，如 f1(2,3)的返回值是 222；

（2）定义函数 f2(a,n)，其功能是返回从 a 加到 n 个 a 之和，即 a+aa+…+aa…a(n 个 a)。

12. 编程题

输入两个整数，分别求出这两个数的最大公约数和最小公倍数。要求：

（1）定义函数 gcd(m,n)，其功能是返回最大公约数；

（2）定义函数 lcm(m,n)，其功能是返回最小公倍数。

【实验结果与分析】

将源程序、运行结果和分析情况以及实验中遇到的问题和解决问题的方法，写在实验报告上。

实验 7　数组程序设计

一、一维数组

【实验目的】

（1）熟练掌握一维数组的定义、引用和初始化的方法。

（2）熟练掌握一维数组的输入、输出方法。

（3）熟练掌握与一维数组有关的算法，如排序算法。

【实验内容】

1. 调试示例

青年歌手参加歌曲大奖赛，有 10 个评委对她进行打分，求这位选手的平均得分（去掉一个最高分和一个最低分）。

源程序（有错误的程序）：

```
#include <stdio.h>
void main( )
{ int i,n=10;
  float a[n],max,min,sum=0,average;
  printf("请输入 10 个成绩：\n");
  for(i=0;i<10;i++)
  {    scanf("%f",&a[i]);
       sum=sum+a[i];
  }
  for(i=1;i<10;i++)         /*调试时设置断点*/
  {    if(a[i]>max)
       max=a[i];
       if(a[i]<min)
       min=a[i];
  }                         /*调试时设置断点*/
  printf("average=%.2f\n",(sum-max-min)/8);
}
```

运行情况（改正后程序的运行情况）：

请输入 10 个成绩：

<u>75 85 95 65 76 88 90 94 80 66</u>

average=81.75

提示：先找到 10 个评委所打成绩中的最大值和最小值，则平均分就是余下 8 个成绩的平均值。

（1）在 VC++的编辑窗口中编辑以上源程序，对源程序进行编译，出现如图 7.1 所示错误。这些错误信息表示，在定义数组 a 时，数组长度必须是常量，而在程序中定义数组用了变量 n。

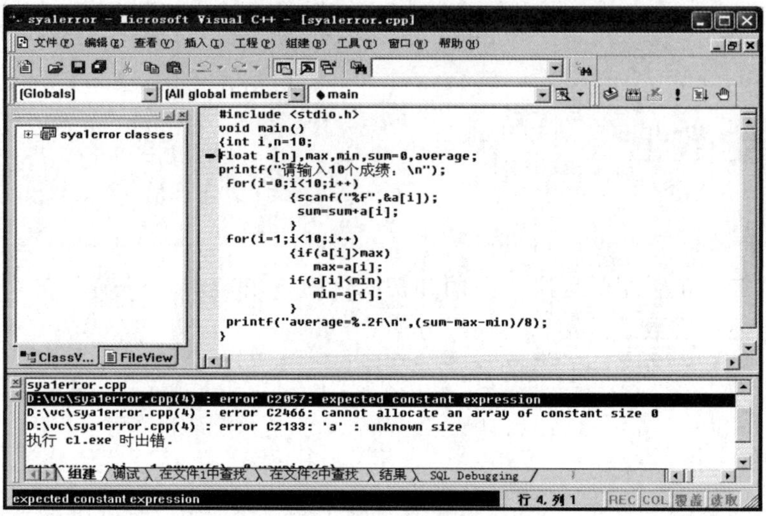

图 7.1　编译出错信息

（2）删除变量 n 的定义，把“a[n]”改为“a[10]”，重新编译和连接，没有错误信息出现。运行程序，依次输入“1 2 3 4 5 6 7 8 9 10”，运行窗口显示结果 average=13421777.63，显然程序有误。关闭运行窗口，准备进行程序调试。

（3）程序调试开始，设置 2 个断点，具体位置见源程序的注释。

（4）单击（Go）按钮，运行程序，依次输入“1 2 3 4 5 6 7 8 9 10”，程序运行到第一个断点处，在观察窗口观察输入的变量 max、min 和数组 a 的值，如图 7.2 所示，发现变量 max 和 min 均为负数。

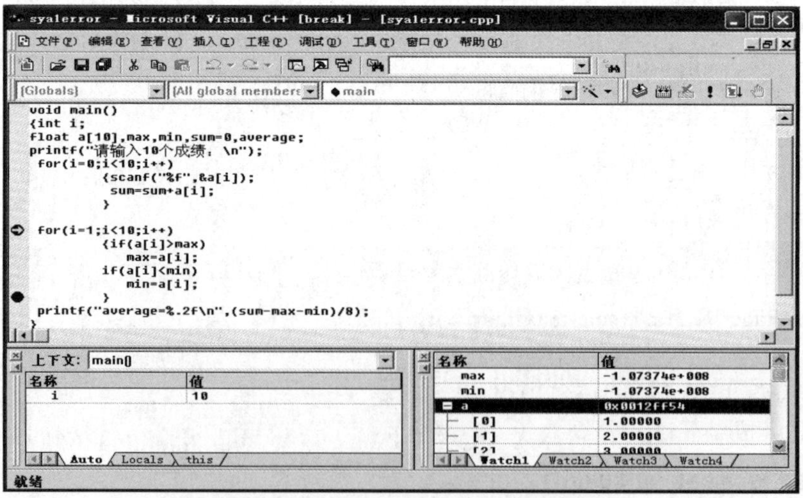

图 7.2　观察变量 max、min 和数组 a

（5）多次单击（Go）按钮，程序运行第二个断点处，且当 i=9 时，观察变量 max、min 和数组 a，发现 min 的值还为负数，如图 7.3 所示，这显然不对。

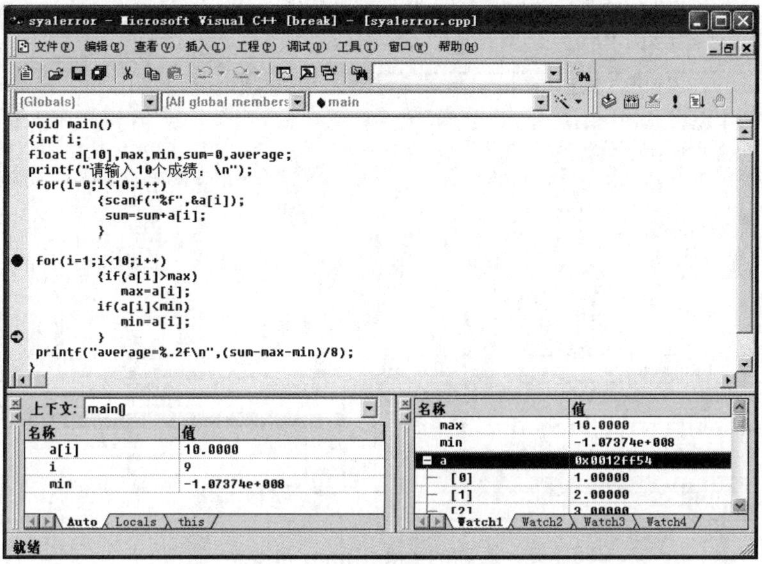

图 7.3　观察变量 min 的值

（6）找出问题后，单击（Stop Debugging）按钮停止调试，在程序中第一断点处之前加入对 max、min 变量初始化语句“max=min=a[0];”，重新编译和连接，没有错误和警告信息。

（7）取消第一个断点，单击（Restart）按钮，重新开始调试。单击（Go）按钮，程序运行到第二个断点，且当 i=9 时，观察窗口，如图 7.4 所示，显示 max=10.0000，min=1.0000，值正确。

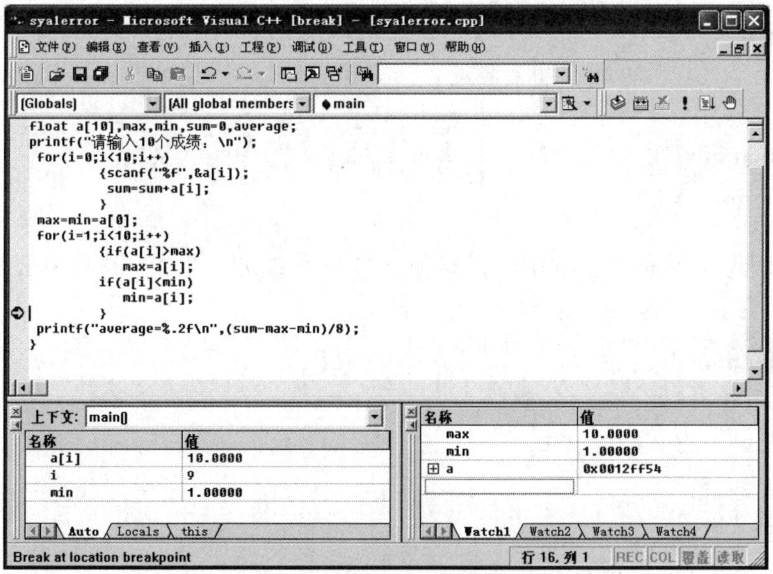

图 7.4　正确取得最大值与最小值

（8）单击（Step Over）按钮 2 次，程序跳出 for 循环，箭头指向最后一条语句，在观察窗口中观察变量 max、min 和 sum 的值正确，如图 7.5 所示。

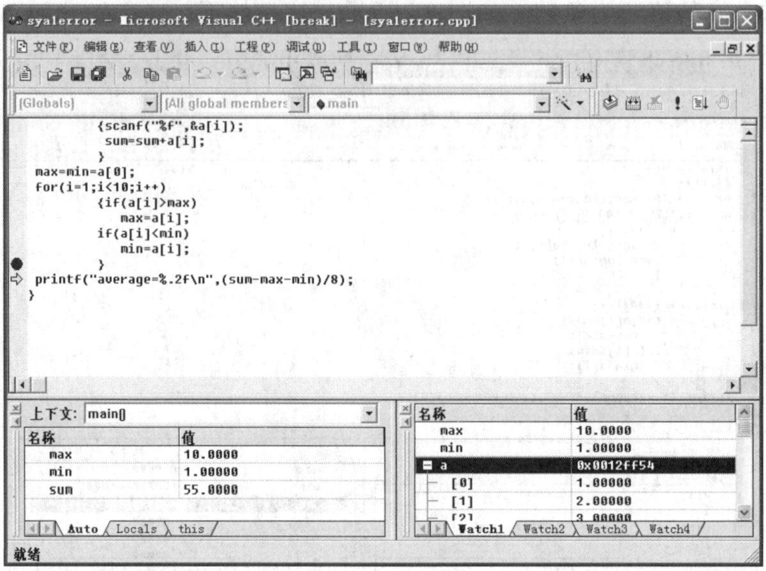

图 7.5　正确的 max、min 和 sum 的值

（9）再次单击（Step Over）按钮，程序执行到末尾，输出 average=5.50，运行结果正确。

（10）单击（Stop Debugging）按钮，程序调试结束。

2. 编程题

已知某同学某门课程的平时、实习、测验和期末成绩，求该同学该门课程的总评成绩。其中，平时、实习、测验和期末分别占 10%、20%、20%、50%。

输入输出示例：

请输入平时、实习、测验和期末成绩：

60 70 80 90

总评成绩为：81.0

3. 编程题

输入 n 个整数，将 n 个整数中的最小值与第一个数交换，n 个整数中的最大值与最后一个数交换，然后输出交换后的 n 个数。

输入输出示例：

请输入 10 个整数：

2 3 4 5 1 10 6 7 8 9

交换后的 10 个数：

1 3 4 5 2 9 6 7 8 10

4. 编程题

有一个已排好序的数组（由小到大），现输入一个数插入到数组中，要求插入该数后数组元素仍然有序（由小到大）。

输入输出示例：

请输入 10 个已排序的数：

1 2 3 4 6 7 8 9 10 11

请输入要插入的数：

5

插入后的数列：

1 2 3 4 5 6 7 8 9 10 11

5. 改错题

从键盘上输入 n 个整数，按逆序输出这些数。

输入输出示例：

请输入 10 个整数：

1 2 3 4 5 6 7 8 9 10

逆序后的数列：

10 9 8 7 6 5 4 3 2 1

源程序（有错误的程序）：

```
#include   <stdio.h>
#define N 10
void main( )
{
     int   i,a[N];
     printf("请输入 10 个整数：\n");
     for(i=0;i<N;i++)
          scanf("%d",a[i]);
     printf("逆序后的数列：\n");
     for(i=N-1;i>=0;i++)
          printf("%d ",a[i]);
}
```

【实验结果与分析】

将源程序、运行结果和分析以及实验中遇到的问题和解决问题的方法，写在实验报告上。

二、二维数组

【实验目的】

（1）熟练掌握二维数组的定义、引用和初始化的方法。

（2）熟练掌握二维数组的输入、输出方法。

（3）熟练使用二维数组编程的方法。

【实验内容】

1. 调试示例

有一个 3×4 的矩阵，找出其中最小元素的值，以及它所在的列和行。

源程序（有错误的程序）：

```
#include <stdio.h>
void main( )
{ int i,j,row=0,col=0,min;
  int a[3][ ]={{5,2,1,4},{10,12,6,5},{0,7,-2,3}};
  min=a[0][0];
  for (i=0;i<=2;i++)                    /*调试时设置断点*/
       for (j=0;j<=3;i++)
            if (a[i][j]<min)
            {
                min= a[i][j];
                row=i;
                col=j;
            }
   /*输出最小元素值以及所在的行和列*/
  printf("min=%d, row=%d, col=%d\n",min,row+1,col+1);
}
```

运行结果（改正后程序的运行结果）：

min=-2,row=3,col=3

（1）打开 VC++编辑窗口，编辑源程序，对源程序进行编译，出现如图 7.6 所示错误。这些错误信息表示，在定义二维数组 a 时，数组的行长度与列长度必须是常量，且在初始化时列长度是不能省略的。而在程序中定义二维数组时省略了列长度 4。

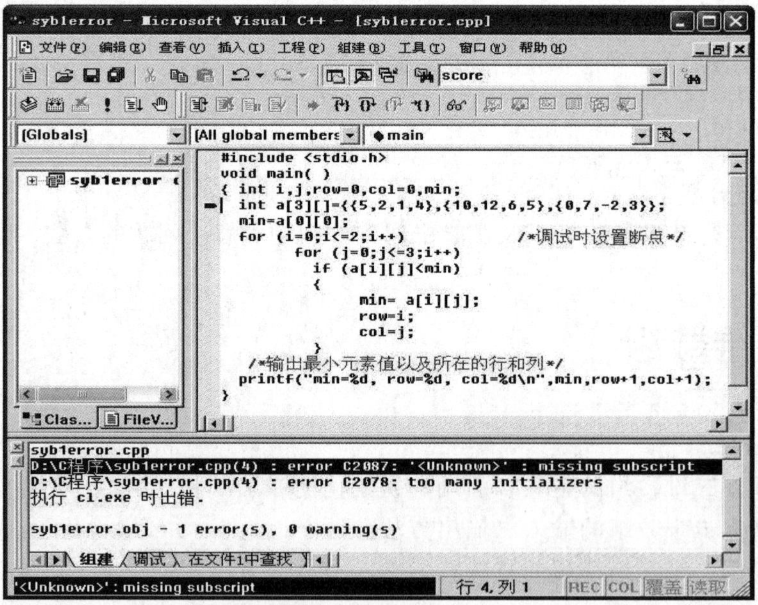

图 7.6　编译出错信息

（2）由于程序对数组全部元素进行了初始化，则可省略行长度，可把“a[3][ ]”改为“a[ ][4]”重新编译和连接，没有错误信息出现，单击 ! 按钮，运行程序，运行窗口没有任何输出结果，则程序有问题。关闭运行窗口，准备调试程序。

（3）调试程序开始，先设置断点，具体位置见源程序的注释。

（4）单击（Go）按钮，运行程序，程序运行到第一个断点处，在观察窗口中观察输入的变量 row、col、i、j 的值均正确(由于 i、j 还没有执行到赋值语句，它们的值是个随机数)，如图 7.7 所示。

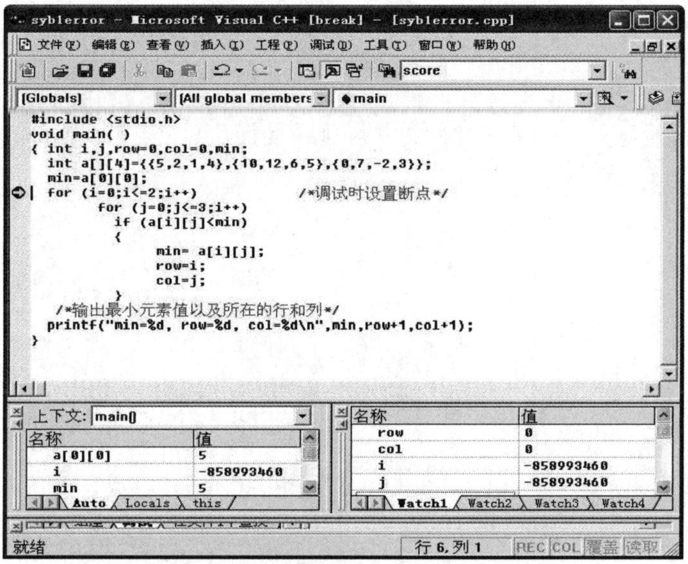

图 7.7　观察变量 row、col、i、j 的值

（5）多次单击（Step Over）按钮，查看 i、j 的变化，发现 i 的值不断地变化，且变到 3（i 的值大于 2 时，越界），而 j 的值始终为 0，并没有按照预想的加 1，如图 7.8 所示。原来第二条 for 语句有问题，循环中的增值表达式应该是“j++”，而源代码误写为“i++”，导致内循环为死循环，因此程序没有运行结果。

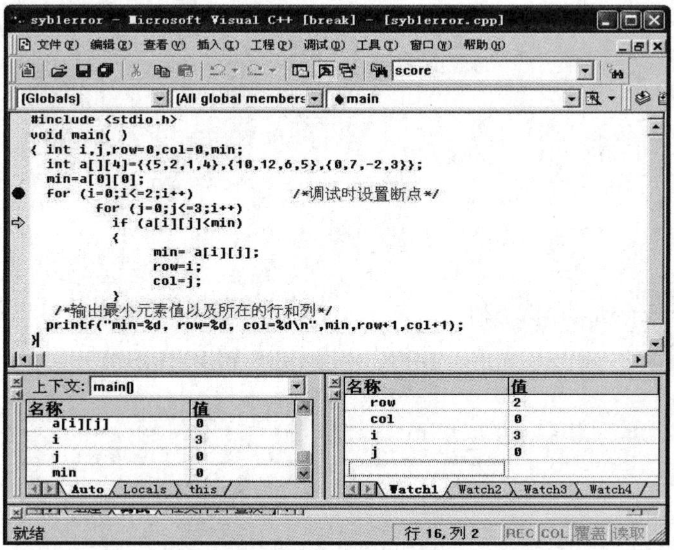

图 7.8　变量 i 的值增大到 3，而 j 一直没变化

（6）找到问题后，单击（Stop Debugging）按钮停止调试，将“for(j=0;j<=3;i++)”改为“for(j=0;j<=3;j++)”，重新编译和连接，没有错误信息和警告。

（7）单击 ! 按钮，运行程序，在运行窗口中查看，输出 min=−2,row=3,col=3，则运行结果正确，关闭运行窗口。

2. 编程题

输出一个3行4列（记作3×4）矩阵A的转置矩阵A'（行列互换）。

输入输出示例：

请输入3×4矩阵A：

1 2 3 4

5 6 7 8

3 5 7 9

原矩阵A为：

1 2 3 4

5 6 7 8

3 5 7 9

转置矩阵A' 为：

1 5 3

2 6 5

3 7 7

4 8 9

3. 编程题

求3×3矩阵主对角线之和。

输入输出示例：

请输入3×3矩阵：

1 2 3

4 5 6

7 8 9

主对角线之和为：

sum=15

4. 编程题

求6×6矩阵下三角形元素之和。

输入输出示例：

input 6×6 data:

1 2 3 4 5 6

1 2 3 4 5 6

1 2 3 4 5 6

1 2 3 4 5 6

1 2 3 4 5 6
1 2 3 4 5 6
下三角元素之和为：

sum=56

5. 改错题

求矩阵 a 和矩阵 b 的乘积矩阵 c。已知：

$$a_{3\times3}=\begin{bmatrix}2&0&1\\1&1&2\\0&1&0\end{bmatrix}\qquad b_{3\times3}=\begin{bmatrix}1&1&2\\2&1&1\\1&1&0\end{bmatrix}$$

输入输出示例：

数列 a:

```
2    0    1
1    1    2
0    1    0
```

数列 b:

```
1    1    2
2    1    1
1    1    0
```

数列 c:

```
3    3    4
5    4    3
2    1    1
```

源程序(有错误的程序)：

```
#include <stdio.h>
void main( )
{
  int a[3][3]={{2,0,1},{1,1,2},{0,1,0}};          /*定义数组并初始化*/
  int b[3][3]={{1,1,2},{2,1,1},{1,1,0}};
  int i,j,k;
  printf("数列 a:\n");                             /*输出 a 矩阵的元素*/
  for(i=0;i<3;i++)
  {   for(j=0;j<3;j++)
          printf("%5d",a[i][j]);
      printf("\n");
  }
  printf("\n 数列 b:\n");                          /*输出 b 矩阵的元素*/
  for(i=0;i<3;i++)
  {   for(j=0;j<3;j++)
          printf("%5d",b[i][j]);
      printf("\n");
```

```
  }
  printf("\n 数列 c:\n");                    /*计算出 c 矩阵并输出 c 矩阵的元素*/
  for(i=0;i<3;i++)
  {   for(j=0;i<3;j++)
      {   c[i][j]=0;
          for(k=0;k<3;k++)
              c[i][j]=c[i][j]+a[i][k]*b[k][j];
          printf("%5d",c[i][j]);
      }
      printf("\n");
  }
}
```

【实验结果与分析】

将源程序、运行结果和分析以及实验中遇到的问题和解决方法，写在实验报告上。

三、字符数组与字符串

【实验目的】

（1）熟练掌握字符数组的定义和初始化的方法。

（2）熟练掌握字符串的存储和字符串常用函数的使用方法。

【实验内容】

1．调试示例

输入一个以回车符结束的字符串（少于 80 个字符），分别统计其中数字、英文字母的个数。

源程序（有错误的程序）：

```
#include <stdio.h>
#include <string.h>
void main( )
{   int a=0,b=0,i=0;
    char str[];
    printf("请输入一个字符串：\n");
    gets(str);
    for(i=0; str[i]!='\0';i++)                /*调试时设置断点*/
      {   if(str[i]<='9'&&str[i]>='0')
              a++;
          if((str[i]<='Z'&&str[i]>='A')&&(str[i]<='z'&&str[i]>='a'))
              b++;
      }
          printf("数字个数=%d，英文字母个数=%d \n",a,b);
}
```

运行情况（改正后程序的运行情况）:

请输入一个字符串：

This is 123 computers

数字个数=3，英文字母个数=15

（1）在 VC++的编辑窗口中编辑以上源程序，对源程序进行编译，出现如图 7.9 所示的错误。这些错误信息表示，在定义字符数组 str 时，数组的长度必须是确定的，而在程序中定义字符数组时省略了长度 80，应把“str[]”改为“srt[80]”。修改后，重新编译和连接，没有出错信息，但程序的运行结果不正确，需要调试程序。

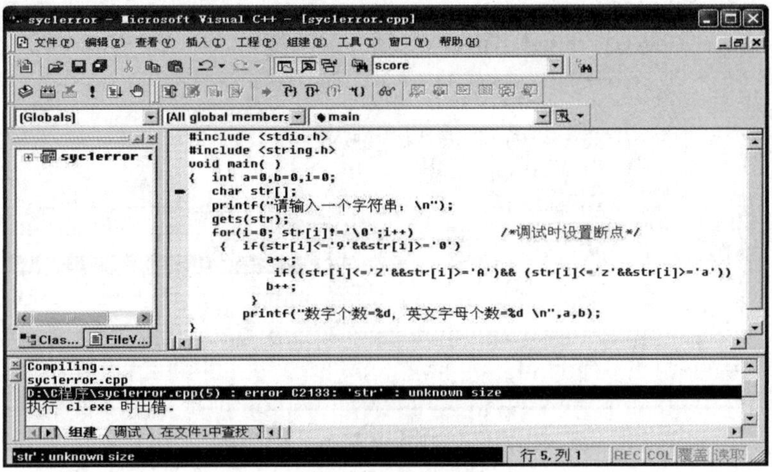

图 7.9　编译出错信息

（2）程序调试开始，设置一个断点，具体位置见源程序的注释。

（3）单击 （Go）按钮，运行程序，输入“this 56 and 123”，程序运行到断点处，在观察窗口观察 str 内容和输入字符串一致，如图 7.10 所示。

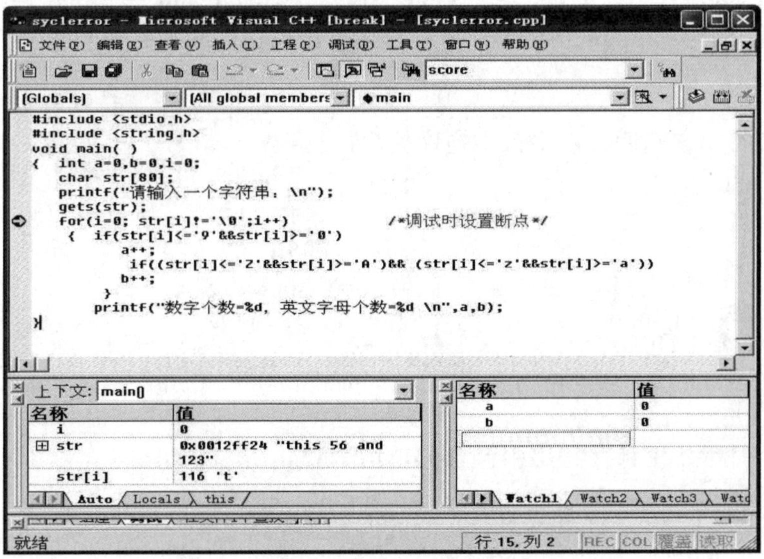

图 7.10　数组 str 的内容和输入字符串一致

（4）多次单击（Step Over）按钮，查看 a、b 的变化，如观察图 7.11 所示程序发现。虽然 str[]中的字符是英文字母，但变量 b 的值并未加 1，显然程序有问题。

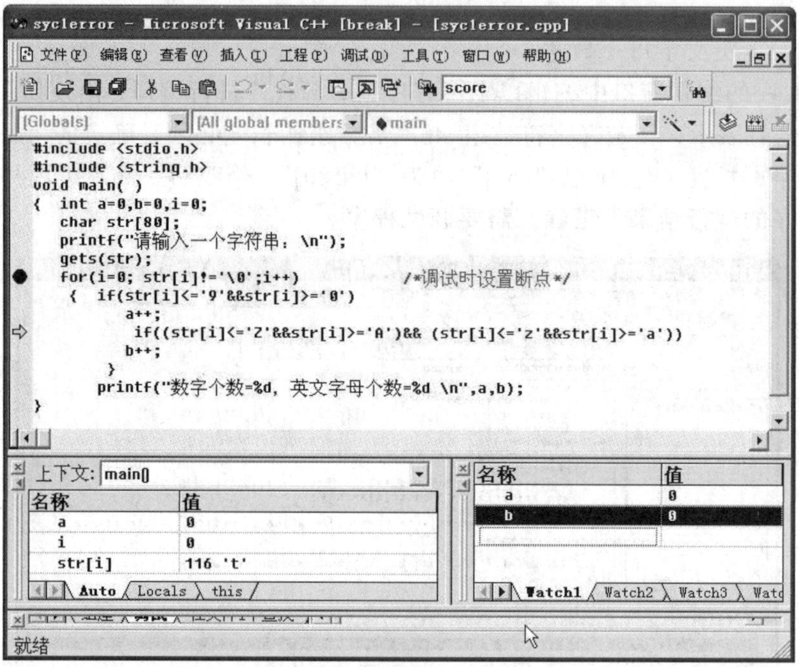

图 7.11 观察变量 a，b 的值

（5）找出问题后，单击（Stop Debugging）按钮停止调试，在源程序中查看判断英文字母的 if 语句“if((str[i]<='Z'&&str[i]>='A')&&(str[i]<='z'&&str[i]>='a'))”，发现满足两个条件中的任何一个应用“||”运算符，而不是“&&”运算符。修改后，重新编译和连接，没有错误和警告信息。

（6）取消断点，单击 **!** 按钮，运行程序，输入“this 56 and 123”，在运行窗口中查看，输出：数字个数=5，英文字母个数=7，则运行结果正确，关闭运行窗口。

2. 编程题

输入一个字符串，然后将该字符串逆序输出。

输入输出示例：

输入一个字符串：

yes ok

逆序字符串为：

ko sey

3. 编程题

输入一个字符串，统计字符串中包含的单词个数。

输入输出示例：

请输入一个字符串：

This is a book!

There are 4 words in the string.

4. 编程题

密码输入程序。设计要求：以星号“*”代替密码字符显示， 6≤密码长度≤12。

输入输出示例：

第一次运行：

Please input the password (6~12 characters):*******

第二次运行：

Please input the password (6~12 characters):****

the length of the password is less than 6,press any key to continue…

Please input the password (6~12 characters): ************

5. 改错题

统计并输出给定字符串的长度，不用 strlen 函数。

输入输出示例：

input a string:

This is a book!

The length of string is: 15

源程序（有错误的程序）：

```
# include <stdio.h>
#include <string.h>
void main( )
{
   char str[ ];
   int i;
   printf("input a string:\n");
   gets(str);
   i=0;
   while(str[i]='\0') i++;    /*逐个字符计数 */
   printf("The length of string is: % d \n",i);
}
```

【实验结果与分析】

将源程序、运行结果和分析以及实验中遇到的问题和解决问题的方法写在实验报告上。

实验 8　指针程序设计

一、指针与数组

【实验目的】

（1）理解指针、地址和数组间的关系。

（2）掌握利用指针引用数组元素的方法。

（3）掌握数组名作为函数参数的操作方法。

【实验内容】

1. 调试示例

输入 n 个数据至数组 a[10]中（n<=10），利用冒泡法使得数组 a 按从大到小的顺序排序，并输出排序后的数组元素。

源程序（有错误的程序）：

```
#include <stdio.h>
void main( )
{
        int i,j,temp,n,a[10];
        int *p;
        p=a;
        printf("Enter n: ");
        scanf("%d",&n);
        printf("Enter a[n]: ");
        for(i=0;i<n;i++)    scanf("%d",&(p+i));
        for(i=1;i<n-1;i++)                  /* 外循环控制循环趟数 */
        {
              for(j=n-1;j>i-1;j--)          /* 内循环控制每趟比较的次数 */
              {
                      /*比较前后相邻的 2 个元素，前面的元素比后面的小，则交换 */
                      if(*(p+j)>*(p+j-1)) {temp=*(p+j);*(p+j)=*(p+j-1);*(p+j-1)=temp;}
              }
        }
        for(i=0;i<n;i++)    printf("Array a[%d]=%d; ",i,*(p+i));
}
```

运行情况（改正后程序的运行情况）：

Enter n: <u>10</u>

Enter a[n]: <u>9 6 3 8 5 2 7 4 1 0</u>

Array a[0]=9; Array a[1]=8; Array a[2]=7; Array a[3]=6; Array a[4]=5; Array a[5]=4; Array a[6]=3; Array a[7]=2; Array a[8]=1; Array a[9]=0;

课本例 8.8 按从小到大顺序输出成绩，而本题要求从大到小输出数组，所采用的算法仍然是冒泡法。从大到小冒泡排序法如图 8.1 所示。

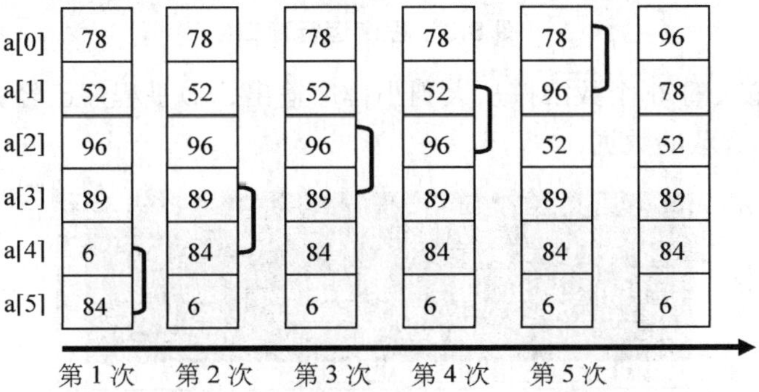

图 8.1　冒泡法排序第一趟比较示意图

在图 8.1 中，因为题目要求从大到小排序，即要求经过一轮排序后最大的数应该被放在第一个元素 a[0]处，故比较的方向是从后往前。数组的最后一个元素 a[5]作为每一趟排序的起始点，第 1 趟比较后，最大的数放在了数组的第 0 号元素 a[0]，则第 2 趟比较只需从 a[5]比较到数组的第 1 号元素 a[1]即可。同理,第 i 趟比较只需从 a[5]比较到数组的第 i 号元素 a[i]。

（1）在 VC++的编辑窗口中编辑以上源程序，并编译程序。编译时出现的错误信息，如图 8.2 所示。双击错误信息，在编辑窗口中出现一个箭头指向错行。由于 scanf 函数要求的输入参数是地址（或指针），表达式 p+i 的值是地址，故不需要再加 “&”。

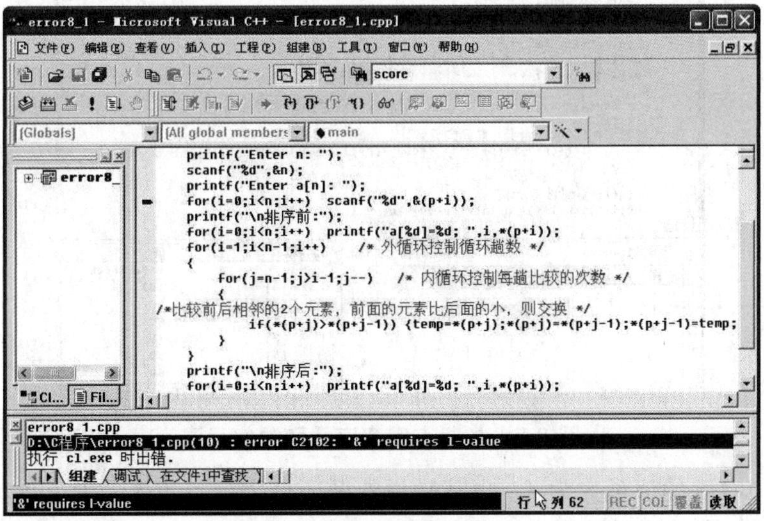

图 8.2　编译时的出错信息

（2）把第 10 行改成 “for(i=0;i<n;i++) scanf("%d",p+i);”，或者改成 “for(i=0;i<n;i++) scanf("%d", &a[i]);”，即可通过编译和连接。

（3）运行程序，输入如图 8.3 所示的数据。

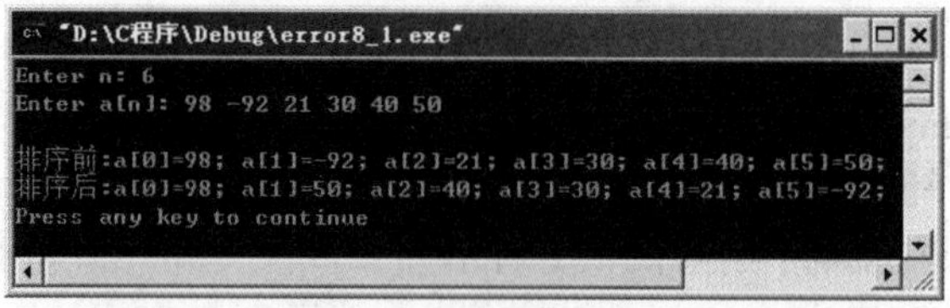

图 8.3 程序运行窗口

在图 8.3 中，输入的 6 个数字按从大到小排序输出，似乎程序已经完全正确。再次运行程序，输入如图 8.4 所示的数据。

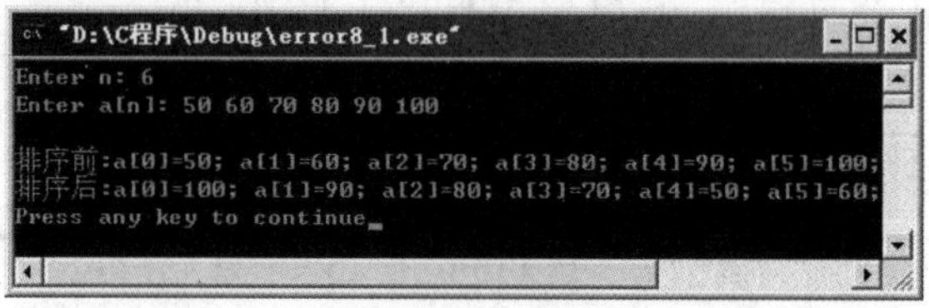

图 8.4 程序运行窗口

在图 8.4 中，输入的 6 个数据只有前 4 个数据被排序了，后面 2 个元素的数据还没有排序，为什么呢？

（4）为了找到程序的问题，在程序的内循环中设置了断点，为数组 a 输入 50～100，并利用单步执行（Step Over）按钮再次运行程序，如图 8.5 所示。

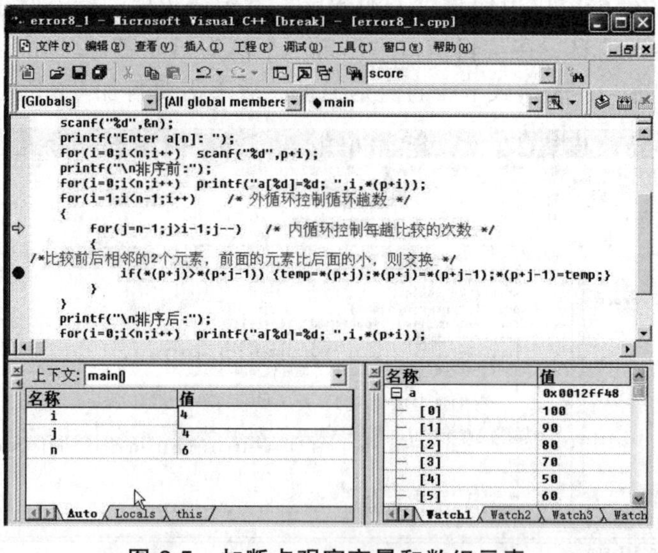

图 8.5 加断点观察变量和数组元素

从图 8.5 可知，i 的值最大为 4，也就是说外循环只执行了 4 趟，少了 1 趟。

（5）仔细观察控制循环趟数的外循环 for(i=1;i<n-1;i++)，发现表达式应该改为 i<n，外循环的趟数才是 n－1。取消断点，修改源代码，编译连接后再次运行时输入同样的数据，结果与题目要求一致。

2. 编程题

有 n 个整数，使各数向后循环移动 m 个位置（m<n）。编写一个函数实现该功能，在主函

数中输入 n 个整数并输出调整后的数组。

输入输出示例：

第一次运行：

Input n,m:6,3

Input a[6]:1 2 3 4 5 6

After move　4　5　6　1　2　3

第二次运行：

Input n,m:10,5

Input a[10]:9 8 7 6 5 4 3 2 1 0

After move　4　3　2　1　0　9　8　7　6　5

3. 编程题

用指针表示法给一维数组元素输入值，输出各元素的值及元素之和。

输入输出示例：

Please input data of a[6]:

1 2 3 4 5 6

Output arry:

1　2　3　4　5　6

s=21

4. 编程题

输入一个 3×4 的矩阵到二维数组中，求所有元素的和。

输入输出示例：

Please input data a[3][4]:

1 2 3 4 5 6 7 8 9 10 11 12

s=78

【实验结果与分析】

将程序调试过程中遇到的问题、解决办法及运行结果写在实验报告中。

二、指针与函数

【实验目的】

（1）掌握指针作为函数参数的使用方法。

（2）掌握函数指针的应用。

（3）掌握指针作为函数的返回值的方法。

【实验内容】

1. 调试示例

输入两个数的值，通过调用函数实现两个变量值的交换。

源程序（有错误的程序）：

```
#include <stdio.h>
void main( )
{
        void Exchange(int *ptr1,int *ptr2);
        int a,b,*p1,*p2;
        p1=&a;p2=&b;
        printf("Input a and b:");
        scanf("a=%d,b=%d",p1,p2);
        printf("\t*p1=%d,*p2=%d\n",*p1,*p2);

        Exchange(*p1,*p2);

        printf("After exchange a=%d,b=%d\n",a,b);
        printf("After exchange *p1=%d,*p2=%d\n",*p1,*p2);
}
void Exchange(int *ptr1,int *ptr2)
{
         int *temp;
         temp=ptr1;ptr1=ptr2;ptr2=temp;
}
```

运行情况（改正后程序的运行情况）：

Input a and b:<u>a=10,b=100</u>

*p1=10,*p2=100

After exchange a=100,b=10

After exchange *p1=100,*p2=10

（1）在 VC++的编辑窗口中编辑以上源程序并编译，错误信息如图 8.6 所示。

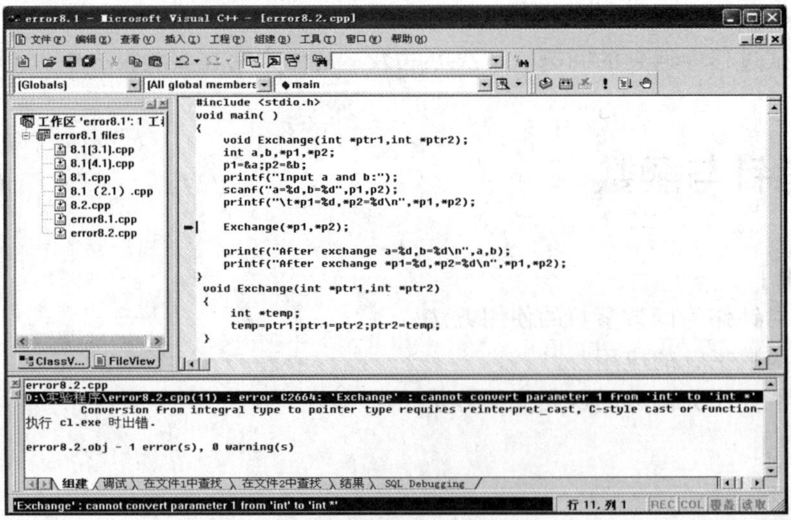

图 8.6 编译产生的错误信息

双击错误信息，进入程序的第 11 行。由于 Exchange 函数的两个形参都是指针，而此处调用 Exchange 函数时，所采用的两个实参是指针所指向变量的值，故提示出错。

（2）把第 11 行的函数调用语句改成 Exchange(p1,p2);，重新编译和连接，不再出现错误信息。

（3）运行程序并输入数据，运行结果如图 8.7 所示。

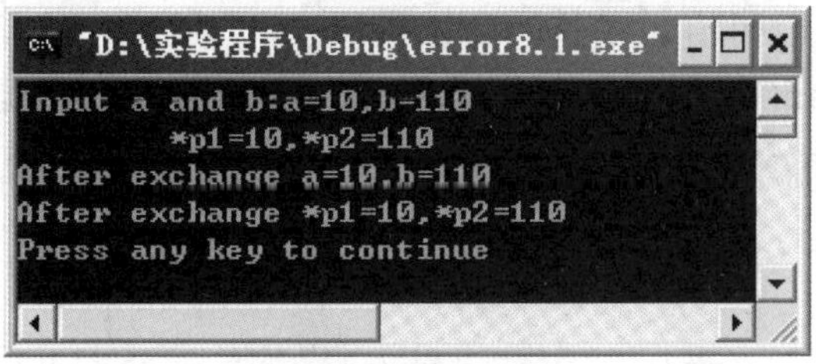

图 8.7　运行窗口

由图 8.7 可知，程序运行后，a、b 的值并没有交换，而指针所指向的值也没有交换，据此推算，交换函数算法有误。

（4）在程序的第 11 行插入断点，并利用 {+} （Setp Into）按钮进入 Exchange 函数内单步执行，如图 8.8 所示。

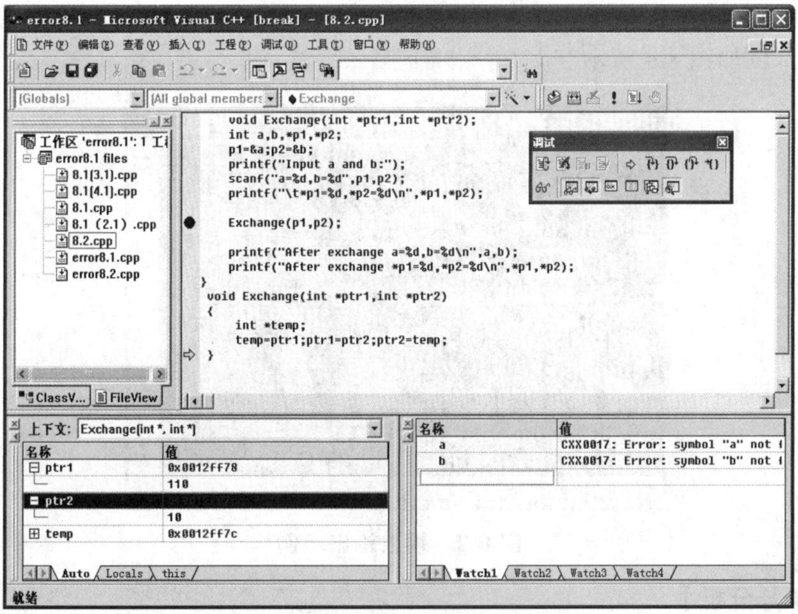

图 8.8　在函数内单步执行

由图 8.8 可知，在交换函数内，交换的是两个形参的指针，不是交换它们所指向的变量的值，故变量的值未能改变。

（5）把 Exchange 函数改成如下形式：

```
void Exchange(int *ptr1,int *ptr2)
{
    int temp;
```

```
    temp=*ptr1;*ptr1=*ptr2;*ptr2=temp;
}
```

编译连接后运行程序，输出完全正确。

2. 编程题

定义指向函数的指针pm，使它指向头文件math.h的cos( )、sin( )、tan( )函数，然后利用它来求解双精度变量x的余弦值、正弦值和正切值。

注：cos( )、sin( )、tan( )这三个函数的参数单位为弧度，弧度与角度的换算为：$360° = 2\pi$ rad；$180° = \pi$ rad；$1° = \pi / 180°$ rad ≈ 0.01745 rad；1rad $= 180° / \pi \approx 57.30° = 57° 18'$。

输入输出示例：

Input x:3.14157
cosx=-1.000000
sinx=0.000023
tanx=-0.000023

3. 编程题

定义一个输出函数Out，它的其中一个参数为指向函数的指针变量。再定义函数printf_1和printf_2，并把它们作为调用Out函数的实参，以实现输出的多样化。

输入输出示例如图8.9所示。

图8.9 输入输出示例

【实验结果与分析】

将程序调试过程中遇到的问题、解决办法及运行结果写在实验报告中。

三、指针与字符串

【实验目的】

掌握通过指针操作字符串的各种方法。

【实验内容】

1. 调试示例

将输入的字符串译成密码输出。密码规律：对大写英文字母用原字母后面的第 4 个字母代替原字母。若遇到大写字母'W'、'X'、'Y'、'Z'，则分别用'A'、'B'、'C'、'D'代替原字母，其余字符不变。

源程序（有错误的程序）：

```
#include <stdio.h>
void main()
 {
      char s[81],*p;
      int i;
      p=&s;                                    // 使 p 指向数组 s
      gets(p);                                 // 输入字符串存放在数组 s 中
      for(i=0; *(p+i)!='\0'; i++)
      {
            if(*(p+i)>='A'&&*(p+i)<='Z')
              if(*(p+i)>='W'||*(p+i)<='Z')
                 *(p+i)='A'+*(p+i)-'W';
              else   *(p+i)=*(p+i)+4;
      }
     puts(p);                                  // 输出 p 指向的字符串
}
```

运行情况（改正后程序的运行情况）：

Hello Gire,Welcome Here!_ 158_

Lello Kire,Aelcome Lere!_ 158_

程序设计分析：对输入的字符串中的字符逐个判断，按题目的条件对字符处理，直到遇字符串结束符停止处理。

（1）在 VC++的编辑窗口中编辑以上源程序并编译，出现的错误如图 8.10 所示。

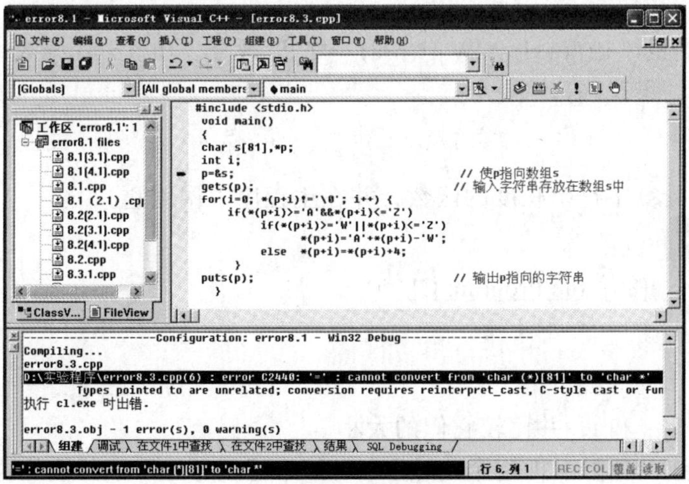

图 8.10　编译时的出错信息

（2）双击错误信息，在编辑窗口中出现一个箭头指向出错行第 6 行。由于 p 是指向字符的指针变量，对 p 赋值只能是地址，而数组名 s 本来就代表数组首元素的地址，则不需要再加取地址符号“&”。

（3）把第 6 行改为“p=s;”，编译连接后没有发现有错误提示。

（4）为方便观察程序的译码过程，在程序第 8 行插入断点，点击 step over 按钮运行程序，如图 8.11 所示。

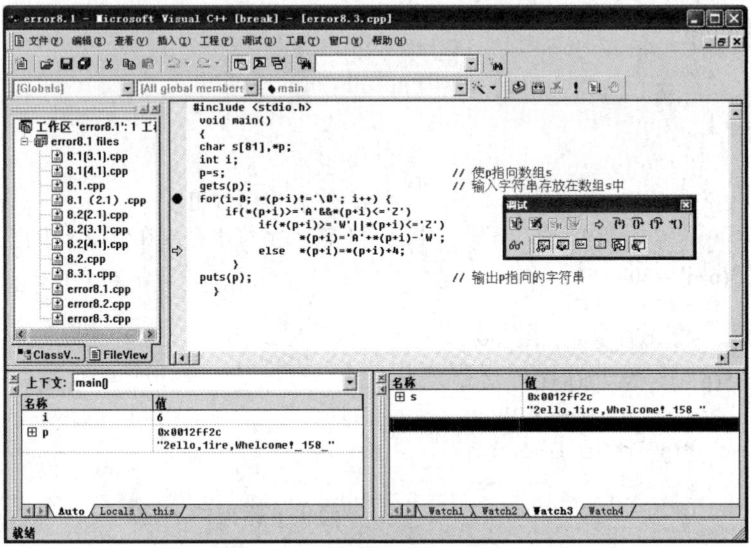

图 8.11　加断点并进行单步调试

（5）由图 8.11 可知，在输入字符串“Hello,Gire,whelcome!_158_”后，句中的大写字母在程序中被修改了，但是修改的值和题目要求不一致，'H'被译成了'2'，而'G'被译成了'1'，说明译码的算法有误。

（6）在循环中发现，题目要求'W'、'X'、'Y'、'Z'分别用'A'、'B'、'C'、'D'代替原字母，而此处的判断条件为“*(p+i)>='W'||*(p+i)<='Z'”，它的意义是大于等于'W'或者小于等于'Z'要转换，和题目要求不一致。

（7）把第 10 行的“if(*(p+i)>='W'||*(p+i)<='Z')”改成“if(*(p+i)>='W'|&&*(p+i)<='Z')”，编译连接后运行，结果正确。

2. 编程题

编写一函数，计算字符串长度的函数，并在主程序中调用它。

输入输出示例：

Input the char to a[80]: the Program C!

the length is :14

3. 编程题

输入两个字符串 s 和 t，并比较它们的大小。

注：两个字符串的比较，即逐个比较字符串 s 和字符串 t 每个对应位置上的字符，如果 s 字符串与 t 字符串相等，函数返回 0。若比较 s 和 t 时，第一次出现对应位置上的两个字符不

等时，返回这两个不相等字符的 ASCII 码值之差。

输入输出示例：

第一次运行：

welcome

welcome

s=t

第二次运行：

welcome

wglcome

s < t

4. 编程题

输入一行文字，统计其中的大写字母、小写字母、空格、数字的个数。

输入输出示例：

WHIO ihuew 1245678 !!**

小写字母:5

大写字母:4

数字:7

空格:3

5. 编程题

要求编写一个函数，对给定的字符串和字符，查找该字符在字符串中第一次出现的位置（地址）。

输入输出示例：

Please input a string:

oh! it is a tiger!

Please input a char:

i

i-address:12ff30

Substring is:it is a tiger!

【实验结果与分析】

将程序调试过程中遇到的问题和解决办法及运行结果写在实验报告中。

四、指针数组

【实验目的】

（1）理解指向指针的指针及指针数组的概念。

（2）掌握指针数组的基本应用和编程方法。

（3）理解指针与函数间的关系。

（4）掌握指针作为函数返回值的编程方法。

【实验内容】

1. 调试示例

输入星期的英文名称，以#作为输入结束标志，对星期的英文名称按字典的降序排列后输出。星期的英文名称有7个，最长的星期英文名称是9个字符。

编写程序的思路：输入多个长短不一的字符串，用动态分配来为它们分配存储空间，用指针数组来处理字符串排序。

源程序（有错误的程序）：

```
#include <stdio.h>
#include<stdlib.h>
#include<string.h>
void main()
{
    int i, k = 0,index;
    char * week1 [7], str[10],temp[10];
    printf("请输入星期英文名称，每行一个，#结束输入：\n");
    /*动态输入长短不一的字符串*/
    scanf("%s", str);
    while(str[0] != '#') {
        week1 [k] = malloc(sizeof(char)*(strlen(str)+1));
        strcpy(week1[k], str);
        k++;
        scanf("%s", str);
    }
    printf("输入的星期英文名称是:\n" );
    for(i = 0; i < 7; i++)
        printf("%s ", week1[i]);
    printf("\n");
    /*选择法排序*/
    for(k = 0; k < 6; k++){
        index = k;
        for(i = k + 1; i < 7; i++)
            if(strcmp(week1[i],week1[index])>0)    index = i;
      if(k!=index)
          {temp = week1[index];
           week1[index] = week1[k];
            week1[k] = temp;
           }
      }

    printf("按字典降序排序后是:\n" );
```

```
    for(i = 0; i < 7; i++)
        printf("%s ", week1[i]);
    printf("\n");
}
```

运行情况（改正后程序的运行情况）：

请输入星期的英文名称，每行一个，以#结束输入：

monday
tuesday
wednesday
thursday
friday
saturday
sunday
#

输入的星期英文名称是:monday tuesday wednesday thursday friday saturday sunday

按字典降序排序后是:wednesday tuesday thursday sunday saturday monday Friday

（1）在 VC++的编辑窗口中编辑以上源程序并编译，出现以下错误信息：

cannot convert from 'void *' to 'char *'

Conversion from 'void*' to pointer to non-'void' requires an explicit cast

双击该错误信息，在编辑窗口出现一个箭头指向第 12 行。经仔细分析，发现函数 malloc 的返回值类型是 void *，而数组元素 week1 [k]的类型是 char *。因此，需要进行类型转换，将该行语句改为：week1 [k] = (char*)malloc(sizeof(char)*(strlen(str)+1));。

（2）重新编译程序，又出现以下错误信息：

cannot convert from 'char *' to 'char [10]'

There are no conversions to array types, although there are conversions to references or pointers to arrays

双击该错误信息，在编辑窗口出现一个箭头指向第 27 行。经仔细分析，发现将 temp 定义为字符数组是错误的，应该定义为字符指针。因此，需要将 char * week1 [7], str[10],temp[10];改为 char * week1 [7], str[10],*temp;。

（3）重新编译和连接，没有出现错误信息，运行结果与预期符合。

在本程序中，通过 malloc 函数动态分配与各个字符串长短相应的内存单元，同时把首地址放到字符指针数组元素中，从而提高了内存的使用率。

2. 编程题

有红、黄、蓝、白、黑五种颜色的球各一个，每次取出 3 个球，输出 3 种不同颜色球的可能取法。(用指针数组)

输出示例：

```
1    red    yellow    blue
2    red    yellow    white
```

3	red	yellow	black
4	red	blue	white
5	red	blue	black
6	red	white	black
7	yellow	blue	white
8	yellow	blue	black
9	yellow	white	black
10	blue	white	black

3. 编程题

从若干个字符串（不超过 20 个）中，将包含某个指定字符串的第一个字符串找出来。其中，字符串的长度不超过 10 个字符。在主函数中动态输入 n 个长短不一的字符串，定义 char *find(char *s[],char *p,int n)实现在指针数组 s 中找包含指针 p 指向的某个指定字符串的第一个字符串。

输入输出示例：

请输入长度不超过 9 的字符串，每行一个，以#结束输入：

yes
thankyou
byebye
#
你输入的字符串是：yes thankyou byebye
请输入你要查找的字符串：you
包含字符串 you 的第一个字符串是：thankyou

【实验结果与分析】

将源程序、运行结果和分析以及实验中遇到的问题和解决方法写在实验报告上。

实验 9　结构体程序设计

【实验目的】

（1）掌握结构体变量的基本使用方法。
（2）掌握结构体数组的基本使用方法。
（3）掌握结构体指针的基本使用方法。
（4）掌握简单的单向链表的基本使用方法。

【实验内容】

1. 调试示例 1

输入下表的多个产品信息，输出每个产品名称及利润，其中，利润=销售价格－进货成本－销售支出。

产品名称	进货成本	销售价格	销售支出
radio	100.00	150.00	20.00
tv	300.00	400.00	30.00

源程序（有错误的程序）：

```
#include <stdio.h>
void main ( )
{
    int i=0,j;
    char sign;
    struct cp{
        char   name[10];
        float cb;
        float sj;
        float zc;
        float lr;
        } t[10];

    printf("\t\t\t 请输入产品信息");
    while(sign!='n'&&sign!='N')
    {
```

```
        printf("\n\t\t\t 产品名称:");
        scanf("\t\t\t%s",t[i].name);
        printf("\t\t\t 进货成本:");
        scanf("\t\t\t%f",&t[i].cb);
        printf("\t\t\t 销售价格:");
        scanf("\t\t\t%f",&t[i].sj);
        printf("\t\t\t 销售支出:");
        scanf("\t\t\t%f",&t[i].zc);
        t[i].lr=(t[i].sj-t[i].cb-t[i].zc);

        printf("\t\t\t 是否继续输入记录?(Y/N)");
        scanf("\t\t\t%c",&sign); /*读入用户选择到 sign 变量*/
        i++;
    }
    for (j=0;j<i; j++)      /* 调试时设置断点 */
    printf ("%s 利润：%-7.2f\n",cp.name, cp.lr);

}/* 调试时设置断点 */
```

运行情况（改正后程序的运行情况）:

请输入产品信息

产品名称:radio

进货成本:100

销售价格:150

销售支出:20

是否继续输入记录?(Y/N)y

产品名称:tv

进货成本:300

销售价格:400

销售支出:30

是否继续输入记录?(Y/N)n

radio 利润：30.00

tv 利润：70.00

（1）在 VC++的编辑窗口中编辑以上源程序，编译和连接程序。

（2）调试程序开始，设置断点（参照源程序注释）。

（3）按 F5，输入数据，程序运行到断点处，在观察窗口中输入 t，观察结构体数组 t 的元素值与输入数据一致，如图 9.1 所示。

图 9.1　设置断点并调试

（4）按 F5，程序运行到第二断点处，运行窗口显示结果符合程序要求，如图 9.2 所示。

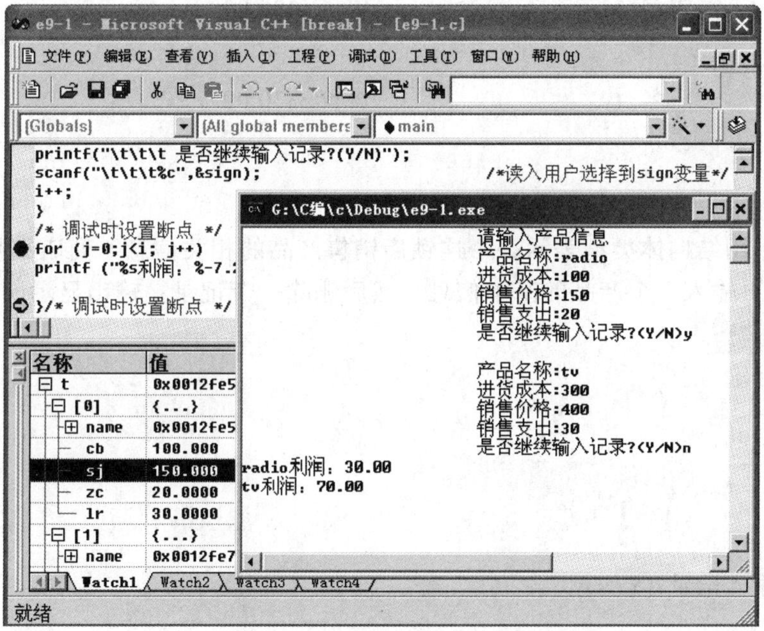

图 9.2　程序运行结果

（5）按 Shift+F5，结束程序调试。

2. 编程题

售价统计。用结构体类型表示一个连锁店销售产品的相关信息（商店编号、商店名称、电视、冰箱），再输入两个产品的基本信息，然后统计电视机的最高售价、最低售价和平均售价，输出相关统计结果记录。

输入输出示例:

输入产品记录

店号:001

店名:hl

电视:300

冰箱:1000

是否继续输入记录?(Y/N)y

店号:002

店名:ty

电视:330

冰箱:110

是否继续输入记录?(Y/N)n

统计电视售价记录

电视共有两条记录

最低价:

店号: 001 店名: hl 售价: 300.00

最高价:

店号: 002 店名: ty 售价: 330.00

平均价: 315.00

3. 编程题

记录删除。用结构体类型表示一个连锁店销售产品的相关信息（商店编号、商店名称、电视、冰箱），再输入三个产品的基本信息，然后删除一个记录，输出显示所有记录。

输入输出示例:

输入产品记录

店号:001

店名:hl

电视:300

冰箱:1000

是否继续输入记录?(Y/N)y

店号:002

店名:ty

电视:330

冰箱:1200

是否继续输入记录?(Y/N)n

删除产品记录

请输入店名:hl

信息删除成功!
显示所有记录

店号	店名	电视	冰箱
002	ty	330.00	1200.00

4. 编程题

售价修改。用结构体类型表示一个连锁店销售产品的相关信息（商店编号、商店名称、电视、冰箱），再输入两个产品的基本信息，然后修改一个记录，输出显示所有记录。

输入输出示例:
输入产品记录
店号:001
店名:hl
电视:300
冰箱:1000
是否继续输入记录?(Y/N)y
店号:002
店名:ty
电视:340
冰箱:1100
是否继续输入记录?(Y/N)n
修改产品记录
店名: ty
店号: 002
电视: 340.00
冰箱: 1100.00
是否要修改记录信息?(Y/N)y
1.电视
2.冰箱
请选择您要修改的产品(1~2):1
电视:350
电视售价修改成功!
显示所有记录

店号	店名	电视	冰箱
001	hl	300.00	1000.00
002	ty	350.00	1100.00

5. 编程题

商店编号排序。用结构体类型表示一个连锁店销售产品的相关信息（商店编号、商店名称、电视、冰箱），再输入两个产品的基本信息，然后将所有商店编号按从小到大排序，输出排序后的所有记录。

输入输出示例:

输入产品记录
店号:003
店名:hl
电视:300
冰箱:1000
是否继续输入记录?(Y/N)y
店号:001
店名:ty
电视:320
冰箱:900
是否继续输入记录?(Y/N)n
记录信息排序

店号	店名	电视	冰箱
001	ty	320.00	900.00
003	hl	300.00	1000.00

6. 调试示例2

以链表形式编程构建学生成绩记录系统，实现新建、显示功能。

源程序（有错误的程序）:

```
/*********学生成绩记录系统的链表实现***********/
#include<stdio.h>            /*引用库函数*/
#include<stdlib.h>           /* malloc()*/
#include<string.h>           /*使用字符串函数时要包含 string.h*/
struct stu{
            int num;                 /*存储学生学号*/
            char name[20];           /*存储学生姓名*/
            int score;               /*存储成绩*/
            struct stu *next;        /*存储指向 struct stu 类型数据的指针*/
        };
main( )
{
   struct stu *head,*t,*p,*p2;
   char sign;
   /***********建立链表***********/
   int size = sizeof(struct stu);/*获取结点长度*/
   head=t=NULL;            /*空链表*/
   while(sign!='n'&&sign!='N')      /*只要 sign 变量值不是 n 或 N，就开始读取用户输入*/
   {
     p = (struct stu *) malloc(size);  /*申请一个新单元*/
```

```
        printf("\t\t\t 请输入学生链表结点记录：\n");
        printf("\t\t\t 学号:");
        scanf("\t\t\t %d", &p->num);/*读入学号*/
        printf("\t\t\t 姓名:");          /*读入姓名*/
        scanf("\t\t\t %s",p->name);
        printf("\t\t\t 分数:");          /*读入分数*/
        scanf("\t\t\t %d",&p->score);

        if(head==NULL)/*如果原来整个链表是空的*/
        head=p;/*则将第一个结点的 p 值赋给 h*/
        else
        t->next=p;/*否则新增结点的 p 值赋给原来链表尾结点的 next 域*/
        t=p;
        printf("\t\t\t 是否继续输入记录?(Y/N)");
        scanf("\t\t\t%c",&sign);        /*读入用户选择到 sign 变量*/
    }

    /***********输出显示***********/
    if(head == NULL)                    /*空链表操作  */
    {
        printf("\t\t\t 没有记录\n");    /*空链表操作  */
    }
    printf("\n\t\t\t 你录入的所有学生信息: \n");/*非空链表操作  */
    printf("\n\t\t\t      学号姓名     分数\n");
    for(p2 = head; p2; p2 = p2->next)/*指针 p 从表头开始不断后移，直到 p 值为空*/
        printf("\t\t\t%8d%20s%6d \n", p2->num, p2->name, p2->score);
}
```

运行情况（改正后程序的运行情况）：

请输入学生链表结点记录：

学号:<u>001</u>

姓名:<u>boy</u>

分数:<u>99</u>

是否继续输入记录?(Y/N)<u>y</u>

请输入学生链表结点记录：

学号:<u>002</u>

姓名:<u>girl</u>

分数:<u>98</u>

是否继续输入记录?(Y/N)<u>n</u>

你录入的所有学生信息:

学号　　姓名　　分数

1 boy 99

2 girl 98

（1）在 VC++编辑窗口中编辑以上源程序，编译和连接程序，运行程序，当输入数据完成后，弹出如图 9.3 所示的错误提示信息。

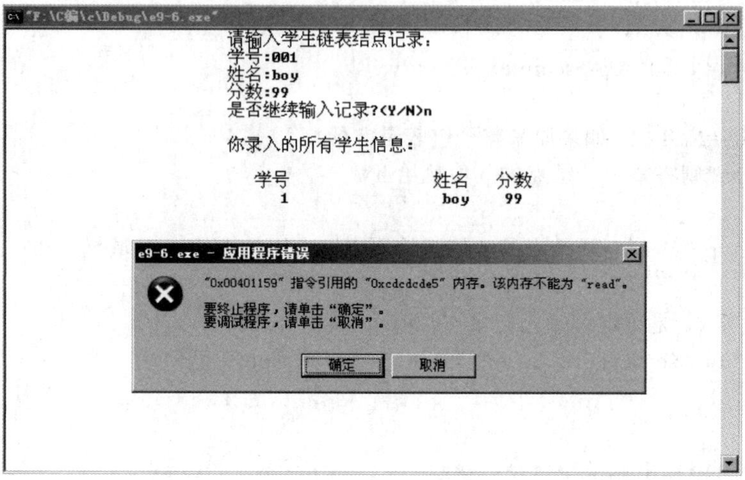

图 9.3 程序运行结果

经仔细分析发现，在新建链表结点时没有将新增结点 next 域置成 NULL，导致出错。因此应在 if(head==NULL)语句前加上 p->next=NULL 语句。

（2）重新编译和连接程序，运行程序，运行情况符合程序要求。

7. 编程题

在调试示例 2 中的新建和显示之间编写部分代码，实现成绩数据排序功能。

输入输出示例：

请输入学生链表结点记录：

学号:<u>001</u>

姓名:<u>boy</u>

分数:<u>99</u>

是否继续输入记录?(Y/N)<u>y</u>

请输入学生链表结点记录：

学号:<u>002</u>

姓名:<u>girl</u>

分数:<u>98</u>

是否继续输入记录?(Y/N)<u>n</u>

你录入的所有学生信息：

学号 姓名 分数

2 girl 98

1 boy 99

8. 编程题

在调试示例 2 中的新建和显示之间编写部分代码，实现成绩数据统计功能。

输入输出示例：

```
请输入学生链表结点记录:
学号:001
姓名:boy
分数:99
是否继续输入记录?(Y/N)y
请输入学生链表结点记录:
学号:002
姓名:girl
分数:98
是否继续输入记录?(Y/N)n
共有 2 个记录
  平均分：98.50
  最高分：
   学号        姓名    分数
      1         boy     99
  最低分：
   学号        姓名    分数
      2         girl    98
```

9. 编程题

在调试示例 2 中的新建和显示之间编写部分代码，实现成绩数据修改功能。

输入输出示例：

```
请输入学生链表结点记录:
学号:001
姓名:boy
分数:99
是否继续输入记录?(Y/N)n
是否要修改学生成绩记录?(Y/N)y
请输入要修改信息学生学号:001
请输入要修改信息学生成绩:97
是否继续修改记录?(Y/N)n
你录入的所有学生信息:
   学号        姓名    分数
```

1 boy 97

【实验结果与分析】

将源程序、运行结果和分析情况以及实验中遇到的问题和解决问题的方法写在实验报告上。

实验 10　函数与程序结构

【实验目的】

（1）了解结构化程序设计的基本思想。

（2）掌握使用工程管理多个程序文件的方法。

（3）掌握函数嵌套的使用方法。

（4）掌握递归函数的编写规则。

【实验内容】

1. 编程示例

编写程序，其功能为输入两个数，并求这两个数的和与积。要求建立 3 个文件，分别编写 main 函数、sum 函数和 multiply 函数。

运行情况：

Please input a and b:8 9

a+b=17

a*b=72

先分别编写 3 个源程序文件。

源程序 1（文件名为 exp10_1_1.cpp）

```
#include <stdio.h>
void main( )
{
    extern int sum(int x,int y );       /* 说明本文件将要使用其他文件中的函数 */
    extern int multiply(int x,int y);   /* 说明本文件将要使用其他文件中的函数 */
    int a,b,result;
    printf("Please input a and b: ");
    scanf("%d%d",&a,&b);
    result=sum(a,b);                    /* 调用外部函数 sum 求 a 和 b 的和 */
    printf("a+b=%d\n",result);
    result=multiply(a,b);               /* 调用外部函数 multiply 求 a 和 b 的乘积 */
    printf("a*b=%d\n",result);
}
```

源程序 2（文件名为 exp10_1_2.cpp）

```
#include <stdio.h>
extern int sum(int x,int y)             /*  定义外部函数 sum   */
{
    int z;
```

```
    z=x+y;
    return z;
}
```

源程序 3（文件名为 exp10_1_3.cpp）

```
#include <stdio.h>
extern int multiply(int x,int y)            /*  定义外部函数 multiply( )  */
{
    int z;
    z=x*y;
    return z;
}
```

整个程序由 3 个文件组成，每个文件包含一个函数，通过工程将以上 3 个源文件连接起来。建立工程的方法如下：

（1）建立工程：打开 Microsoft Visual C++，执行“文件”菜单下的“新建”命令，在弹出的对话框中单击“Win32 Console Application”选项后，在“工程”文件框中输入“exp10_1”，在位置中选择“d:\c_programming”后，“位置”文本框中即显示“D:\C_PROGRAMMING\exp10_1”，如图 10.1 所示。选择“创建新的工作空间”选项，单击“确定”按钮后，弹出一个对话框，如图 10.2 所示。选择“一个空工程”选项，单击“完成”按钮后，一个工程就建立了。

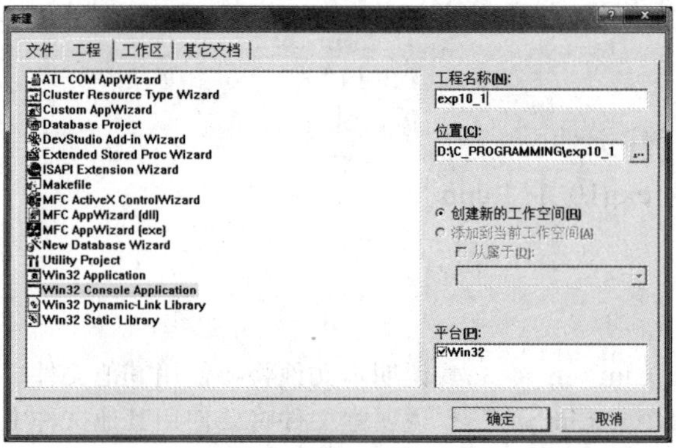

图 10.1 建立工程

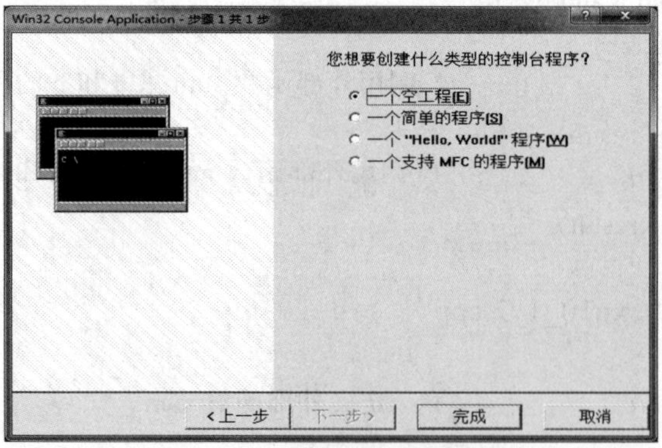

图 10.2 选择控制台程序

（2）添加源程序：执行“工程”菜单下的“增加到工程”命令，在文件中选择 exp10_1_1.cpp，并以同样方式选择 exp10_1_2.cpp 和 exp10_1_3.cpp 后，就将这 3 个源文件全部加入到工程中了。在左侧窗口中单击“FileView”选项卡，再双击“Source Files”展开，就可看到该工程中的所有源文件，此时双击某个源文件名，在右侧窗口中即显示相应的源程序，如图 10.3 所示。

（3）将需要的源文件全部添加到工程中后，再进行编译、连接和运行。

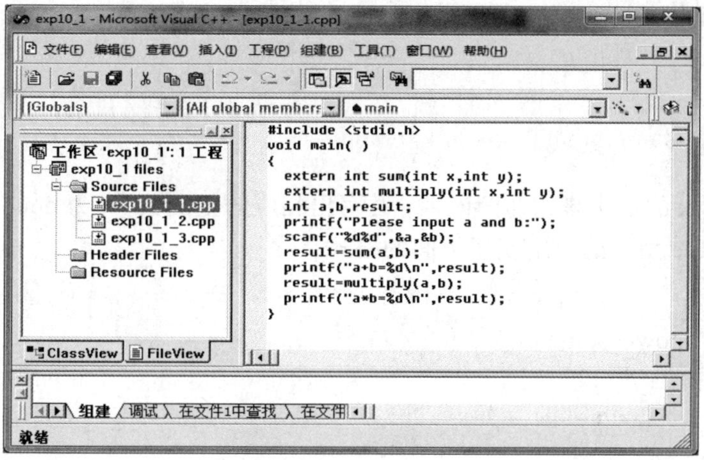

图 10.3　工程中的程序

2. 编程题

编写函数，实现计算字符串的长度，并把长度值作为函数值返回，同时写出相应的主函数。

输入输出示例：

Please input a string: I am a Chinese.

The string length is:15

3. 编程题

编写函数，实现删除一个字符串中指定的字符。要求在主函数中输入原始字符串，以及输出处理后的字符串。

输入输出示例：

Please input a string: I study c language,you study sql server

Please input a char:y

The string after delete is: I stud c language,ou stud sql server

4. 编程题

编写一个函数，利用参数传入一个 3 位数 digital，找出 101 ~ digital 所有满足下列两个条件的数：它是完全平方数，又有两位数字相同，如 121、225 等，函数返回满足条件的数据个数。要求在主函数中调用这个函数并输出结果。

输入输出示例：

Please input a digital(digital>100):300

count=3

5. 编程题

用递归法编写函数，求 Fabonacci 数列中第 n 项的值，返回值为长整型，并写出相应的主函数。Fabonacci 数列 1，1，2，3，5，8，13，21，34，55，… 。

Fabonacci 数列的定义为：

fib(n)=fib(n-2)+fib(n-1)　　（n≥2）　其中 fib(0)=0，fib(1)=1。

输入输出示例：

Please input n:8

fib(8)=21

6. 编程题

编写一个计算 x 的 n 次幂的递归函数，并写出相应的主函数。x 为 double 型，n 为 int 型，函数返回值为 double 型。函数中使用下面的格式：

power(x,0)=1.0;

power(x,n)= x* power(x,n-1);

输入输出示例：

Please input x and n:5 3

power(5,3)=125.00

7. 改错题

（1）将字符串中所有指定字符由大写字母转换成小写字母。

源程序（有错误的程序）：

```
convertch(char str[ ],char c)
{
    int k=0;
    while(str[k])
    {
      if(str[k]==c)   str[k]=c-'A'+ 'a';
      i++;
    }
}
void main( )
{
    char ss[50]= "I STUDY C LANGUAGE", ch='U';
    convertch(ss[0],ch);
    printf("%s\n",ss);
}
```

（2）用递归法计算学生的年龄，已知第 1 位学生的年龄最小，为 8 岁，其余学生一个比一个大 3 岁，求第 8 位学生的年龄。

源程序（有错误的程序）：

```
void main( )
{
```

```
        int m=8;
        printf("The 8th student age is %d\n",age(m);
    }
    int age(int m)
    {
        return age(m-1)+3;
    }
```

【实验结果与分析】

将源程序、运行结果和分析情况以及实验中调到的问题和解决方法写在实验报告上。

实验 11　文件操作

【实验目的】

（1）掌握文件的基本概念。

（2）掌握文件的打开和关闭。

（3）掌握文件的读和写。

【实验内容】

1. 调试示例

从键盘上输入一行字符，保存到文件 c:\ex1.txt 中。

源程序（有错误的程序）：

```
#include <stdio.h>
void main( )
{
    char ch;
    FILE   *fp;

    if((fp = fopen("c:\ex1.txt", "w")) == NULL)
    {
        printf("Cannot Open File!\n");
        exit(0);
    }
    while((ch = getchar()) !='\n' )
          fputc(ch, fp);
    fclose(fp);
}
```

（1）在 VC++的编辑窗口中编辑以上源程序并编译，出现以下错误信息：

warning C4129: 'e' : unrecognized character escape sequence

warning C4013: 'exit' undefined; assuming extern returning int

（2）双击第一条警告信息，在编辑窗口中出现一个箭头指向语句“if((fp = fopen("c:\ex1.txt", "w")) == NULL)”，检查发现"c:\ex1.txt"应为"c:\\ex1.txt"。

（3）双击第二条警告信息，在编辑窗口中出现一个箭头指向语句“exit(0);”，检查发现文件声明部分缺少“#include <stdlib.h>”。

（4）再次编译检查没有错误，执行 ex1.exe 文件后，按提示输入任意字符串。双击打开 c:\ex1.txt，可以看到里面的内容和键盘输入一致。

2. 编程题

读入一个文件，统计其中数字的个数，并输出到屏幕上。

3. 编程题

从键盘输入一个字符串，存为以自己的姓名开头字母为文件名的文本文件（文件后缀.txt）。

4. 编程题

读入一个文件，将其中的小写字母全部转换成大写字母，另存为以自己的姓名开头字母为文件名的文本文件（文件后缀.txt）。

5. 编程题

编写一个程序，比较两个字符文件的内容是否相同，并输出两个文件首次出现不同的行号和位置。

6. 编程题

有 5 个学生，每个学生有 3 门科目的成绩，从键盘输入学生数据（包括学号、姓名、成绩），保存在文件 stufile.txt 中。

20101126	林涛	100	96	99
20101127	邓平	85	75	80
20101128	李兵	86	88	86
20101129	方萍	94	91	85
20101130	龙荣	91	73	90

7. 编程题

打开上题中的 stufile.txt，计算每门科目的平均分，并记录到新文件 averge.txt。

8. 改错题

从键盘输入一行字符，写入一个文件，再把该文件内容读出并显示在屏幕上。

源程序（有错误的程序）：

```
#include<stdio.h>
void main( )
{
    FILE *fp;
    char ch;
    if((fp=fopen("c:\csource\string.txt","wt+"))==NULL)
    {
        printf("Cannot open file,any key exit!")
        getch();
        exit(1);
    }
    printf("input a string:\n");
```

```
    ch=getchar();
    while (ch!='\n');
    {
        fputc(ch,fp);
        ch=getchar()
        rewind(fp);
        ch=fgetc(fp);
    while(ch==EOF)
    { putchar(ch);
      ch=fgetc(fp);
    }
    printf("\n");
    fclose(fp);
  }
```

【实验结果与分析】

将源程序、运行结果和分析情况以及实验中遇到的问题和解决问题的方法写在实验报告上。

参考文献

[1] 颜晖. C语言程序设计实验指导[M]. 北京：高等教育出版社，2008.

[2] 谭浩强. C程序设计题解与上机指导[M]. 2版. 北京：清华大学出版社，2000.

[3] 马金忠，彭明，张向利，等. C语言程序设计习题解答与实验指导[M]. 桂林：广西师范大学出版社，2004.

[4] 温海，张友，童伟. C语言精彩编程百例[M]. 北京：中国水利水电出版社，2004.

[5] 杨开城. C语言程序设计教程、实验与练习[M]. 北京：人民邮电出版社，2006.